KB174892

해외자원개발
30년   – 필리핀 篇

해외자원개발 30년
30년 — 필리핀 篇

| 이정수 지음

▎서 문

우리나라는 연간 수백억 달러 규모의 지하자원을 외국에서 수입하고 있다. 국가 총수입액의 10%에 육박하는 실정으로, 다른 선진국처럼 범정부 차원에서 해외자원 확보를 최우선 과제로 정하고 있다.

정부는 이미 40년 전에 수요가 증가하는 지하자원을 인식하고 해외자원개발촉진법(1978년)을 제정하고, 1982년에는 해외자원개발사업법으로 개정하여 개발범위를 철, 석탄, 희유금속을 포함 50개 광종과 부처장관이 정하는 기타 지하자원을 대한민국 국민 누구나 해외에서 광물자원을 개발할 수 있도록 다방면으로 정부는 지원을 아끼지 않고 있다.

그래서 국가가 필요한 대상광물을 먼저 지정하고 정부지원을 효율적으로 활용하여 필리핀에서 크롬광을 몸소 개발 생산하였다.

30여 년 크롬 정광을 국내외에 공급한 지난 생업을 회고(回顧)함으로써, 세계에 도전하는 많은 젊은 세대에 해외 지하자원에 대한 관심을 갖게 하고 나의 경험이 근간이 되어 해외 자원개발에 대한 일부 부정적인 인식을 불식시키는 올바른 본보기가 되었으면 하는 목적으로 펜을 들었다.

사방에 할 일이 많은 시대에 살면서, 실무 경험을 통해 인생은 우연이나 요행(僥倖)은 없다고 믿는다.

누구나 준비하는 자에게 기회가 와서 우연히 성취로 이어진다고 믿을 뿐이다.

처음부터 밤과 낮이 없는 깊은 땅속에서 일을 한다면 그 일을 오래 하겠는가?

하고 반문하며 망설이게 된다.

그러나 무엇보다도 남들이 기피하거나 힘들고 위험하다고 생각하는 직업이나 탐험은 우선 기본적인 건강한 몸과 긍정적인 정신에서 할 일과 가야 할 길이 한결 가볍고 운명도 갈린다.

평소 좋아하는 취미(山)를 살려서 자연스럽게 연관이 되는 직업에서 적응이 잘 되어 반세기 동안 평생 50년 가까이 한 우물을 파온 광산 엔지니어로 시작하여 국내 탄광에서 얼추 10년, 해외 한 곳에서 30년 넘게 오랜 세월 나에게 주어졌던 일을 돌이켜보면, '실력이 하나라면 능력이 아홉(90%)이다'라고 말을 할 수 있다.

그 능력(能力)은 얼마나 올바르게 살았느냐에 좌우된다. 결국에는 본인 마음먹기에 따라 보람 있는 일과 좋은 사람은 따라온다.

정체되어 있는 지식을 인공적인 경험으로 기르거나 단련하여 자신을 풍요롭게 하여 실생활에서 새롭게 전개되는 상황에 잘 써먹을 수 있게 능률을 향상시켜서 앎의 비율을 높여 우리 삶에서 일을 감당해내는 힘이 곧 능력이다.

지금껏 굴(坑) 안이나 밖에서 물이 흐르듯이 아무런 지루한 역경 없이 더불어 순리(純理)대로 회사에서는 열정적인 회사원으로, 또 타향에서는 투명한 광산 경영인으로 하루가 다르게 성취한 나의 삶을 어느역(易)학자는 천운(天運)이 있는 사람 중의 한 사람이라고 단정 지었다.

그것은 조물주가 거저 준 행운인지, 어느 인간이 만든 천운인지 여러분들의 판단을 바라며, 서언을 맺고자 한다.

감사합니다.

이정수

▌목차

제1장

자원개발 준비

01

초보 막장감독

스물여섯 살 넘게 부모 돈을 축(縮)내다 가방 하나만 달랑 들고 마치 둥지를 떠나는 새처럼, 나를 길러 준 부모를 떠나 독립하여, 처음으로 땀을 흘려 돈을 번 곳은 1,700미터 이리저리 땅속 밑으로 깊이 내려가 석탄을 캐는 캄캄한 탄광 막장이었다.

어느 상사(上司)를 만나 배우고,
어떤 기업정신을 본받게 되는지,
첫 직장이 중요하다고 평소에 주위에서 모두 말을 했다.

1970년 학교를 마칠 때까지 배우고 본대로 평생을 광산에 있겠다고 다짐하고 자랑했던 말이 씨(種子)가 되어, 조동성교수님이 자네 같은 사람을 보내달라는 탄광이 있다고 추천서를 써주었다.

1964년도 여름방학 때, 생전 처음으로 강원도에 있는 도계탄광으로 보름 동안 유급 실습을 갔다.
그때 광업소 소장님은 실습수당(Allowance)에만 신경 쓰지 말고, 광산에 굴(坑)이 본인의 적성에 맞는지 가늠하는 기회로 삼으라는 훈시가 잊을 수가 없다.

원래, 전쟁 때 이북에서 홀로 뒤처져 있던 모친을 따라 빨리빨리 도망쳐 나와서 가난하고 안정되지 않은 낯선 타향 피난살이에 젖어, 성미가 조급(躁急)한 데다 정신이 산만하여, 평소에 퉁어리적게 실수가 많았다.

어찌 된 일인지 천 미터가 넘는 캄캄한 깊은 굴에 더 깊이 들어갈수록 정신이 똘망똘망해지고, 무엇보다 마음이 착 가라앉으며 불안감이 없어지고 안전하게 주위에 집중되어, 사방에서 들리는 착암기 소리, 무슨 기계소리, 폭약 발파소리가 더 선명해지는 느낌과 호기심은 빨리 굴 밖으로 나가고 싶지가 않았다.

더욱이, 전지(電池)불에 비치는 앞을 가리는 까만 석탄가루 먼지와 뿌연 화약 연기는 내 작은 눈에는 조금도 지장이 없다. 또한 튼튼한 다리-통은 오르내리막 굴(坑)길에 안성맞춤으로 신체에는 아무런 문제가 없었다.

옛말에 호랑이가 무서워 도망치는 사람,
호랑이 잡으러 일부러 호랑이 굴에 들어가는 사람이 있다는데 굴 속에서 이런 편안한 주위 환경들이 내 적성에 맞는가 처음으로 나를 생각했다.

▶ 1964년 도계탄광 여름방학 실습

서울 종로구 관철동에 있는 대성(大成)산업 본사의 입사 면접관이 먼저 애기를 나눈 후에, 이미 섰던 입사원서를 다시 쓰라고 귀뜸해 줬다.

두 개의 본적이 복잡하여 헷갈리니 원적(原籍)란에 가본적(假本籍) 서울특별시 영등포구 영등포동 336번지를 써넣고, 가본적을 없애버렸다.

나의 원본적 평안남도 용강은 홍경래(洪景來) 난(1811년)의 진원지로 용강(龍岡)사람들은 불의(不義)를 보면 못 참고 욱하고 일어난다고 옛적 조선 8도에서는 소문이 난 고을이다.

면접관은 이런 사실을 잘 알아서 내 출생지가 싫은 구석이 있는지는 몰라도, 나를 입사시키기 위한 방편인 것으로 느낌이 왔다.

절차를 거쳐 1970년 4월 1일 사령장을 받은 광산 현장은 강원도에도 회사 직영 탄광이 있지만, 종업원 광부가 제일 많은 경상북도 문경군 점촌읍 불정리에 있는 대성그룹 문경탄광 불정항(坑)에 초보 굴진(掘進) 막장감독이 되었다.

회사에서 정해준 굴속에서, 그 조직에 불필요한 인간이 될 때가 앞으로 언제인지는 몰라도 굴의 첫인상은 참 좋았다.

굴속에서 갑자기 어머니 생각이 났다.

집을 떠나오는 날, 시장통에 있는 가게에서 노자(路資)를 손에 쥐어주며, 옛날에는 뭘 배웠건, 못 배웠건 탄광으로 돈벌이 갈 때는, 이웃도 모르게, 친척들에까지도 속이고 조용히 갔다.

<u>너 좋은 세상을 만나, 네가 좋아서 떳떳하게 가니, 나 좋구나</u>

넌 다른 형제들과 달리 몰골(沒骨)이 평범하니,
거저 어딜 가나 그곳에 필요한 사람이 되면 잘 살아간다.
바른말 하는 모친을 좋아하는 형제는 나밖에 없다.

어머니 전상서,

어머니, 그 동안 안녕 하셨어요, 열심히 일하다 보니 안부 편지가 늦었네요.
형님도 회사 일에 별일 없으시겠지요, 떠나올 때 객지 사람들과 잘 어울리고,
욕을 얻어먹지 말라고 일러줬는데, 그리고 누나 편지 받았어요,
집 나올 때는 보지못해 미안하고, 조카들 잘 있다고 저를 믿으며, 응원 한데요.

소장님이랑 다들 친절 하시네요, 그리고 어머니 걱정하시던 깜깜한 굴속은
생각보다 시설이 좋아 환하고 넓어 아주 안전 합니다.
굴속에는 좀 작은 전차지만 두 줄로 왕래하여 때로는 타기도 합니다.

잠자리는 독신자들만 자는 방이 많은데, 석탄이 많아 방바닥이 늘 절절 끓네
요. 큰 방에 조금 먼저 온 한양공대를 나온 동료와 둘이서 잘 지내요.
지금부터는 아무 걱정일랑 마시고, 어머니 허리병만 조리를 잘 하세요.
빨리 밥 장사를 그만 하셔야 할텐데…
무엇보다 저는 어머니 한테 거짓말을 안해서 제일 좋네요. 그저께는 첫 봉급
을 탔는데, 너무 많아 쓸 데가 생각나지 않아, 영등포에 갈 때,
어머니 금손목시계를 선물할려고 마음 먹었습니다.

그 동안 속 썩인 은혜 더 열심히 일해서, 여기 사람들한테 칭찬으로 보답
할테니, 떠나 간 자식 염려 마세요.
늘 말씀하신, 사람 구실 하겠읍니다.

1970년 5월 2일
탄광에서, 둘째아들 정수올림.

경상북도 문경군 점촌읍 안불정리에 해발 600미터가 넘는 어룡산(魚龍山) 고지 중턱에 자리를 잡은 시원하게 뚫은 굴(坑)은 철근콘크리트로 단장이 된 입구의 상단에는 불정항(佛井坑), 우측에는 녹색으로 안전제일(安全才一), 좌측에는 증산보국(增山報國)이라고 씌여져 있어 입갱(入坑)하는 사람마다 각오를 각인(刻印)시킨다.

또한 멀리 오른편에는 조금 더 높은 새봉(鳥峰)이 있고, 왼편에는 신기리(里)를 지나 점촌읍(邑)으로 가는 신작로 길이 하얗게 멀리 보이고, 굴 입구 위쪽에는 기업주가 특별히 주문했다는 유명한 화가가 그린 큰 그림 **소녀의 기도상**이 두 손을 모은 아래에, **"오늘도 무사히"**라는 글씨는 굴속으로 들어가는 모두를 위해 늘 안위(安危)을 지켜준다.

학교에서 배운 1969년도 우리나라 직업종류가 3,700가량이고, 일본이 지하철역에서 만원승객을 차 속으로 꾸겨 밀어 넣어주는 직종까지 포함해서 12,000종, 미국은 아주 높은 빌딩 창밖에 대롱대롱 매달려 유리에 광내주는 여자 남자까지 22,000여 종인데, 대한민국 광산에만 거의 100종 가까이 크게 안전, 채광, 선광, 기계, 강전(電), 약전, 토목, 건축, 화공, 중장비, 의료, 행정 분야의 사람들이 굴 안팎에서 생업에 종사하는 광산에 가면, 종합 엔지니어(Comprehensive Engineer)로서 긍지를 가지고 전체 책임을 져야 한다고 학교는 가르쳤다.

사람들이 일상에서 무엇을 뚫는다는 것은 정신적으로 의욕적이고 신체적으로는 집중력이 필요하다.
그런데 힘을 들여 뭐를 뚫다가 맞창(貫通)이라도 나면, 성취감에 젖어 더 뚫고 싶어지는 마음이 자신을 붙들고 지켜준다.

원래 인간 중에 남자는 쌩(生)구멍을 뚫는 선천적인 동물이다.

일본은 여자광부 제도를 1930년 법적으로 폐지하였다.

뭐를 생산하는 여자광부는 채탄에 국한하고, 뚫는 천성이 있는 남자 광부에 굴진을 맡겼다.

그러나 후에 식민지가 생겨 그곳 백성을 강제로 징용하여 이것저것 가리지 않고 굴속으로 내몰았다고 전하여 내려온다.

밤과 낮을 구분할 수 없는 깜깜한 깊은 땅속 좁은 굴에서 횃불이나 전등으로 환하게 장치를 하고 작업하는 사람이 광부(礦夫)다. 앞을 보면 꽉 막힌 맨 흙이 아니면 암석(岩石)이다. 그 막다른 곳이 막장(幕場)이다.

더욱이 인간이 필요한 어떤 유형의 물건을 막장에서 얻게 되면, 자연스레 돈으로 연결되어 많은 사람이 모여들면서 일하는 광부들에게 스스로 좁은 공간의 질서도 유지시켜야 됨은 물론이고, 생산을 독려하면서, 우선은 예기치 않는 자연의 재해를 미연에 방지하는 직종이 말단 막장감독(監督)이다.

밤과 낮이 없이 나라를 지키는 제복을 입은 군대를 특수사회라고 말하듯이, 광산에도 군대와 같이 전투병과가 있고 지원 병과가 있다.

일반 제조회사, 토건축 회사는 육체적으로 노동하는 인부(人夫)들에 작업을 지시하는 사람을 십장(Foreman) 또는 반장(Leader)으로 부르지만, 막일꾼을 부리면서도 그들은 인부들의 인사(人事)나 재정(財政)에 대한 권력은 없다.

그러나 탄광의 감독(Mine Captain)은 중요한 두 가지 권한을 가진 굴속에서 막강하여 일반적으로 다른 업종에 비하면 특수하여 군대와 같이 위계질서가 뚜렷하다.

또한 원료를 가지고 정해진 규격의 제품을 만들거나 건설하는 업종과는 다르게, 광부(礦夫)는 튼튼한 맨몸으로 총과 같은 연장을 담은 군대 배낭과 같은 구럭을 등에 지고 굴속에 들어가 **무(無)에서 유(有)를 창조하는**, 마치 적을 많이 죽이는 강철같이 용맹한 전사인 병사의 개인화기 총과 같은 도끼, 곡괭이, 중화기인 착암기와 실탄 총알 수류탄에 비유되는 뇌관 폭약을 터트려서 암벽을 깨고, 뚫어서 인류에 유용한 광물, 석탄은 온 국민을 위하여 추위을 지켜주며, 어두운 세상을 환하게 비추는 전깃불 발전에 필요한 연료을 캐는 직종이 시대에 진정한 애국자다.

그래서, 어느 외국에서는 수많은 일꾼 가운데, 광부만이 애국자(Patriot)라고 불러주어 생산 사기를 북돋아준다.

전선에서 부하의 희생 없이 적을 없애야 하는 지휘관처럼, 광부의 생명을 돌보며 많은 석탄을 채굴하여 회사의 이익을 극대화할 임무를 가진 일선 전투 보병소대장과 같은 존재가 또한 막장감독이다.

마누라 없이 살아도 장화 없이는 못 산다는 탄광, 상사(上司)들은 초년생 감독들 담력(膽力)을 키워 준다는 명목으로 굴속에서만 신고 다니는 고무장화에 술을 가득히 따라 부어 먹인다.

굴속 생활이 몸에 안 맞으면 전시작전을 망치지 말고, 일찍이 광명(光明)을 찾아 떠나라 노골적으로 말했다.

이런 바닥에서 살아남아, 강자(强者)가 되고 싶은 남자는 엄청 많다.

그것이 그들에 본능이며 달성이 능력이다.

그래서, 강한 자에게는 운명도 고개를 숙인다는 마키아벨리(Machiavelli) 말이 가끔씩 떠올랐다.

물론 굴 안에는 생산을 지원하는 탄을 원활히 굴 밖으로 운반할 수 있게 길을 만드는 공병, 수송, 기계, 전기, 토목 시설 운용병, 특히 많은 조직에서 일어날 수 있는 위험을 점검하는 헌병과 같은 사법권을 가진 안전요원도 수시 순회한다.

오래 묵은 큰나무는 밑동이 굵고 위로 올라갈수록 가느러지듯 굴 초옆의 크기는 가로 세로 3mx5m 넓지만 내려갈수록 탄을 캐는 막장은 6'x6' 또한 올라다니는 막장은 5'x5' 점점 좁아져 운신(運身)하기 힘들어진다.

이런 굴속 1,000여 미터 넘게 요리조리 깊이 들어가는 사방 넓은 구역에서 하룻밤도 쉬지 않고 24시간 3교대(甲方 오전 8시부터 오후 3시-乙方 오후 3시부터 자정까지-丙方 자정부터 다음 날 아침 8시까지)로 거의 광부 천 명이 연간 약 백만 톤의 무연탄을 생산하는 문경 탄광은 그동안 굴-길을 개발건설하는 굴진감독에서 어떤 수습기간 없이 곧바로 여러 생산 구역으로 나누어진 중에 2구역 생산직종 채탄감독으로 회사는 나를 임명하고 30여 명의 광부를 맡겼다.

원래, 길을 모르면 스스럼없이 주위에 물어서 전국각지에 갈 길을 잘 다녔다,

우선은 많은 동료 고참 감독에 욕을 안 얻어먹도록 노력하며, 수하(手下) 광부들과 막장에서 어울리기 시작했다.

정해진 시간에 출근하면 굴 밖에서 30여 명의 출근 카드를 받아 3열 횡대로 집합시켜 매일 간단한 안전교육을 하고, 특히 어두운 야간(丙方)에는 음주여부, 건강상태를 철저히 점검 후, 보통 7-8개의 막장 상태를 설명하고 기능과 신체 조건에 맞게 수평 막장, 오르막 비탈진 막장 또는 당일 몸 상태가 좋지 않는 광부는 별도로 하고 3명 내지 4명씩 조를 짜서 **"안전"**하고 한번 **악**를 쓰며 다같이 복창(復唱)을 하고 모두 굴속으로 들어간다.

나에게는 거의 아저씨, 형뻘이 되고 두어 명이 군대 갓 나온 광부들 20년 이상, 10년 이상 5년 이내외 나름대로 구분하여 신상을 대충 파악하는 동안, 낫을 놓고도 ㄱ자를 모르는 광부가 3분의 1이 되었다.

그들은 지금까지 많은 일 때문에 시간이 없어 배우지는 못했다고 우선 이해를 했다.

그래서 좋은 점이 작업 막장에서는 머리(꾀)를 안 굴리고 힘만을 쓰는 힘끌 하나는 굉장히 좋다.

이들을 이끌고, 하루 8시간 작업에 석탄 100톤을 생산하는 한 사람당 OMS(One Man Shift) 3톤 이상이 우리 소대(小隊) 30명의 수지타산(Break even) 선이다. 매일 생산 능률 지수(OMS)가 높을수록 수하 광부노임이 좋다.

감독에 따라 노동의 질을 올릴수도, 떨어질 수도 있다.

모두 막장에는 나보다 도사(道士)들이다.

어느 날, 신기리(里)에 사는 아재뻘 되는 윤시한이라는 특급 기능선산부(先山夫, 사키야마)가 나에게 말했다.

감독님은 마당을 쓸려고 빗자루를 들고 있는 머슴한테, 마당 쓸라고 말만 하지 마십시오, 우리 소득(所得)은 우리가 잘 알고 있습니다.

정말 맞는 소리다,

개뿔도 모르고 감 놓아라 대추 놔라가 싫다는 광부들의 생산작업 자존심을 지켜주며, 우선은 회사에 누(累)가 안 되도록 행동하면서 서로의 안전에 만전을 기했다.

처음이니 내색은 않고 다치지 않게 뒤를 봐주는 어미 심정이지만, 적진에 들어가 수류탄을 투척하듯이, 폭약을 들고 넓고 높은 캄캄한 만천반(天盤) 구덩이 속을, 겁도 없이 뒤도 안 보고 올라가 캄캄한 보이지 않는 공동(空洞)을 폭약으로 붕락(Caving)시키기 위해 화약을 바닥이나 좌우측 벽 탄 속에 장전하는 기능선산부는 생산작업에 눈이 멀어 본인을 망각하는 아차 싶을 찰나(刹那)가 많다.

▶ 2구 채탄 광부

6.25 전선에서 살아남은 노병(老兵)은 총알이 비 오듯 했다고 말했다. 전우 망인(亡人)은 모르고 말이 없다.

매일 많은 폭약을 사용하므로 화약(Dynamite, Anfo), 뇌관(Cap), 도화선(Fuse)에는 항상 신경을 섰다.

일반 제조업의 근로자 임금은 기능 정도에 따라 책정된 기본급에서 각종 수당을 포함 합계가 평상 노임이다.

광산 일은 어디나 기본적으로 똑같다, 독일이든, 아프리카든, 아오지든, 고대로부터 왜정 때까지는 광부를 노예, 전쟁포로, 죄수, 식민지 징용자등 으로 구성하여 강제로 책임 할당를 만들어 굴속에 배속했다.

현대의 탄광 노임의 특성은 영국 요크샤 탄광에서 처음으로 민주적인 능동 생산방식인 막장거리(**Yardage**)制로 하였다가 각자 능률에 따라 노임을 정하는 도급 방식(**Tribute system**)으로 정착되었다.

각자 작업량과 생산량은 매일 별도 검수와 담당 감독의 그들 기능 만큼 평가에 의하여 일당이 계산이 된다.

캄캄한 작업장이 사방 위험 속에 흩어져 있어 정해진 일을 하는 것이 아니라 스스로 일을 찾아서 직접 돈을 벌기 때문에, 배치된 막장에서 생산 작업의 능률을 감독은 독려할 뿐만 아니라, 불법 생산을 막으며, 안전 수칙 이행 여부를 점검하여 매일매일 작업 성적에 따라 임금의 계수(計數)를 책정하여 작업일보를 작성하고 항사무실에서는 이상유무를 파악하여 담당계장, 항장 결재 끝에 노무과에 내려보내면, 제수당 포함 근태부(勤怠簿)를 근거로 매일 노임이 계산된다.

따라서, 감독은 쉬지 않고 생산할 수 있는 막장 여건을 만들 임무가 있는 기능과 지식으로 광부들을 이끌고 곁에서 감독한다.

제일 중요한 인명 안전, 조직의 인사, 재정 권한을 가진 책임자를 국제적으로 캡틴(Captain)호칭은 특히 전투에서 총살권을 가진 보병중대장과 절체절명(絕命) 태풍을 만난 선장도 캡틴이라고 부르는 정신적 무장의 맥락(Context)은 탄광도 같다.

그래서 선잔국에서는 생명까지 지키는 막장감독을 **Mine captain**이라 부른다.

다시 말하면, 광부 30명을 30점으로 간주해서 광부 1인 1점을 똑같은 기준으로 그날의 생산량과 작업 난이도, 위험, 안전상태를 매일 막장에서 점검 후 A라는 광부는 1.3을 먹고, B라는 광부는 1.1을, C라는 광부는 굴속에서 일은 않고 숨어 잤다면 0.6을 가지고, 또 D라는 갓 결혼한 광부가 집 사정으로 허락받고 조퇴하면 0.5 이렇게 감독은 매일같이 굴속에서 동고동락하며 생각지 않게 석탄 맥(Seam)이 없어지거나 오전오후 막장 변화에 작업을 계속할 수 있도록 연결해주는 책임을 갖는다.

공정하게 수하(手下) 광부의 일일 평점 합계 30을 계산한 일일 부다데(作圖)를 기입하고 한문을 섞어 막장별 현황 인계 인수서를 작성하여, 여러 채탄계장 중 담당 구역계장에 제출 후 낮이건 밤이건 광부들과 같은 출퇴근 버스를 탄다.

그래서 광부의 노임은 석탄생산 기여도와 안전한 무사고에 담당 감독 손에 달려 있어 같은 10년 이상 고참광부라도 많은 차이가 날 수 있고, 같은 구역의 주야간 감독이라도 감독의 당일 능력에 따라, 책임

▶ 1972년, 채탄 막장감독

량 100톤을 할 수 있고. 또한 130톤 초과가 있고, 70톤도 미달도 있다.

따라서 구역 전체 광부들이 기능이 같더라도 담당 감독의 능력에 따라 생산량과 노임이 달라, 광부들 사택에서까지 감독의 자질을 알아, 감독의 굴속 권한이 막중해 30명은 명령에 무조건 복종하여, 스스로 처신만 잘하면 아무 문제가 없다는 사실을 시간적으로 터득해 조금씩 다른 쪽으로 관심을 갖게 되었다.

실지로 감독은 막장 경험이 많고, 개인 출근카드와 작업 인계 인수서를 한문으로 쓸수 있는 건강하고 성실한 광부 중에서 추천받아 회사가 선발한다.

특수사회 군대에서도 하사관이 현지 임관(任官) 되듯이, 광산도 똑같다.

개중에는 선진 독일 탄광에서 막일을 하고 온 경험자들도 있다.

간혹 감독 중에는 막장 성적 보고를 사적으로 작도하여 물의를 빚는 일도 있다.

야근하는 날, 광부를 자기 텃밭에 일을 시키거나 집에 허드렛일을 시키고 한적한 막장에서 잠을 자게 하거나, 일부러 쉬운 일을 시키고 점수를 후하게 주는 소식은 광부들의 부인 입에서 입으로 돌고 돌아간다.

광부들의 사택 소문은 아주 유명하다.

여름에 퇴근 후 집에서 더워, 상의를 벗고 방에 있었으면

다음 날 막장에 소문은 아무개는 방에서 벌거벗고 부인과 있더라,

나중에는 감독한테 아부 보고하는 입이 싼 다정한 친구도 있다.

반면 무지몰각(沒覺) 하더라도 정이 가는 광부가 있는가 하면,

아무것도 주는 것 없이 꼴이 미운 치들도 더러 있다.

그러나 모두 똑같게 보며 내색(內色)을 하면 절대 안 된다,

워낙 일밖에 모르는 단순한 광부가 있는가 하면, 정치색이 뚜렷하며

선동적인 광부도 있다.

한번은 막장을 지나치는데 광부들 끼리하는 말이 들렸다.

한 광부가 상대 다른 아도무끼(后山夫, 잡부)를 쳐다보며,

야, 이 새끼야 감독한테 양자(養子) 들었냐,

1톤 광차에 각삽으로 탄을 둘이서 양쪽에 각각 서서 적재하는데, 한번도 허리를 펴지 않고 계속해서 300여 이상 삽질을 해대니, 좀 쉬고

싶은 반대편에 힘이 달리는 후산부(보조잡부)는 죽을 맛이 나서 상대편 동료에 불평의 소리였다.

막장광부 넷 중에 다른 중간 고참 사카야마(先山夫, 기능공)가 말을 받아 하는 말은, 야, 허리 안 펴고 **1,000삽 뜨기 운동**하는 김일성이 아오지(阿吾地)탄광보다, 문경 탄광이 훨씬 낫다.

불평하던 광부가,
조 떠   여기서 파 먹나, 저기 가서 파 먹나 우리는 같해

다른 사람까지 끌고 들어가며 선동하는 말에,
최고참 막장에 선산부(組長)가 감독님 온다 그만해
말이 많은 후산부 아가리를 막아 버렸다.

완전히 볼셰비키 프롤레타리아(Prole'tariat) 혁명 전야(前夜) 같았다.
큰 파도가 유능한 뱃사람을 만든다고, 누구는 무덤덤하였다.
캄캄한 굴 동네에서, 오늘도 걷는다만은…

순간, 격하고 열이 많은 사람들이 어두컴컴한 막장에서 충돌한다면, 죽고 사는 일은 그들이 들고 있는 도끼로 번개같이 까고, 곡괭이로 내려찍어 날이 시퍼런 삽가래로 탄에 묻어버렸다는 뜬구름 같은 유언비어를 가끔 들었다. 어디서 누가 언제 그랬는지는 몰라도…

어느 성격이 과격한 광부는 자기들은 무덤 속에서 목숨을 담보로 일하여 돈을 버는 인간 중에 밑바닥 인생이라고 자책(自責)했다.
밖에서는 무덤 하면 죽으면 들어가는 곳으로, 다들 무섭다고 생각한다.

틀린 말이 아닌가 싶다.

세상에서 생업으로 생사(生死) 갈림길에서 죽음에 제일 가까운 곳에 있는 사람은 높은 공중에서 세 바퀴를 도는 서커스 어린 단원(Tribitch)과 성난 망망대해(茫茫大海)를 항해하는 뱃사람 그리고 깊은 땅속 광부들, 그래서 팔자가 좋은 사람들은 이들을 **덜미에 저승 길 사자(使者) 밥을** 짊어졌다고 말하지 않는가,

자신을 비하(卑下)하며 험하고 힘든 곳에서 일하는 사람들은 자연히 의식화(意識化)가 되기 쉬워 부화뇌동(附和雷同)이 강하다.
그들 말대로, 목숨을 걸고 위험한 일을 하다 보니, 굴의 바깥 세상이 평화스러우면 굴속도 공기가 평온한데, 밖이 시끄러우면 더 꿈틀거리는 반응이 아주 예민하게 증폭된다.
그들이 들고 있는 연장이 춤을 추면, 치명적인 무기다.
그래서, 많은 연장을 관리 잘하는 사람이 회사가 필요한 관리자다.

여러 부류의 사람들이 인생 마지막이라고 하는 막장 일을 하는 가운데도, 좁은 단칸방 사택에서 부모를 모시는 광부들은 일이 틀림없으면서 불평에 끼어들지 않고, 묵묵히 가족을 위해 자기 희생의 삶에서, 때로는 막장의 흐린 물이 맑아져 별도로 생각하게 했다.

일자무식 꾼이 거의 열 명이 넘다 보니, 쌀밥을 마다하고 어디 가서 콩밥을 8년에서 적게는 3년 먹은 우람한 사고무친(四顧無親)들이 있는가 하면, 일부는 말귀가 어두운 정말 무지몽매(蒙昧)하지만, 팔다리가 강철 같은 친구도 있다. 나머지는 대부분 농촌 머슴 출신이다.

그중에서도 내 마음이 가는 주평리에 사는 서석인이라는 채탄선산부는 부지런하고 결근이 없고 동료와 주사(酒邪)가 없어, 다들 좋아하는 생산 잘 내는 전라도에서 도망쳐 충청도에서 자란 대(代)를 이은 충실한 머슴 출신이었다.

전라도 어느 만석꾼 집 머슴 하던 그의 아버지가 6.25때 인민군에 끌려가서 동네 사람과 함께 부역(賦役) 나가 천성(天性)이 본래 부지런해 강제로 시키는 일을 했을 뿐이었다.

곧 국군이 들어와 동원된 사람들을 자원한 것으로 몰아 조사를 받던 중에, 같이 부역한 동네 머슴 하나가 서석인 광부 아버지가 솔선해서 일하여, 등덜미에 땀을 제일 많이 흘렸다고 고발했다 군인 앞에 있던 동네 사람들이 손가락질로 삿대질하며 저런 놈 죽여, 선동하여 소리치자, 순간 들고 있던 연장과 몽둥이가 춤을 추어 죽싸게 얻어맞고 널부러져 버려진 것을 야밤에 12살 자기와 그의 어머니가 가마니로 끌어다 ·오래 묵은 똥물을 먹여, 부기(浮氣)와 시퍼런 멍은 빠졌는데, 결국에는 똥독(毒)이 퍼져 죽고 말았다.

가족은 뿔뿔이 헤쳐 각개(各個)전투하며 초근목피(草根木皮)로 연명하여 숨어 지내다가 또 남의 집 머슴살이로 성년(成年)이 되어, 인심 좋은 충청도 주인 양반이 호적(戶籍)을 만들어 주어, 마음씨가 고운 얼굴이 아주 맷돌같이 얽은 아가씨를 만나, 충남 보령에서 광산 일을 배우고, 좀 더 나은 문경으로 흘러와서, 탄광에서 지원하는 야학(夜學)으로 겨우 언문(諺文)을 익혔다고 자랑했다.

그러나 글씨는 닭발 그리듯 해유- 감독님!

어쨌든, 그는 광부 중에 배운 측에 끼었다.

옛날부터 강제 부역 나가서 등에 땀을 흘리면 3대(代)가 망한다는 말 때문에 남을 의식하여 근로 정신은 없었을 뿐 아니라, 국가의 재난에 노력동원되어서까지도 노동을 천시(賤視)하고 동원을 기피하는 일이 비일비재하였다.

노동으로 벌어먹는 노무자를 천대하고 함께 일하는 노동판에서까지 어영부영 하려는 우리 선조들의 망국적 사상을 근세 선각자 도산(島山) 안창호는 일을 하지 않는 사람은 밥을 주지 말라는 무실역행(務實力行)을 역설하지 않았는가.

심지어 의무적으로 일을 하더라도 처삼촌(妻三寸) 산소(묘소)에 벌초 하듯 대충 해 버리고 나서는 고생 무척 했다고 하며, 본인의 힘든 일은 고생이라 말하지 않는다.

많은 경쟁에 시험치고 뽑혀 외국에 나가 많은 대가와 세금까지 면제받고 목돈 벌어 귀국해서는 나라를 위해 고생했다고 말하는 풍조, 그러나 못 배운 광부는 국가에 봉사했다고 절대로 말하지 않는다.

누구는 인생이 고생이라, 고생 끝에 낙이 온다(苦盡甘來)고 설파했다.

탄광지대 어린 학생들은 시냇물 색깔을 검정색으로 칠한다고 할 정도로 온통 검다. 계절에 관계없이 더운 물로 비눗칠을 세게 해서 목욕을 매일 한다.

산중턱 현장사무실은 5월 초까지 괴탄 난로를 피운다, 그렇지만 갱내는 여름에는 시원하고, 살을 에는 추운 겨울에는 훈훈하다.

깊이 아래로 내려갈수록 지하수가 증가하여 연중 휴일 없이 펌프로 물을 밖으로 뽑아 올린다.

작업으로 인한 탁한 공기는 배기 펌프로 빨아 내고, 굴 안으로 불어 넣어 주는 별도의 수직 터널은 구멍 사다리가 설치된 비상구를 겸한 역할을 한다.

시켜서 하는 일꾼들은 속성상 험하고 힘든 일은 규정이나 규격을 무시하고 쉽게 빨리 편하게 해버리는 경향이 있다.

평소에 권위적이거나 쓸데없는 말을 작업장에서 많이 하면 정작 중요한 사항의 지시나 설명에 타당치 않는 이유를 대거나, 원칙은 서 있는데도 자기식대로 고집하는 시간 낭비를 한다.

따라서 중간에 자주 점검하여 사전 재탕을 막아 최소한의 시간을 단축하며 질을 점차적으로 향상시켜 능률을 올려야 한다.

속담에 노예에게 농담하면 금세 꼬리 친다는 말은, 서로 농은 때와 장소에 따라야 한다.

이렇게 거듭할수록 감독 색깔도 서로 다르게 뚜렷해진다.

옛말에 집에서 기르는 개새끼는 주인을 닮아간다고 했다.

교과서식으로 말을 하고 않고 차이뿐이지 누구나 표현은 같다.

위험하고 급박한 상황이 빈번한 탄광에서는 본능적이면서 원초적으로 평상 말을 많이 한다. 때에 따라서 행동도 부자연스러운 어린애처럼 위험에 노출되어, 본인 부주의로 안전사고가 빈번하다.

따라서, 사전, 사후라도 안전교육은 필수다. 문제는 교육을 덤으로 생각해 흘려버린다.

이슬(짐)이 온다는 말이 있다.

어느 일정한 응력에서 서서히 변형(Creep)량이 커지는 현상이다.

탄광에서 굴이 붕괴 직전에 탄가루가 부슬부슬 떨어지는 전조(前兆) 조짐으로, 상부 등분포(等分布) 하중이 어느 한 지점의 공간으로 인한 집중하중의 이동이 시간의 경과에 따라 생기는 물리역학적 성질이다.

굴이 붕락하면, 암석 측벽이나 광차 옆에 붙어라, 매몰되었을 때나 고립되었을 때는 지하수로 갈증(渴症)을 달래며, 공기 쇠파이프나 레일(Rail)를 두드리며 가족을 생각해라, 구조될 때까지.

탄광사고 사망하는 통계 숫자는 전국적으로 평균 10만 톤당 한 사람 꼴이다.

사망 사고 중에 광산에서 재해자가 가장 많다. 전체 석탄 생산량을 연간 2,400만 톤을 생산하는데, 한 해에 평균 240명이 희생된다는 뜻이다.

탄광 안전 관련 기관의 통계에 의하면, 전국 중소 포함 300여 탄광의 어느 해 일 년 안전사고 희생자가 자그마치 283명이었다.

사고는 이상하게도 같은 지역 혹은 인근 탄광에서 인사 사고가 발생하면, 전염이나 되듯이 맞장구를 쳐 다른 탄광도 위험에 직면하는 경우가 있다.

따라서 인근 탄광들은 한동안 비상 체제로 대처하며 생산에 임한다. 화불단행(禍不單行) 불행은 겹쳐서 온다는 말이 상통하다.

일 년여 땅 거죽보다 몇 배나 사나운 땅속에서의 긴장된 삶은 한 달에 한 번 또는 두 번 회사의 공휴는 천금 같아 독신자 동료들과 앞뒤로 꽉 막힌 산을 피해 앞에 흐르는 진남교 냇가에서 석탄 색깔에 물들인 검정 꺽지를 잡아 회(膾)를 떠먹고 남은 서더리 매운탕은 원기를 돋아, 곁들여 마시는 이름난 태봉 막걸리와의 씨름은 천렵(川獵) 중에 일품 이다.

또 석탄 생산에 맥이 빠질 때면, 불정(佛井)냇가에서 개를 잡아 무쇠 솟으로 몇시간 잘 끓인 개장국 보신탕으로 다들 벌거벗고 물속에 드나들며 하루 종일 양기가 넘쳐 고성방가(放歌)는 생산 응원가로 착각했다.

4년 전 군대(1967년) 고참 제대 말년에, 쫄병들 데리고 연천 청산면 전곡 장탄리 한탄강 둔덕에서 저녁노을에 비친 검은 잉어 떼를 향해 수류탄 던진 관록은 아직껏 생생하다.

잡은 잉어 두 양동이를 부대 선임하사 집에 진상도 하고, 자대 회식을 함께 한 군바리 동기들 만나면 꼭 입에 오르내리는 단골 메뉴다.

굴 생활도 어느덧 익숙해졌다.

제 버릇은 개 못 준다고, 소문을 듣자 하니 점촌 영순 영강에는 은어 떼가 낙동강에서 알 까러 올라온다고 나를 유혹했다.

광부 중에 총각 김일녕이라는 막장후산부가 한날 독신자 숙소로 찾아와 자기 소원을 들어 달라고 간청했다.

곧 혼례(婚禮)를 올리려고 하는데 장인쟁이가 막장이 아닌 덜 위험한 밧떼리전차 조수로 직종을 바꿔야 혼인을 허락한다기에 즉시 손을 써서, 쇠 갈고리 들고 가시다리(Rail point) 교체하러 늘 뛰어다니는 전차 조수로 직종을 바꿔 줬다.

상주 함창이 고향인 그 광부가 정보를 알려주어, 선탄장 남대영 감독, 측량기사 양승조와 공무과에 용접공으로 취직하려고 대기하는 다른 감독 처남하고 네 명이 공일날 다이너마이트 반 토막과 심지(도화선 한뼘, 뇌관 2개)를 꼬불쳐 싸들고 갔다.

낙동강 상류인 영강은 문경군, 예천군, 의성군, 상주군이 만나는 경비가 애매한 완충지대라고 미리 와서 기다리는 전차조수가 보고를 해주어 둘러보니 상황이 틀림없다.

지형은 우리가 온 영순 쪽보다 예천 화룡, 의성 다인 쪽이 나무 그늘도 있어 먹고 놀기는 안성맞춤이다.

11시쯤 되니 만조가 되어 은어 떼가 나타나기 시작했다.

강가에 은어 수박 냄새가 점점 짖어져, 준비했던 깡에 심지를 꽂아물고 있던 담뱃불에 점화 순간 5초 지나 던졌지만 불발됐다.

한 발 남은 젖은 심지를 잘 말려 작아진 떡에 꽂아 강을 보니 반짝반짝 은어가 가득 지나간다.

마지막이다 하고 던진 깡이 알맞게 떨어져 솟꾸치는 물길이 거의 없이 쿵 소리가 지축을 울렸다.

순간 은어떼가 까 뒤집혀져 강이 온통 은빛이다.

미리 피워놓은 장작불에 구은 은어를 집어 하모니카 불 듯 얼마나 먹었던지 안동 제비원 소주 댓병이 금세 떨어져 작은병 금복주를 또 마셨다.

근처 온 동네 사람들이 양푼을 들고 나와 전부 가득했다.

거의 죽은 은어는 떠내려가고, 파장 무렵 강 건너 함창 쪽에서 순경이 자전거를 끌고 오는 모습이 한 마장쯤 보였다.

꼬리가 길면 잡힌다더니 앞으로는 단념하기로 맘을 고쳐먹고 풍양 쪽에서 강을 따라 예천 용궁역 앞 초가집 순대국집에서 술 타령 하다가 김천 가는 막차 타고 점촌 거쳐 불정에 되돌아왔다.

어릴 때부터 눈이 작아, 겁이 없다고 말하는 사람,

언젠가는 눈 값은 할 거라는 사람.

집에 형한테 맞을 때도 눈을 감지 않아, 눈 감아 하고 때리면

다시 눈을 떠서, 웃고는 매를 놓곤 했다.

사진기 조리개를 오므릴수록 사진은 더 선명한 것처럼,

내 눈은 유달리 길눈이 밝았다.

그래서 종종 안 볼꼴을 많이 보았다.

굴 생활 1년이 막 지난 어느 날 광업소 본 사무실 옆 화학시험 분석소 담쟁이 붙은 담에 서서 서울 본사에서 출장 온 이기정 기술상무와 장성진 항(坑)장이 회사 찝차를 타는 모습을 우연히 보게 되었다.

다른 일행도 같이 있는 것으로 보아 읍내(邑內)로 저녁 식사 하러 나서는 참인 것 같았다, 그런데 이상하게도 회사 기술총수 이기정상무는 뒷좌석으로 빠지고, 찝차 선임좌석인 앞에 張항장이 앉았다,

나이 때문일까, 텃세일까, 그때부터 광업소 전체를 보기 시작했다.

문경광업소 김상희소장은 우리나라에서 소문이 난 엘리트 채광기술자다.

왜정 때 식민지 대만, 조선, 만주에서 정책적으로 일 년에 수재를 각 한 명씩 뽑았다는 일본 명문 아키다(秋田)광산전문 대학을 나와 국내외 굴지 탄광소장에서 마지막으로 문경탄광에 온 나이 지긋한 아주 노련한 탄광기술자다.

그리고 나의 최상사인 장성진항장은 어느 지방 순경 출신으로 석탄 생산 경험이 많은 중년이 지나 뵈는, 배가 나온 몸집에 팔자걸음을 걷는다.

어쩌다, 굴속에서 나와 마추치면, 거칠고 위험한 곳에서 오래 근무할까 싶어 걱정하는 눈빛으로, 늘 하시는 똑같은 말은,

이감독 "할만해" 말이 다정하지만,

탄 생산이 저조하면 **"꿩 잘 잡는 게 매"** 야 하며 벌레 씹은 얼굴로 말하곤 했다. 수단 방법을 가리지 말고 생산 아니면 어디에서든 벌충하라는 말씀인 것 같았다.

그러나 배운 여러 채광법에는 꿩과 매는 없었다.

위험하고 힘든 광산은 군대같이 명령이 살아 있는 위계질서가 분명하다.

특히 나이, 신분에 관계없이 감독, 계장, 항장, 소장 명령을 잘 따라야 생산은 고사하고 조직에서 제명에 오래 산다.

그런데, 굴 밖의 광업소 군기(軍紀)가 빠진 듯했다.

어쩌다 서울에서 기업주가 현장에 오기라도 하면 본사무실에 어떤 간부는 장화를 신고, 면장갑을 끼고 곧 굴에서 기술자를 거들어 준 것처럼 심지어 얼굴에 탄 가루를 일부러 묻힌다.

따라서 퇴근 때 현장에서 내려온 사람들은 사무실에 그런 작태(作

態)를 보면 서울에서 누가 오는구나 직감하게 된다.

파출소에 소장이 순(順)하면, 파출소 차석(次席)이 날뛰다는 말을 영
등포에서 살 때 동네 어른들이 쑥덕거렸다.

옛말에 어린애 말도 귀담아 들으라고 했다.

뒤뜰에서 놀다가 어른한테 달려온 말이 어눌한 어린 아들이 플플
하니, 애비 말이, 애야 겨울에 무슨 풀이 어디에 있단 말이냐 하고는
그냥 넘겨 버렸다.

사실은 뒤뜰 벽 연기에 그을린 까만 송판(松板) 굴뚝에 불이 붙었다.

얼마 안 있어, 노련하고 학식과 경험이 많은 소장은 건강상 이유로
서울본사 기술 고문으로 갔고, 더불어 구태의연한 간부들도 물갈이가
시작됐다.

강원도에 있는 대성 다른 직영 호명 탄광에서 문경으로 영전 된 윤
한욱소장은 전후(戰後)에 광산공학을 배운 유능한 광산 기술자로 패기
가 있고, 사물을 똥인지 된장인지 맛을 볼 필요가 없이 현실을 분명히
가리는, 목소리가 크고 맑았다.

직원들이 모두 좋아하는 월급은 변동 없이, 달라진 것은 생산 독려
비와 무사고 안전수당을 책정하고, 광부를 위하여 만근(滿勤)수당, 굴
(坑) 제일주의 풍토를 만들어 버렸다.

또한 중장기 생산체계와 탄광 심부 현대화 계획을 앞당겨 밀어붙
였다.

이런 호기를 맞아 1972년 초, 내가 맡은 30여 명의 채탄 광부들의

협력으로 일심동체가 되어 문경 광업소 전체에서 일 년 할당 석탄 생산 책임량 달성과 무사고 안전 기록으로 기업주가 주는 공로 표창장과 부상으로 5돈짜리 순금 반지를 수상했다.

서울 중구 오장동에서 배가 다른 형제들과 사는 부친을 찾아가, 회사가 상으로 준 금반지를 부친께 처음으로 선물했다.

철이 들었다고 좋아하셔서, 내친 김에 헌 신발도 짝이 있는 법인데 당황하지 않고, 5년 넘게 사귄 여자친구가 있다고 고백했다.

옛날부터 기술쟁이들은 업무 특성상 자리에 꼭 붙어 있어야 하지만, 사무쟁이는 종종 밖으로 은행이나, 관청으로, 짬짬이 자기 일도 볼 수 있었다.

간단히 머리를 깎더라도 공휴가 아니면 일부러 짬을 내야 하는 융통성이 없는 기술자가 되기를 옛날부터 젊은 사람들은 기피했다고 했다.

그러나 장인쟁이가 될 자리는 기술 있으면, 제 식구 밥은 안 굶긴다고 그의 딸에게 말했다.

돈을 버는 총각들은 빨리 식구를 꾸려야 저축도 하고 밖으로 나돌지 안는다는 옳은 말을 들으며 거의 3년을 잘 놀았다.

사람마다 제 눈깔에는 제 안경이라고, 서로 의기 투합하여 상투를 틀어 올리기로 했다.

광업소 정이 많은 채광수총무과장은 변소가 딸린 방 2개짜리 사택을 줄 테니 빨리 결혼해, 다시 다짐을 받고, 2년 전 누나한테 들은 계(契)를 타고 모자라면 회사에서 가불을 하기로 하고, 진행에서부터 예식장 섭외까지 순전히 내 힘으로 하기로 맘을 먹었다.

평소 어려서부터 종교를 멀리했지만, 고등학교 때 소탈하신 인품 때문에 개인적으로 존경하던 어른 중 한 분이신 모교 교목(校牧) 김창주 목사님을 불쑥 찾아뵙고, 제 혼례 주례로 모시고 싶다고 말씀드렸다.

학교 때는 얼굴도 모르는 제자가 하는 지하 깊은 탄광에서 남들이 기피하는 일을 자상하게 짚으시며 흐뭇해하시면서 쾌히 승낙하셨다.

식(式) 때는 어려운 역경을 이겨내는 사람이 되라는 말씀과 친구 김봉태(金奉泰)가 부르는 베토벤 교향곡 9번의 4악장 환희(Ode to joy) 축가 속에, 둘이서 직접 찾아가 계약한 서울 회현동 LCI 예식장에서 1973년 2월 24일 정오에 혼인 선서를 했다.

▶ 1973년 2월 24일, 김창주 목사님을 모시고

서울 본사, 광업소, 양가 친척, 친구들이 잘 살아 가라고 많이 밀어 준 덕분에, 난생 처음 기념으로 하늘을 날아가는 비행기를 탔다.

돌아와 우선 남은 경비로 주변을 정리하고 가방 하나씩 달랑 들고, 우선 점촌읍에 내려 오천원 주고 옷가지 넣는 철제 캐비닛과 밥 지어 먹을 취사도구를 사서 들고 밤에 깨끗한 사택에 갔다.

며칠 복잡한 서울에서 우왕좌왕하다, 을방 오후 굴에 들어가니 마음이 편해져 내 고향에 온 기분이 들었다.

마침 3구 연층(沿層)에서 탄통이 터져 노보리(昇坑)에서 확인하니 3-4개월은 족히 캐먹을 것 같았다. 좋아하는 항장이 부상으로 술 전표(錢票)를 주어 산 아래 권(權)대포 집에서 피 돼지 안주로 광부들하고 엄청 퍼 마셨다.

가끔, 밤 일 끝내고 회사 퇴근 버스 타기 전, 주막에 들러서 막걸리 한두 탁배기에 거무스레한 천일염 왕소금, 굵은 들깨알갱이를 안주 삼아, 손으로 집어 입에 털어 넣는 맛. 탄광 하면 술, 싸움, 노름를 떠올린다.

어디서나 술은 술을 청해 한정없이 마신다.

술은 윗사람 밑에서 배워야 한다,

세상 술버릇 나빠 잘 된 인간 없다.

그리고 탄광 술은 파도와 같다고 말들 한다. 소장, 항장, 고참들은 긴 세월을 탄과 술과 명예롭게 잘 싸운 술-전사(戰士)이다.

밀려오는 술에 부상(負傷)을 당하여 죽거나 술-타령(打令)에 전역자도 많다.

또한, 광부들은 막장에서 탄과 맞서 싸우는 용맹한 특전사이면서 애국자다.

그러나, 목구멍으로 술술 쉽게 넘어가는 술을 이기지 못해, 주정(酒酊)으로 광부 본인은 개판이 되고, 때로는 사택 동네가 난장판이 돼버린다.

02

탄광에 가기까지

전쟁 때 북에 홀로 남아 있던 모친을 따라 월남하기까지는 이북 고향에서 생활이 윤택했던 많은 기억이 생생하다.

진남포제련소 부설 인민유치원(1949년)에서 노래하라고 재촉 받은 기억과 고향 용강 진지동에 평양 가는 신작로 따라 있던 할아버지 정미소 마당에서 놀다가 큰 개를 끌고 다니는 총을 멘 로스께(쏘련군인)가 온다고 뒤뜰에 숨었던 일, 또 한번은 어른들 따라 평양에 가서 전차를 타고 길 복판에 있는 보통문(普通門)을 지나, 종로에 높은 화신백화점에서 승강기 타고, 새로 산 모자 쓰고 모란봉에 올라가 사진 찍다가 바람에 모자가 대동강 기슭 부벽루(浮碧樓) 아래로 날아가 많이 울었던 기억들은 지금껏 잊을 수가 없다.

그러다가, 피난 와서 1951년의 영등포는 비가 오면 진등포, 바람이 일면 먼지포 도로 가운데 넓은 로타리와 웬 높은 공장 굴뚝이 많았다.

밤이 되면 공산군 적기(敵機) 공습으로 자주 소등(消燈)관제 호루라기 소리, 캄캄한 하늘에 희고 긴 장대처럼 여러 개가 엇갈리는 서치라이트(Search light)와 고사포 총알이 뚜두 둑 소리와 함께 노란 달걀들이 줄지어 하늘 높이 올라가는 광경을 형들과 숨어서 본 기억, 그리고 밤낮 골목엔 군복 입은 서양 사람들과 입을 벌리고 껌 씹는 주둥이가 새빨간 아가씨들, 아침에 눈만 뜨면 동네 근처 철조망 넘어 천막에서 나오는 인심 좋은 군인 아저씨들이 던져 주는 껌, 초코렛 받으러 누나를 따라갔다.

형은 더 일찍 추운 새벽에 일어나 군인들 알철모를 받아 펌프에서 김이 무럭무럭 나는 세숫물을 떠다 주고 받은 사탕, 과자를 동네 구멍가게에 팔곤 했다.

모친은 영등포 중앙 로타리 많은 사람들이 오가는 노변에서 찰떡 장사 나가면, 옆에 쭈그려 앉아, 옹색(壅塞)한 집에 있는 할머니 심부름을 했다.

양남동 당중(堂中)국민학교는 미군 부대에 징발당해, 폭격 맞은 무슨 공장건물의 가교사에서 맨땅 위에 빈 쌀가마니를 깔고 앉아, 책상도 없이 공부했다,

언젠가 해방되고 새로 지은 양남동 한옥이백채 동네를 지나 오목내(현재 목동) 둑 밑에 형들 따라가서 전쟁 때 버린 총, 단도(短刀) 군대 칼을 주어 파출소에 갖다주었었다. 그 뚝방에 반동무들과 같이 다시 가서 토끼풀과 씀바귀를 캐어서 학교 교실 담 옆에 있는 토끼장에 넣어주고, 늦게 할머니 심부름으로 장마당에 갔다,

노변 뒤편에 중앙 시장(39시장) 골목에서 장사꾼 상대로 밥장사를 막 차린 모친이 용감하게 보였다.

밥을 많이 먹을 수 있으니까.

다른 형제들과 달리, 어른 말 잘 듣고, 아무거나 잘 먹고, 어디 아파 본 적 없이 순하고 꾀를 부리지 않아서 집안 허드렛일을 가리지 않고

도맡아서 잘 하여 애칭이 픽(Pig)이라고 불렸다.

전쟁이 끝나고(1953년 여름), 곧바로 영등포에는 인민군, 중공군 포로들이 와서 동네 근처 왜정 때 경기염직 공장 건물에서 하루를 묵고는 다음 날 판문점으로 가는 기차 임시정거장 앞 큰길 양옆에는, 혹시 피붙이라도 찾을까 하여, 이북서 내려온 피난민들이 몹씨 무덥던 날씨에도 불구하고 인산인해(人山人海)를 이루고 있다가 막 앞을 지나가는 지척에 포로들을 보며 조카야, 누구 삼촌아 하고 손을 들어 외쳐도 못 본 체하고 양옆에 미군MP의 삼엄한 경비 속에 줄지어 기차를 타고 판문점으로 포로 교환하러 가는 수많은 포로들의 광경은 아직도 눈에 선하다.

가끔, 길눈이 밝아 할머니 따라 청파동이나 인천에 잘사는 친척집에 가면 어른들이 붙임성이 있어 좋다고 칭찬하며, 용돈을 따로 손에 쥐어주곤 했다.

1956년 혼자만이 문(問) 안이 아닌 걸어서 다니는 대방동에 있는 영등포 공립(公立)중학교에 입학하여, 학교는 잘 가는데, 공부는 통 흥미가 없었다.
학교 갔다 오면, 철도공작창으로 가는 철길 옆 상이용사회 영화관이나, 아랫 동네 새말 남도극장에 동네 애들과 어울려 몰래 구멍 뚫고 들어가다 잡혀 매도 맞고, 얼굴에 페인트칠 까지 하고, 마냥 놀기를 좋아했다.

저러다가 이 다음에 커서 뭐나 할까 죄다 걱정을 해도 할머니는 심부름이라도 잘하면 괜찮다고 너 좋으면 됐다고 내 편에 서 준 기억이 새롭다.

▶ 1957년, 영등포중학교 2학년

　중학교 3학년 초여름이라고 생각되는 어느 날, 고등학교에 다니는 누나가 토요일에 학교에서 일찍 왔다.

　좀 언짢은 표정으로 쳐다보면서 하는 말이, 너는 시기심도 없다고 구박을 하며, 남들은 시간이 없다고 공부하는데, 이러구 저러구….

　나에게는 도무지 이해가 안 가는 소리에, 그 알량한 공부 잘해서 떡 장수, 밥 장사나 해, 그 공부가 좋은 집 지어주냐며 처음 대꾸하는 내 몰골을 할머니는 보지도 않고 눈을 감고 듣고만 계셨다.

　그날따라 일찍 집에 나타난 대학생인 형한테 주먹으로 많이 맞았다.

　나 잘되라고….

　형은 중학생 때 친구 꾐에 집에 돈을 몰래 들고, 처음 바른말로 대꾸를 했다.

　야, 도둑놈도 자식 새끼한테는 도둑질하지 말라고 이른다고 둘러

대며, 몇 대 더 맞다 참다 못해, 관악산으로 도망쳐 처음으로 가출하였다.

꼭대기 연주대 절간에서 누워 있는데, 스님들이 하루만 재워주라고 두런두런 소리가 밖에서 들렸다.

그러나 늘 내 편에 서준 할머니 생각에 아주 가출 하고 싶지는 않았다.

오후 늦게 집에 들어가니, 할머니가 끌어안으며 남자는 누구나 대가리가 커지면 다 그렇다고, 어느 하나 걱정하는 기색이 없었다.

그때부터 산을 좋아하게 되어서 책은 더 멀어져 할머니하고만 산에 가서 살고 싶은 내 맘을 읽으셨는지, 할머니는 어디가 자주 아프셨다.

동네 의사가 왕진(往診) 후 며칠 지나, 신수(身手)가 훤하며 많은 학식이 있어 뵈는 여자 두 명이 어머니라 부르며 큰절을 하는 모습을 뒤에서 봤다.

지금껏 듣도 보지도 못한 이야기는 고향 평양에서 여학교를 나와 일본에서 고모와 공부하던 이야기를 한참 하더니만 할머니가 앉았던 이부자리 밑에서 사진 한장을 꺼내 주며 간직하라는 말을 했다.

손님 한 분이, 어머! 얘 윤심덕(尹心悳)이야,

1916년 평양 숭의(崇義) 동창으로 큰고모 이현명(李賢明, 1898년생)과 함께 일본에서 공부하며, 여행할 때 찍은 사진이었다.

그 후로 식음을 전폐하시고 86세에 세상을 떠나셨다.

할머니 생각날 때마다, 산이 좋아 친구들하고 관악산에 가서 자고 오곤 했다.

매일 새벽에 나가 늦은 밤에 들어오시는 모친은 시장에서만 뵙곤 하지만, 자나 깨나 늘 돌아가신 할머니 곁에 맴돌다 보니 많은 말씀 가운데 평생 잊혀지지 않는 두 마디는 내 인생을 좌우했다고 말할 수 있다.

말 한마디가 천 냥 빚을 갚는다. 남의 말은 잘 듣고, 할 말은 똑바로 **좋게** 말해라.

또한, 옛말에 **뜻이 있으면 돈이 없고, 돈이 있으면 뜻이 없다는** 말 이 있다.

그래서 **언젠가는 뜻과 돈은 꼭 만나니** 지금 가난하더래도 하고 자 하는 **뜻**이 있으면 된다.

1959년도, 전차 타고 다니는 신설동에 있는 장로교계통 대광(大光) 고등학교에 무난히 입학하였다.

기독교 교육은 물론, 배울 대로 배운 부친(1910년)의 위선(僞善)적 인 삶의 영향으로, 평소 모친을 따라 형과 나는 해방 이후 교회와 거 리를 두고 지냈는데, 미션스쿨에서의 적응이 빠르지는 않았다.

여전히 책가방을 밀쳐두고 서울 근교 군사 지역만 빼고 죄다 올라 다녀, 공부는 하위에 머물렀다.

한번은 집안 어른 되시는 이돈근 선생님이 교정에서 따로 불러 매 점으로 데리고 가 아지스끼 곰보빵을 가득히 사주시며,

정수야, **공부 잘해 뭐 하간, 사람이 돼야지,** 하시며 혹시라도 밖으로

떠돌다, 삐뜰어질까 타이르셨다.

또한, 어린 심정이지만 부친을 비유한 말처럼 느낌이 왔다.
전에, 혹시라도 친척을 만나면 부친 때문에 주눅이 들곤 했다.

그러고 나서, 어느 집회시간 강당에서 하얀 두루마기에 긴 흰 수염
을 기른 함석헌선생이 칠판에 한시(漢詩)를 적으며, <u>예수가 책을 지어
서 유명한가요</u>
하시는 말씀 중에,
일본 신학자 우찌무라 간조(內村鑑三)목사의 속물(俗物) 인간은
다르게도 구원을 받을 수 있다는 무교회(無敎會)주의 사상이 맘에
들었다.
그 후로 학교에서 성경을 읽기 시작했고, 그 속에 옳은 말이 많았다.

4.19 때는 신흥대학(현 경희대학) 유도학과 형들 뒤를 따라가며, 못
살겠다 갈아보자!
소리 지르던 데모 행렬이 종로 4가 네거리에서 인분(人糞)트럭에 막
혀 똥 벼락을 맞고는 청개천으로 내려가 똥물로 씻었다.

정권이 바뀐 그 해(1960) 학생들은 무슨 벼슬이나 한 듯, 기차는 물
론 버스까지 공짜로 타고 떠나는 무전(無錢)여행은 전염병같이 퍼져서
유행이었다.
그 참에 친구들과 한라산을 올라갈 계획을 세웠지만, 큰 배는 공짜
로 힘들다는 소문에 부친의 소개장을 들고, 일본동창인 부산세관 감시
국장 박완형 씨를 세관 수위실로 찾아갔다.

직원을 시켜 여관도 아닌 장급 고급 금애장여관에 하루 동안 일행 전부를 묵게 하더니, 다음 날 낮에 박완형 씨가 여관에 직접 와서 누가 도상이 아들인가, 물으며 그날 밤에 떠나는 제주도 가는 화여객선 승선 왕복표 10장을 봉투 둘에 나누어 주었다.

너 정수! 서울 돌아가면 여행 감상문 써서 편지해라.
파도가 산더미같이 몰려와 나만 빼고 선실에서 다들 초죽음이 됐다.
새벽녘 멀리 보이는 제주시 상지항은 한적한 어촌 같았다.
아람드리 소나무들로 막혀 있는 제주 관음사 넘어, 길이 분명치 않은 가파른 한라산 정상 백록담에 올라 짙게 안개가 낀 분화구로 내려가 연못 주위에는 소똥이 즐비하고 깊이가 얕은 고인 물로 밥을 지어 먹고 날씨가 초겨울 같아 갖고 간 군대 A텐트를 치고 강아지 새끼들처럼 웅크리고 잤다,

서귀포로 내려가 같은 반 친구인 강(康)창립의 집에 갔다.

▶ 1960년, 백록담

서귀포읍은 아주 작은 조용한 어촌이다. 까만 돌담으로 둘러싸인 볏집 새끼줄로 엮은 지붕이 낮은 거의 초가집뿐인데, 창립이네 집 한 채만 나무로 번듯하게 지은 양철 지붕 일본 적산가옥 2층집이 오래된 어촌에서 부잣집처럼 보였다.

창립이는 서울 종로에서 학원 다니느라 없고, 창립이 어머니가 고생을 사서 한다고 따스하게 맞아주셨다.
그러고는 제주도에서 귀한 쌀 소두 한 말과 햇빛에 잘 말린 생선 도미 한 축(軸)을 싸서 주셨다.

제주섬 사방 여기저기 하루 두 끼, 어떤 때는 한 끼 빈둥빈둥거리다 얼추 보름이 되어 해가 뜨는 성산포에서 어떤 말 잘하는 아저씨를 만나 되돌아 갈 배표를 싸게 팔았다.

하루 네 끼, 다섯 끼 먹으며 육지로 되돌아갈 제주시에 와서, 비상용으로 갖고 있던 인천에 사는 숙부(1901년생)가 며느리 노혜숙(사촌형 이희정해군제독, 한국함대사령관)에게 써서 준 편지를 들고 제주해군 파견사령부에 일행 강치원이하고 같이 가서 편지 봉투를 내밀며 사령관 면회를 청했다.

한참을 위병소에서 기다린 후 병사 따라 2층 사무실에 올라가니 얼굴에 번들번들 개기름이 도는 사람이 상의를 벗어젖히고 다리 하나를 위로 뻗치고는 병사 둘의 무좀 치료를 받으며 누가 면담을 청한 학생인가? 파견사령관은 물었다.

이런저런 질문을 끝내고는 해군 배를 제외한 진해로 가는 배는 없고, 제군(諸君)들의 신원은 절차를 거쳐 확인하였으니, 오늘 밤 11시 상지항에서 출발하여 목포로 가는 화물선에 전부 승선시킬 계획인데 어떤가, 머뭇거렸더니 뱃삯은 외상이다. 명심해라.

해군 병사가 운전하는 쓰리쿼터에 일행을 태우고 선창에 당도하자마자, 인상이 좋아 뵈지 않는 아저씨가 불쾌한 눈으로 옆을 쳐다보며 쓸데없는 질문을 한다.

너희들 우리 배 타면 죽을 각오를 해야 돼…

산에 가서 추우면 종종 마셨던 막걸리를 거의 한 말을 마시고, 좁은 배 밑창으로 내려갔다.

사람은 없고 코를 꿴 소와 돼지가 가득 실렸다.

나 외에 친구들은 배가 출항하기도 전에 냄새 때문에 다 토해 냈다.

모두 곯아떨어졌다가 눈을 뜨니 새벽녘에 항구 외항에서 선석(船席)을 기다리는 중이었다.

돈의 편리함을 생전 처음으로 느낀 경험은, 학급에서 처음으로 방학 여행 일등을 했다.

4.19 데모는 정부를 전복시켜 사회적으로 혼란스러워 무서울 정도로 구호가 난무하였다.

심지어, 일부 학생들이 민족통일연맹을 결성하고 외치는 남북학생회담을 제안했던, 국립대학에 다니는 친구 정교 형은 너무 과격하여 영창에 갔다.

학생들의 협상 제안으로 쾌재를 부르던 북에서는 많은 첩자(諜者)를 내려보낸 가운데 우리 가족과 가까운 사람이 있었다.

이 사람은 우리나라 최초 민선 초대 서울시장 김상돈 밑에 있던 평양 광성(光成)고보, 경성제대 동창인 부시장 김수영을 접선 포섭하여 입북하라는 특명을 받고 남으로 몰래 내려와 도봉산 망월사 근처에서 이미 남으로 밀파되어, 암약하던 다른 간첩과 접선 시간을 어기고 산속에서 3일을 이 고민, 저 고민 하다 산에서 내려와 국도변 길모퉁이에 있는 도봉파출소에서 자수한 옥구열(전 내외문제연구소장) 씨였다.

부친하고는 고향에서 소학교부터 고보까지 같은 학교를 다닌 철친한 친구로 해방이 되고, 기쁜 흥분이 가라앉은 2개월 후에, 1945년 10월 14일 평양 모란봉 공설 운동장에 모인 군중들이 독립 애국투사 김일성장군 귀국 환영식에서 가짜로 나타난 소련놈들이 내세운 젊은 꼭두각시를 함께 보고는 야, 이거 속았구나 다들 직감하고,

부친은 그해(1945년) 초겨울 먼저 단신으로 월남하여, 부산세관 세정계장으로 취직했다, 그는 기회를 엿보다 놈들에 포섭되어 공산당에 입당하여, 고향 용강군 당위원장(군수)으로 근무하면서 중앙당에 여러 번 호출, 세뇌되어, 왜정 학창시절 절친했던 서울 부시장 김수영을 잘 꾀어 대동 월북하라는 중앙당 지령을 받고 남파되었다.

그런데 이 사람은 우리 세 모자(모친, 누이)만이 북에 떨어져 있을 때, 후견인으로서뿐만 아니라 대한민국 품으로 보내준 은인(恩人) 이다.

당시 부산에서 홀로 방종(放縱)한 부친의 소문은, 왜정 때 일본에서 미용(美容)학원 다니던 사람을 어떻게 만나 딴살림을 차린 부친과 북

에 남아서 남편이 데리러 올 것을 믿었던 모친은 남편의 배은망덕한 혼인 배반으로 남편을 아예 단념했다.

그러나 장손인 형을 포함 다른 가족은 전쟁이 터지기 전에 월남했어도, 사실상 고향 용강에서 나와 누나인 남매만를 데리고 이북에서 살 생각하는 모친를 남으로 피난 갈 것을 적극 권유하고, 난리통에 피난길을 비밀히 도운 사람이었다.

어머니는 늘 입버릇처럼 하는 말은, 어디 가든 필요한 사람이 되면 살아, 자존심이 강하고 자주적인 의지가 굳은 여전사 같은 호랑이 띠(1914년생)로 생활력이 강하게 태어난 전형적인 평안도 여자다.

그는 마지막으로 사랑하는 가족을 떠날 때 부인과 4남매 중에서 막내가 9살, 어느 여름 토요일 오후 일찍 퇴근하여 낮잠을 자고 있는데 막내가 다급히 잠을 깨우며, 아바디 동무 빨리 나오시라요,

대문깐 밖에 부르조아 놈이 지나가니 나와 보시라요.

손에 끌려 나가 보니 저 사람은 우리 당사무실에서 일하는 충실한 말단 일꾼이라고 일러줘도 하루종일 끝까지 믿지를 않았다,

며칠 후 학교에 가서 어떻게 해서 이런 일이 있을까 보니,

차트(Chart) 교육에서 첫 장에는 뚱뚱한 사람은 착취 계급인 부르주아, 둘째 장에는 삼지창으로 부르주아의 뚱뚱한 배를 찔러 피가 흐르는 그림, 셋째 장은 인민의 피를 빨라먹는 부르주아, 결국에는 부자지간도 못 믿게 하는 공산주의에 회의를 느끼던 때 자유를 선택했다는 생생한 반공교육은 좋았지만, 사람은 부부와 가족이 제일 먼저 인간의 조직인데 가정을 파괴하고 국가에 헌신하게 만든 공산 집단이나 그 자

신을 믿고 사는 처자식에 대한 혼자만의 행동이 과연 올바른가 잠시 생각 했다.

4.19 학생혁명, 연거푸 5.16 군사혁명, 이렇게 시국이 어수선하고 뒤숭숭한 가운데, 고등 학교에서는 채플(Chapel)시간에 도망가 어디에 숨는 요령과 전국사방 이곳저곳 돌아치는 능력을 배우고, 월사금(月謝金)을 기한 내에 잘 주신 모친 덕분에 3년 개근 또한 중학교에서도 3년 합(合)이 6년 개근상장을 구경하러, 영등포 중앙 시장통에서 소문이 난 평양 만두국 장사하는 어머니가 졸업식에 왔다.

사립학교는 공립학교와 달라 수업료가 밀리면 결석 처리되어 여러 학생이 유급됐다.

1962년 아무 말썽 없이 졸업은 잘 했어도, 남들처럼 등록금만 내면 다 가는 아무 대학이나 갈 생각은 않고 웬 이민(移民), 친구 따라 강남 간다고 허황된 꿈을 꾼 것은, 2학년 가을 북한산 인수봉 등반갔다가 우연히 같은 학년 다른 반 김준용이를 만나 어울리다 가까워져 남들이 이름을 바꿔서 부를 정도로 붙어 다녔다.

준용이의 확정된 꿈은 미지의 세계에 가족이 모두 농업 이민으로 가서 말을 타는 농장주가 될 거라는 확신 속에 준비 중이었다.

나도 언젠가는 불안한 휴전이 끝나고, 다시 전쟁 나면 봇짐 싸들고 이리저리 또 혼란을 격으며 가난하게 지금처럼 장래의 삶이 불투명하느니, 부모가 돈만 주면 가는 대학 4년 동안의 등록금을 한 번에 몽땅 땡겨서 준용이네 집에 붙어 혼자나마 우선 이민 갈 계획을 세웠다.

남들은 처음 있는 대학 입학 국가고시를 준비하는 와중에도, 외국 나가면 체력이 중요해, 운동장 건너편 도로변 위에 있는 담장 곁에 철봉대에서 매일 붙어 살다싶히 하다 늑골 횡경막을 다쳤다.

숨기고 지내다 옆구리 통증으로 한번은 삐딱하게 서있는 자세가 나쁘다고 불려나가 선생한테 책망을 들었다.

하라는 공부는 안 하고 엉뚱한 짓을 보다 못한 형이 졸업한 그해 초여름 6월에 준용이 부모를 우선 만났다.

또 형과 같이 브라질 농업이민을 주관하는 한백(韓白)협회를 찾아가 이런저런 이야기 끝에 브라질은 성년이 19세이기 때문에 본인의 부모가 밀어주면 가능하다는 말을 듣고는 준용이처럼 확신을 가졌다.

어머니 가게에서 음식쟁반이나 물사발은 들어 봤어도 농사짓는 낫이나 삽자루는 한번도 잡아보지 않은 사람이 농업이민이라는 말이 실감은 안 났다.

부친은 남의 말만 듣고 잘 알지도 못한 분야의 사업이 막 망했을 때, 주위에서는 잘 아는 것을 사업해야 돈을 번다고 수근수근 했던 기억이 떠올랐다.

시기적으로 아주 흥미 있는 강연회가 명동 YMCA에서 미국에 공부하러 갔던 어느 부잣집 아들인 얼굴이 거무튀튀한 김찬삼 씨의 여행 경험담 이었다,

남미의 신흥 부국은 부지런한 다른 나라 국민을 기다리는 좋은 기회를 보았다고 결론을 맺었다.

많은 질문들 가운데 젊은 이민자들은 대도시의 상공업에도 진출할 수 있다라는 답에, 우선 기술을 배우고 싶었다.

보여준 많은 사진에는 잘 사는 나라처럼 고층 빌딩과 많은 차들로 붐볐다, 농업 이민으로 가지만, 기회를 잡아 복잡한 도회지로 도망치고 싶은 욕망에 사로잡혀, 뭐를 할까 생각했다.

망설이다가 우선은 단기적으로 필요한 사람이 되기 위해서, 서울역 앞 언덕배기 동자동에 있는 수도(首都)자동차 학원 초급과정에 입학 수속을 마쳤다.

쉽게 내린 결정이라 매사가 어려웠다,

허리를 굽혀서 연장들을 들었다 내려놓았다

한번은 기름 묻은 손으로 무거운 연장을 들었다 놓혀 발등에 떨어져 발톱이 빠졌다.

원장 선생이 내 손을 보더니 기름밥 먹으면 안 되겠다 하며,

이민 가려고 기술 배울 바에는 네 몸에 맞는 것을 해야지, 재수없는 소리를 하며 빈정거렸다.

며칠 지나 원장을 찾아갔다. 자기 말대로 내가 학원 실습을 기권하러 온 줄 알고는 친절히 말했다.

미국 이민 가려면 이빨 만드는 치공(齒工)기술이나 이디바(요리) 기술을 배워야 좋다고 말했다.

브라질로 농업이민을 혼자서 남의 집에 끼어 곧 간다고 말하였다, 넓은 나라의 농사는 손으로 하지 않고 장비가 하니 중장비 교육을 나중에 원효로에 가서 받으라고 일러줬다.

이렇게 저렇게 쉬고 놀면서 친구들한테는 이민 간다는 말은 입 적

▶ 1963년, 설악산 흔들바위에서

도 안 하고 흔해 빠진 재수생으로 가장해서 준용이네 집은 하루가 멀다 드나들며 언젠가는 한 식구로서 각오하고 지냈다.

1962년 말이 되자 준용이네 집 분위기가 곧 출국 날짜를 받은 것처럼 기념 사진도 찍고 본격적으로 서두는 가운데 나에게는 눈길이 멀어지는 느낌을 직감했다.

1963년 정초에 준용이 어머니와 내 친형이 애기하는 모습을 먼 발치로 보고는 내 발길도 뜸해져 버린 2월 1일 준용이 형제들을 포함 29세대 103명의 첫 브라질 농업 이민은 부산를 떠났다.

닭 쫓던 개새끼 울 쳐다보듯 2년 동안 헛물만을 켰다.
세상일은 어물쩡하지 않고 냉정했다.
그러나 덕망이 높은 분들의 꿈의 실천을 가까이 목격은 큰 수확이었다.

신의주에서 월남하고부터 다섯 아들들을 고등학교만 보내고 계획적인 이민을 준비해오신 준용이 아버지는 영락교회 장로로서 명망도 높았고, 어머니 역시 YWCA 간사로 여성운동가였다.

그동안 학교 공부는 소홀하였지만 좋은 친구는 물론, 그런 훌륭한 집안의 모습으로 조금 철이 들어 홀로 남은 나의 갈 길을 다시 생각했다.

어느 날 장마당에서 어머니가 불러서 하는 말씀은 고3서부터 거의 2년을 앓아 온 이민병(移民病)이 이젠 나았으니, 담임 선생님을 찾아가 보라고 작은 포대 백설탕을 싸주셨다.

1년 전 고3 담임 유병관 선생님 댁 신당동 근처에 사는 짝 이천우를 만나 퇴근해 오신 집으로 밤에 찾아갔다.
초라한 모습을 걱정하는 눈빛으로 아랫목에 앉히며 아직 이민 안 갔어, 짝이 자초지경을 말씀드리니, 왼쪽 어깨를 만지며 무슨 농사를 외국 가서 해, 사실 나는 워낙 평범한 학생이라 선생님이 알아보는 것만으로도 기분이 좋았다.

대뜸 하시는 말이 너 산 무척 좋아하지, 임학과(林學科)를 지원해, 외가에 형 하나가 수원농과 대학 나와 강원도 대관령 대머리 산에서 뼈 빠지게 나무를 심는다는 소식을 들었던 터라 주저했다.
그러면 수학은 좀 하니 공대 광산공학과에 지원해 하시어, 처음 들어 본 과이지만, 광산 돌림자(字) 山이 좋아 마음이 끌렸다.

1963년 3월 다행히 순조로히 기차로 통학할 수 있는 인천에 인하 (仁荷)공과 대학 광산공학과에 입학하였다.

학교 생활은 도중 군대를 포함 7년 동안 개별적으로나 또는 학교에서 지질조사, 광산조사를 포함 전국 1,000미터 넘는 설악산, 오대산, 태백산, 소백산, 월악산, 속리산, 지리산, 치악산, 무등산, 덕유산, 팔공산 등 죄다 올라 다녔다.

한번은 합천 가야산에서 친구들을 밑에 남겨두고 새벽 동트기 전에 홀로 정상에 오랐다가 꼭대기 능선에서 새벽 이슬에 젖은 바지를 군인 보초가 수상히 여겨 연행되어, 군 통신 VHF 단말소에서 간첩으로 오인하여 반나절 잡혀있다가 신원 확인 후 풀려난 기억은 생생하다.

학창 마지막 4학년 여름에는 앞으로 어딜 가서나 살 수 있게 17일간 홀로 등짐 하나 지고 야영과 밥도 직접 지어 먹기도 하며 경상도

▶ 1965년, 친구 면회

전라도 충청도의 풍습과 지방색을 익히며 전국 중소 20여 도시를 홀로 여행했다.

그러나 배운 것은 전공 책밖에 없고, 놀러 다닌 것은 기억이 생생한데, 한 가지 더 뚜렷한 기억이 있다.

1969년 12월 11일 정오 막 지나 KAL여객기가 납북된, 우울한 오후 학교 생활 마지막 강의는, 학생 때 잘못은 일부 용서가 되지만 사회에 나가면 100퍼센트 본인이 책임이 있다.

그래서 실례로 옛날 야화 하나로 의미 있고, 평생 잊지 말라는 뜻으로 교수님은 인상 깊은 종강(終講)을 했다.

옛적에 부모로부터 물려받은 사과 과수원 주인 양반이 있었는데, 농사는 종들에 맡기고 천성이 밤낮으로 글을 읽는 것밖에 모르는 아직 아이가 없는 선비로, 어느 하루 저녁 무렵 부인이 급히 방으로 들어와 여보 여보 과수원에 도둑이 들었어요,

부인 손에 끌리어 마루에 서서 멀리 보아하니, 정말로 도둑이 나무에 올라 있는 것을 부인과 같이 보고는 여보, 들어가 활를 내오시어 놈을 혼내어 쫓아내야 하잖소,

활을 들고 나온 부인 앞에서 화살을 당기어 급히 쏘았다.

어찌 된 일인지 도둑을 겁을 줄 양으로 활을 쏘았는데 정통으로 도둑을 쏘아 맞아 나무 아래로 떨어지는 모습을 부인과 같이 보고는 무서워 떨고 있는 부인을 달래고는 여보, 다행히 날이 어두워 우리밖엔 본 사람이 없으니, 내가 냉큼 혼자 가서 그 죽은 도둑을 그 사과나무 아래에 묻고 오리다.

겁에 질린 부인을 방에 들여보내고, 선비는 나무로 달려가 보니 도

둑은 죽어 숨이 떨어졌다.

서둘러 죽은 도둑을 끌어다 좀 떨어진 가시나무 울타리 옆 아래에 묻어버렸다.

태연하게 돌아가 여보, 말한 대로 그 나무 아래에 흔적 없이 잘 묻었소.

세상에 재수가 없으려니 잘 밤에 일이 생겨, 부인을 아무 일 없듯이 달래며 부인은 잠에 들고 또 글을 읽었다.

한참 얼마를 지나 선비 집에는 애와 마누라가 있는 종과 착한 선비 부인이 눈이 맞아 간통사건이 불거져 종 마누라와 하녀가 선비에게 고자질하여서 종놈이 관가에 잡혀가 죽도록 곤장을 맞고는, 선비 마님이 일러줬다고 오래전에 선비가 사람을 죽여 과수원에 묻은 사실을 이실직고(以實直告) 하였다.

사또 앞에 불려간 선비 부인은 사실이며, 남편은 살인자라고 재차 확인하고 죽인 사람을 묻어버린 사과 나무까지 일렀다,

관가에서는 당장 졸(卒)을 풀어 나무 밑을 얼마를 파헤쳐보니 정말 뼈가 나왔다.

그런데, 그 뼈는 사람뼈가 아니고 개뼈다귀였다.

자기 죄를 덮으려고 남편을 모함하다니 사또의 벌을 부인은 더 받게 되었다.

글을 늘 읽기를 게을리하지 않던 선비는 선경지명이 있어,

그 날 밤 주인 따라온 개를 잡아 그 사과 나무 밑에 묻고 죽은 도둑은 딴 곳에 묻었을 것으로 추정되는 스토리는 사회에 곧 나갈 우리에게 살을 나누지 않은 사람하고는 부인이라도 적어도 30퍼센트의 비밀

이 있어야 되는 할 말과 안 할 말이 있다.

각자가 결정을 존중하라는 교수님의 말씀의 야화는 학창 마지막 강의를 대신했다.

나는 술과 사랑에 취하더라도 비밀은 지켜야 된다라고 각자 소견을 발표하였던 기억이 났다. 특히 남자의 여자 도둑 근성에 대하여….

▶ 1970년 2월 24일, 부친, 형님을 모시고

03
문경 불정항(坑)

　결혼 전에, 3구역 채탄계장으로 한 계단 올라갔지만, 굴속에서는 겸손하며 3명의 감독계원의 이야기를 많이 듣고, 광부들의 잔소리는 담당 감독을 통하여 전달했다.

　군대와 비교하면 90명이 넘는 전투대원과 그들의 식솔을 포함해서 족히 삼사백 명이 넘는 인원을 거느린 최전선 전투 보병 3중대장이다.

　그동안은 눈에 뵈는 탄을 캐라고 지시만 했을 뿐 내일을 생각하지 않았다.

　적어도 일주일 동안 채탄생산 할 막장을 미리 확보하고 갱도 구역 내 미비한 시설을 수시로 점검하여 지적 사항에 대한 시행여부를 꼭 확인했다.

　안전은 뒷전으로 하고 매상을 올리려고 따라오는 광부들의 안위를 지켜야 한다.

　3명의 채탄감독들은 밤낮 쉬지 않고 하루를 시계방향으로 8시간씩 돌아가지만, 담당계장은 반대 방향으로 돌아 똑같이 막장에서 주야간을 한다.

　갑방에 점촌읍내에 사는 천수명감독, 을방에 태봉사택 김동일감독,

병방에 대성골사택 조승국감독. 나도 엇갈리게 돌아가 이 감독, 저 감독 들과 일주일 같이 막장에서 지내면서 각기 다른 의견들을 참작하여 생산작업 지시를 한다.

▶ 불정리 대성골 사택입구

그런데, 매일 거의 같은 막장 조건에서 성실한 광부 사키야마 출신 조승국 감독은 야간 때만 생산을 많이 했다.

개인적으로 한문에 능하고, 여러 감독과 광부들 가정사를 잘 알고 있어, 별명이 대성골 동네 이장이라고 부른다,

퇴근 후에는 사택에서 광부들 편지 대필(代筆)은 물론, 서류 대서(代書)를 해서 바쁘게 산다. 이상하게도 피곤한 야간에 더 부지런하여 생산을 많이 내곤 했다.

회사적으로는 대견하고 모범적인 조승국 감독의 특이한 채탄법은 야간에 회사 상부의 관리가 허술한 틈을 이용하는 불법적인 능란한 도탄(盜炭)법을 적용하기 때문이었다.

이 생산 방법은 체계적인 생산 및 계획을 무너트리며 우발적인 갱도 붕락를 유도해 큰 사고를 불러온다.

또한, 김동일 감독은 육군헌병 중사 출신으로 몸이 건장하면서도 엄살이 심하고 추위를 잘 타 내복을 챙겨 입었다.

옛날 원주 군사령부 앞 삼거리에서 교통MP 시범과 절도가 있는 거수경례가 아주 일품이다.

막장 경험은 조승국 감독보다 적지만 생산 의욕이 대단하여 시기심이 많다.

그런데 흠이라면 야간 병방 근무 때면 아무 연락 없이 결근이 잦다.

부인이 겁이 아주 많아 무서워서 밤에 혼자서는 잠을 못 잔다는 소문이 있다.

두어 번, 부인을 모시고 직영 태백병원에서 약처방을 받기를 권유를 했다.

이런 피해를 입는 사람은 천수명감독인데, 막장 인수인계를 할 뒷감독이 예고가 없는 결근으로 자동 연근延勤)은 여러가지로 개인 생활 리듬을 깨면서, 담당이 아닌 다른 광부 30여 명을 이끌고 8시간 연속 16시간 굴속에서 생산작업 통솔은 신체적으로 무리이기 때문에 막장별 조장 광부들에게 막장 현황을 설명하고는 쉬엄쉬엄 순회를 하게 되므로 통상 생산이 담당감독에 비하면 자연히 저조할 뿐 아니라 막장 안전에도 문제가 있다.

그러나 다른 제조업에는 때에 따라 현장 인부의 연장근무가 있지만, 굴속에 광부는 절대 없다.

천감독은 문경 첨촌 토박이로 몸이 근육질로 다듬어진 공군 정비 하사출신이다,

원래 탄광에서 언젠가 소장 해먹을 심사로 문경공고(工高) 광산과를 졸업하고 군소탄광을 거쳐 막장 경험도 꽤 되는 이론도 정연하며, 야간에도 눈을 붙이지 않는 그의 책임감은 광업소에 정평이 나 있다.

그 날은 병방 김동일감독이 또 결근하여 야식(夜食)도 거른 채 연근을 나하고 같이 하게 됐다.

한참을 굴 막장을 순회하고 마지막 코스(Course)인 큰 탄통의 연층 갱도(Drift) 좌측 20미터가 넘는 노보리(登坑)에 올라간다고 신호를 할 즈음, 천감독이 거기 위에서 내려와 발파입니다.

막장은 참 좋은데 가베(측벽)에 있는 큰 다마(球)돌을 붙이기발파(Secondary blasting)를 시켰습니다.

곧 발파(發破) 후에 올라가십시오.

순간 위에서 발파라고 외치는 복창(復唱) 소리가 있고, 조금 지나 쿵 하는 굉음이 들렸다.

이상하게도 꼭대기 막장에서 화약 연기로 오염된 통로를 압축공기로 배기청소 하는 소리가 없었다. 철판 조구(Chute)입구 좌우 나란히 옆에서 나와 같이 발파 때 습관처럼 머리를 숙이고 있던 천감독이 고개를 들어 올려 보는 순간 조구도랑를 타고 내려온 예상치 못한, 보고가 되지 않은 다른 뇌관이 천감독 눈 앞에서 순간 팍 하고 터졌다.

발파 조금 전, 천감독이 아래로 내려온 직후, 위에 있던 선산부 광부는 신선한 막장 탄이 돌처럼 굳어 폭약 한 발을 임의로 추가 장전했다.

보고가 된 첫 발파로 튕겨진 파편에 물고 나온 감독이 모르는 두 번째 불이 붙은 뇌관이 반질반질한 철판 도랑을 타고 내려와 머리를 들어 올리는 천감독 눈앞에서 정통으로, 한 찰나에 벌어진 사고는 책임 소재를 규명할 필요가 없다.

막장 발파는 통상 감독이 직접 하지 않고 정해준 선산부(사키야마) 누구나 한다.
큰 병원에서 진단은 우측 눈의 완전한 실명(失明)으로 판명 났다.
다행히 한쪽 눈은 정상이었다.

이것이 사람 운명인가. 더러운 연근(延勤) 아… 말이 없는 김동일 감독이 미워졌다.
얼마를 지나, 김동일감독 부인이 늦둥이를 가졌다고 태봉 사택에 소문이 자자했다.
탄광 사고는 굴속 어디서나 누구든 방심하면 일어나 감독, 계장, 더 높은 직위도 가차(假借) 없이 한방에 간다. 사고는 90% 넘게 본인 부주의, 5% 불가항력, 나머지가 노후 시설로 인한 관리 소홀의 인재(人災)다.
불가항력 사고 발생하면 보상금이 감액되면서 책임자는 처벌을 피하게 된다. 따라서 눈만 똑바로 뜨면 안전한 곳이 굴속이다.

버스사고

1974년 2월12일, 음력 정월14일, 을방 일을 마치고 병방 김창련 5구 고참 채탄계장과 폐석장 문제를 의논하고 자정(子正)이 훨씬 지나 퇴근 버스 주차장에 내려가니 퇴근버스가 두 대 중에 한 대뿐이었다.
안불정, 유곡, 신기에 사는 종업원들은 벌써 걸어갔고 태봉, 중앙구, 바깥불정 종업업만 버스 한 대에 몰아 초만원이 됐다.

빼곡히 콩나물 시루처럼 만원(滿員)에 버스 문짝이 막혀, 운전수 옆쪽 문으로 겨우 올라타 맨 앞 선임 탑승석에 앉으니, 아뿔싸 날씨가 엄청 추워(영하 12도) 발동이 걸리지 않았다.
몇 번 시도를 했는지 배터리가 거의 방전되어, 나만 오기를 기다리다 주저하며 운전수는 말했다.

계장님, 광부들이 내려서 약간 버스를 밀면 그 반동으로 시동을 걸겠다고 부탁하여 소리를 질러, 버스 탑승입구에 있는 광부 몇 명을 내려보내 밀었지만, 꿈쩍도 없었다.
버스 안에 서 있던 광부들이 자발적으로 몸통을 앞뒤로 울렁울렁 반동시켜, 마치 개새끼 뭐 하듯 하니, 모두 박장대소 하는 순간 버스는 조금 굴러 또 밖에서 내처 밀어, 산중턱에 서있던 버스는 좌측 절개면을 따라 약간 경사면에서 속도가 조금 빨라져 운전수는 때를 놓칠세라 중립에 있던 기어(Gear)를 힘을 주어 1단 앞쪽으로 변속을 시도해도 끼이끽 소리만 날 뿐, 발동은 안 걸리고 바퀴는 슬슬 구르는데 에어 브레이크(Air brake)는 먹통이었다.
그사이 속도는 가속이 붙어 우측이 낭떠러지를 따라 비탈 도로에 들어선 100명 가까이 탄 초만원 퇴근 버스는 발동 소리 없이 계속 미끄러져 헤드라이트를 켠 채, 앞쪽 아래에 멀리 좌측 절개 면에서 우측 낭떠러지 아래 개울을 가로지른 하얀 콘크리트 다리가 보였다.

그날따라 버스가 만원이 되어 착석(着席)이 금지된 보닛(Bonnet) 위에 특별히 광부들을 내 임의로 앉혔다.
맨 앞에는 운전수와 나까지 나란히 횡대로 3명이 앉아 있었다.
그때 갑자기 뒤에서 누가 좌측으로 꺾어, 핸들을 틀어.
야, 운전수 새끼야, 산쪽으로 말이야 빨리, 빨리….
왁자지껄하여, 흘겨 본 운전수 얼굴이 사색(死色)이 되어, 잔뜩 겁 먹은 소리 어- 어- 쏜살같이 미끄러진 퇴근 버스는 순간 다리 목에서 기우뚱 크게 흔들리며, 우측으로 방향을 잡은 버스는 비스듬히 튕겨져 15 미터가 넘는 다리 아래로 날랐다.

권투 선수가 상대방 선수에 얻어 맞듯이 가죽 장갑을 낀 손으로 머리와 두 팔로 얼굴을 감싸고 두 무릎을 바싹 올려 가슴을 막고는 공중에 붕 떠서 곤두박질하는 버스에 최대한 움츠러진 내 몸뚱어리를 그냥 맡겨 버렸다.

계장님! 나 살았어요,
순간을 막 지나서, 흘린 피를 닦을 수건을 찾는다.

얼굴이 피투성이가 된, 옆 보닛 위에 앉았던 그 광부는 앞 큰 유리창을 얼굴로 박살내서 제일 먼저 튕겨 밖으로 나온 그를 쳐다보니, 선혈(鮮血)이 낭자한 얼굴은 중천(中天)에 뜬 정월 보름달 차가운 달빛에 피 색깔이 까맣게 보였다.

옆으로 처박힌 버스 전방 5미터 살짝 얼어버린 개울에 말똥처럼 굴러 떨어진 나는 개울 물벼락만 뒤집어쓰고, 순간 사지(四肢)가 멀쩡했다.
아수라장이 된 찌그러진 버스에는 사람 살려달라는 비명 소리와 함께, 빌어먹을 발동 소리가 덜컹 덜컹 시동이 늦게 걸린 자빠진 버스를 뒤로하고, 방금 전 버스가 출발한 비상전화가 있는 경비실로 단숨에 뛰어 올라갔다.

벌써 문을 걸어 잠그고, 벌겋게 달은 괴탄 난로 옆에 자빠져 골아 떨어진 경비원 2명, 문밖에 세워둔 괴탄난로 쇠꼬챙이로 문을 부수고 들어가, 비상 연락망이 잘되어 있는 본사무실 당직실에 전화 했다.

새벽 1시 13분을 확인하고, 경비원들과 같이 뛰어 내려가서, 버스 천장 공기구멍으로 미리 빠져나온 광부들과 합세하여 하늘로 향한 출입문을 열어젖혔다.
고개를 숙인 팔이 부러진 운전수가 보였다.
늘 위험 속에 있던 광부들은 습관처럼 행동이 빨라져 자진하여 폐갱목을 가져와 모닥불을 지펴 온기 주변으로 여러 사상자를 정도에 따라 높혀 놓고, 회사 구조 차량이 올 때까지, 권(權)대포 주점(酒店)에 우선 중상자와 버스 좌측 창가에 앉아 졸고 있다가 부상을 당한 선탄부(選炭婦) 아주머니들을 맡겼다.

이렇게 저렇게 한숨을 돌리고 한파에 동태가 되어버린 옷가지를 벗어 말리고 있었다.
그때 마침 회사 구조 차량들이 오는 불빛 행렬이 멀리서 보였다.

원칙의 문제는 원칙으로 해결할 것을, 경험한 요령이나 안이하게 대처한 어처구니없는 20년 넘게 광업소 근속한 운전수반장은 그대로 법정 구속되었다.

험한 꼴을 각오하고 광산에 온 지 4년, 굴속에 적응이 잘되어, 나름대로 보람을 찾아 새살림도 꾸렸는데, 생각도 못했던 아주 안전한 바깥 난장(亂場)에서 오(午)밤중에 특이한 진짜 험한 꼴을 탄광술로 대충 씻고는 이른 새벽 4시에 정상처럼 늦은 퇴근을 했다.

아직 백일(百日)도 안 된 잠든 아들 얼굴은 평화롭다.

내 어릴 때 할머니가 문득 생각났다.

덩수야, 너는 명치(命門) 끝이 길어 명(命)이 길단다.

젖먹는 망아지는 사바나 맹수(猛獸)에 끽소리도 못하고 죽음에 순응했을 뿐이다.

앞으로 갈 길을 계속 재촉하고, 그 길에 부정(不淨) 탈까 싶어, 심야에 어처구니없는 험한 꼴을 집에서는 입쩍도 안 했다.

본래, 입이 싼 편이지만, 문경 굴은 워낙 안전하여, 굴 밖에서는 일반사람에게는 굴-말을 통 안 했던 버릇이 있었다.

온 광업소에서 사고 처리를 잘 했다고 말하는 사람이 있는가 하면, 사고 당일 옆에 금지되어 있는 보닛 자리에 앉힌 사람이 전투 총알받이가 되어준 그 구멍으로, 두 번째로 저절로 빠져나와 운이 좋게 다친데가 없다고 쑥덕거렸다.

누구든지 아무 일이나 죽든지 살든지 적극적으로 하면 일이 좋아져 자연히 열정이 생기게 마련이다.

집안에 아는 형 하나는 큰 중견 기업에 다니면서 입버릇이 하루빨리 월급쟁이 그만두어야 할 텐데 하며 26년을 근속했는데, 회사 내 아무개 상무 별명이 "내일모레"였다.

따라서 모든 일은 마음먹기에 달렸다는 말은 망각하기 쉽다.

광산쟁이가 매일 들어가는 굴에서 죽는 것이 두려우면, 내 삶도 두려워진다.

사고 직후, 광업소 소장이 서울 본사로 발령을 냈다.

종로구 관철동 종각 뒤 대왕 빌딩 10층 광업부에서 기획계장 명함을 받았다.

결국에 테이블 엔지니어(Table engineer)가 되었다.

기업주 김문근광업사장이 왜정 때 왜놈 회사에 근무할 때 일화로 훈시(訓示)를 했다.

왜놈들은 책상 서랍 속이 누가 보아도 늘 깨끗이 정돈되어 있고, 혹시 회사를 떠날 때는 쓰던 연필을 잘 깎아 놓고 심지어 고무 지우게까지, 누가 새로 와도 아무 불편이 없는 것은 좋은 본보기가 되었다고 과거를 술회하는 말을 했다.

그때부터 누구나 장점(長點)만을 보기 시작했다.

끝이 없는 남의 단점(短點)은 묻어 버리고….

첫 출근 이틀 지나, 이기정 기술 상무가 호출했다.

광진(광업진흥공사)에 있는 권태혁을 알고 있는지 묻는다.

흰 봉투 하나를 내밀며 가서 주고 오라고 명했다.

처음 가는 곳이지만, 서울 지리는 훤하다. 지하 다방으로 불러내 회사 심부름으로 이것을 전하러 왔다며 봉투를 주었더니, 받자마자 속을 확인하고는 돈 액수가 적은 기색을 하며, 이기정 상무 갖다 줘 하면서 봉투를 되돌려 주었다.

그 사람은 학교 때부터 잘 아는 2년 선배이지만,

오늘부터는 업자 편에서 말했다.

현장에서 올라온 지가 오늘이 3일째요. 아무것도 모르고 심부름 왔는데, 돈이 적고 많고를 떠나서 이 봉투를 다시 들고 가면 회사에서는 시키는 심부름도 못하는 나를 무엇으로 취급할거요,

인상을 불편하게 쓰면서, 돈의 액수를 보지 말고 오늘은 나를 봐서 받아 달라며, 아래 바지 주머니에 찔러 주었다.

학교 때는 별명이 광산과 깜상으로 패기가 좋다고, 상급생도 함부로 취급하지 않았다.

며칠 사이로 팔자(八字)가 바뀌어 넥타이를 동여매고, 시간이 지날수록 높은 빌딩에서 편히 앉아 어쩌다 밖을 내려다볼 때면, 불현듯 굴 생각이 나면서 풀어졌던 긴장이 되살아났다.

눈 돌리면 높은 사람, 고개 들면 기업주, 눈치가 점점 빨라져 말투만 들어도 관내 어느 탄광에서 사고가 났는지, 또 생산이 저조한지, 가끔 탄통(炭桶)이 터졌다는 보고가 올라오면, 기업주가 제일 좋아한다. 탄을 많이 팔아서 돈을 버는 장사이니까.

헬멧(Helmet) 쓰고 장화 신고 굴속에는 잘 쏴다녔지만,
펜(Pen)대 들고 공문 기안(起案)은 처음인 것을 잘 알고 있는
기술상무는 종로 민중서관에서 한글사전을 사서 주며,
정식으로 한문을 섞어서 두 줄 쓰고 한 줄 띄고, 글자는 바르게
상부 결제 때 퇴짜 없도록 가르쳐 주었다.

업무는 배우며 하고, 관련 관청의 서류 심부름을 정확히 하고, 담당을 눈으로 익히며 예의 바르게 인사를 잘 했다.
잘 알더라도 절대 맞먹어서는 안 된다.

잘 아는 현장 지식이라도 배우는 자세로 서로 대화하며 늘 듣는 자세를 취하면 서로 마음이 편해진다.
고급 관청일수록 쓸데없는 질문을 삼가고, 계통을 먹고 사는 관리의 습성을 잘 파악해야 된다,

왜정 때 군림하려는 왜놈에게 공자(孔子) 말로 간섭하면 적(敵)이 된다는 말이 있다.
옳은 소리도 때와 장소에 따라 개가 짖는 소리가 된다.

특히 인허가(認許可) 서류는 오해 없이 착오 없도록 접수 여부를 명확히 하여야 한다.
무엇보다 중요한 업무는 외출에서 귀사 즉시, 상세히 상부에 보고와 사적인 대화까지도 보고하여야 좋아하고, 또 심부름을 시킨다.

특히 업무처리 예산이 없는 회사 말단이, 관청 출입은 담당 공무원이나, 관할 공기업 구성원의 신상을 정확히 파악하여 개인적으로 싫어하는 말이나 다른 사람의 이야기를 피할 뿐 아니라 거들면 안 된다.
서류로 인한 접촉이 잦다 보면 주고받는 것 없이, 인간적으로 가까워 사적인 심부름도 주저하지 않았다.

얼마를 지나 관련 공기업에 담당은 지방 출신으로 서울 지리가 밝지

않아 짬을 내어 복덕방의 거간(居間)을 거치지 않고, 셋방 얻는 데 협조를 했고, 새로 이사 간 집구석에 벽 도배까지 몸으로 일조를 했다.

더욱이 지방 현장, 산골로 동반 출장을 가게 되면, 저녁에 무료하여 술로 회포를 풀게 된다. 술판이 크든 작든 상대방이 그만할 때까지 꼬박 밤을 새우는 때라도 같이 마셔야 한다.

선잠에서 깬 아이는 울고 보챈다.

설사 평소 뜛은 일이 있어도 술판이나 공석, 사석에서 내색하면 안 된다.

절대 먼저 술에 취하거나 일찍 자리를 떠서도 안 된다.

이것이 접대 술의 ABC이다.

이런 가운데 회사 내에서는 담당부장의 사업계획 작성 보조원, 대외적으로는 연락병 및 정보수집 첩보원 구실도 했다.

해를 넘겨 회사의 중, 장기 계획 등 현안을 실현하는 국가 탄광 생산 시설 보조금과 시설 증설 장기 저리 융자금 신청에서부터 자금 수령까지 관청 나리들과 같이 현장을 누비며 과정과 절차를 배우고 실행했다.

국가보조금(Subsidy)은 많이 신청하고, 많이 수령하면 상책(上策)이다.

라는 말이 광업계에서는 유행으로 담당의 자랑이며, 회사의 능력이다.

무슨 광산이든 지하에서는 헛발질하기가 아주 쉬워 국가의 특별한 지원은 필수적이며 광업이 발전하는 원동력이다.

어느날 기술 상무가 직접 불렀다.

대성 본사에서는 기업주는 빼고 임원들 방에 문을 닫지 않고 투명한 방침으로 늘 열어 놓는다.

상무를 따라 방으로 들어가니, 그날따라 이상하게도 문을 닫으며, 상무가 하는 말이 나를 쳐다보며 문경 현장으로 내려가야 하겠어.

느낌이 출장이 아니었다.

얼른 이대로 가란 말이에요, 하고 말끝을 올렸다.

무슨 말이야,

그동안 수고했는데, 불정항장(坑長)으로 가야지,

승진이었지만 내게는 영전으로 생각됐다.

서울 본부 사령실에서 얼추 2년 가까이 장화 대신 단화(短靴) 깨꾸를 신고 작전장교로 있다가 전방 전투보병 단위 부대장으로 가면 정도(正道)를 밟는 기분이 혼자서 순간 들었다,

무표정하게 상무 방을 나와서는 다른 쪽으로 생각했다.

회사가 더러운 똥을 치우고 나서 버린 막대기 꼴은 아닌가?

퇴근 버스 사고 직후 놀랜 가슴을 달래주려고 기분 전환하라고 서울로 보내 준 소장이었나 싶었지만, 지나고 보니 회사 정책이 내 맘을 변하게 한 것처럼, 현장으로 보내는 상무도 부정적으로 잠시 생각하며, 좋은 쪽으로 맘을 고쳐 먹으니 속이 편했다.

그동안 회사조직에 느낀 감정은, 기업주는 흰고양이든 검정고양이든 쥐새끼만 잘 잡으면 최상이지만, 똑같은 봉급쟁이는 사뭇 다르다.

일도 중요하지만, 먹는 마음이 서로 통해야 한다.

결론은 소장이든 상무건 내 마음에서는 아직 틀린 구석이 없다.

기왕 험한 바닥에서 해볼려면 앞으로 가보자.

퇴근 전에 이기정 상무는 나의 듣고만 있었던 내 얼굴을 좋게 읽었는지, 덧붙여 말했다.

최일훈 채탄계장을 다른 굴(坑)로 인사이동 할까,
왜요?
제가 알아서 할 테니까,
염려 마세요.

그럼 알았어.

▶ 1976년, 불정갱

입사 동기가 동기 밑에서 부하가 되면 서로 생활이 불편하여 생산에 지장이 없을까 싶은 회사를 위한 기술상무의 충직한 배려였다.
군대는 계급이다. 명령에 복종하지 않으면 수단방법을 동원해서, 해결하는 방법을 그동안 회사는 나를 착실히 가르쳤다.

첫 출근 하여 조회 전, 동기 최일훈 계장을 불렀다.

최 계장, 오늘부터 나를 도와줘,

알았어, 잘할게, 축하해. 고마워.

오늘부터 불정항 목표는

첫째, 안전제일

둘째, 모든 갱도는 규격화함으로써 증산.

셋째, 권위주의 없는 대화 단결

6년 전 처음 입사해 호랑이 장성진 항장이 앉았던 머리 뒤통수까지 올라오는 흔들거리는 의자에 큰 책상 하나만 있는 넓은 사무실이 매일 혼자 있으려니 갑갑했다.

생산은 최소한 두세 달의 광량을 확보하며, 채탄계장 때처럼 하면 되어, 갱내에는 아무 걸림돌이 없었다.

선탄장, 폐석 처리장, 전체 안전 교육, 시설 공무과 등 굴 안과 밖에 관리를 게을리하지 않고, 안정된 생산을 위해서는 측량팀, 검수팀, 지질팀이 옆에서 지원하려고 기다리고 있는 듯했다.

지질팀은 회사 전체 광황의 증가를 예측하여 기업주는 좋아할망정, 현장 생산에는 너무 추상적인 논리로 내 행동를 주저하게 만들었다.

그러나 내 또래인 측량팀장 김영구는 전임자들이 등한시했던 탄통(殘柱)을 유능한 그의 실측(實測)으로 예상이 가능하여, 나는 확인하기 위해 주저하지 않고, 밀어붙여 탄을 찾아내어 모두 좋아하는 생산에는 굴곡이 없었다.

회사가 기업(企業)굴진으로 마치 지하에 큰 공장을 시설한 건물 안에서, 항장인 나는 경상(經常)굴진으로 광량을 개발 확보하여, 무조건 회사 이익에 기여하고, 몇백 명 광부의 수득(受得)을 올려 안정된 삶을 보장하여야 했다.

그래서, 사무장 이하 화약계, 자재 항목계원들과 본사무실의 협조로 안전과 생산은 물론 현장 분위기가 좋았다.

자리가 안정되어 시간이 여유로워져, 주말에는 영내 새로 시설한 코트에서 본사에서 배운 테니스를 하였다.

점점 관계가 넓어져 저녁이면 고급 술판에도 끼었다.

전에는 안주가 변변치 않게 풋술를 마셨지만, 소장은 무조건 안전하게 탄생산을 잘 내라고 읍내 방석집으로 끌고 가 주지육림(酒池肉林)에 몇 가지 술을 먹이곤 했다.

술김에 생산은 염려 놓으십시오

부하들이 취기(醉氣)를 부리면, 술 발동이 걸려 이집 저집 여러번 차를 탄다.

그래서 밤이 되면 탄쟁이들은 문경 점촌 바닥이 좁다.

탄광에 프라이드(Pride)는 술이다. 고참들이 일러 준다.

윤 소장은 사무실에서나 술상머리에서나 말 톤(Tone)이 똑같다.

눈알이 더 커진다. 무한정 마신 술에, 술주정을 본 사람이 없다.

어떻게 보면, 독한 사람은 분명하다.

탄광 간부들 술 버르장머리를 아주 고쳐버린 장본인이다.

한번은 우연히 사택 방에 붙인 달력을 봤다.

집사람이 나 몰래, 술 마시고 들어온 날을 기표했다.

자그마치 한 달에 22일이었다.

항장 되고는 방석 집에서 따라주는 술만 마셨다.

어쩌다 이삼일 일찍 퇴근하면서 술 먹을 일 없나 생각하면 없다가도, 오늘은 일찍 들어가 쉬어야지 하는 날은 술 약속이 생기는 직장생활 술꾼의 제일 큰 부조리다.

스폰서(Sponsor)가 있는 꽁술은 정신건강에도 아주 좋다.

그러나, 제 주머니 돈으로 혼자 술 마시는 버릇은 골-병을 불러와 제명(命)을 못 한다.

정초가 되면 목욕재계하고 불정 탄신(炭神)에게 제주(祭主) 소장을 따라서 고사(告祀)를 지낸다.

그날은 간부 전부가 외출 없이 근신하다가 새벽녘에 경건한 마음으로 탄광 안녕과 광부들의 안전을 빈다.

광부는 탄생산은 막장 기리하(切雨)가 말해준다고 믿는다.

그래서, 좋은 막장을 달라고 빌며, 절을 몇 번 했다.

매년 고사 고수레를 잘 했는지 생산도 잘 나오고 탄광은 번창하였다.

그러나, 험한 굴의 생활이 안정되면서 개인적으로 너무 태만하였는지, 만물을 제제(制裁)하는 삼재(三才)가 나에게도 온 것 같다.

간단히 처리될 것으로 생각했던 일이 꼬여, 어처구니없는 어느 간부의 서명으로 전 광업소는 물론 서울 본사까지… 얼굴에 먹칠을 했다.

불정항에 수많은 광부 가운데 전동근이라는 후산부가 있었다.

광부는 1년 남짓 채탄 막장에서 주로 삽질과 광차를 미는 기능이 없는 일반 잡부다.

어느 날 갑자기 막장 작업 배치에 불만으로 입갱(入坑)을 거부하여, 며칠을 담당 감독, 계장이 설득하며 이유를 조사하였지만, 사전에 면담도 없었고, 생명에 위험을 느껴 입갱을 못 하겠다는 한마디 하고는 묵비권을 행사했다.

내 방으로 불려온 출신성분도 모르는 광부와 마주 앉았지만, 침묵으로 버티어, 도무지 속내를 나도 알 수가 없었다.

뒷조사를 해보니, 상주중학교를 나온, 다른 전과도 없고, 주먹에 굳은살이 없어 폭력도 없는 겉으로 보기에는 양순해 보였다.

심신이 불편하면 굴에 들어가지 않고 난장(難場)에 공기 좋은 폐석(廢石)처리장, 아주머니들과 잡담하며 일하는 선탄장 등을 거론하며, 입을 열려고 달랬지만 오후 내내 허사였다.

당분간, 낮 근무를 시키며 관찰하기로 담당계장은 조치를 했는데, 매일 도시락 구럭을 메고 출근은 잘했다.

감독이 방우리(番割) 작업 배치를 난장 갱목정리, 주변청소를 지시했다.

그런데, 그렇게 쉬운 일도 않고, 하루종일 그 자리에 앉아서 거의 일주일이 되었다.

그런 꼴을 보다 못한 동료 광부들은 처음에는 멀리서 관망하다가, 음담패설 잘하는 배터리 충전실 박 씨가 다른 사람 들으라고 혼잣말을 했다.

남자의 작대기가 무서우면 애초에 시집을 가지 말아야지

탄광에 와서, 뭐 하는 짓인가, 쑤군덕거렸다.

광부는 때때로 굴의 수요에 따라 노무과에서 채용하여,

굴로 올려 보내면 기능에 맞게 막장에 배치하여 일을 시키다가 문제가 발생하면, 노무협약을 맺은 노무과로 돌려보내는 것이 규정이다.

조영길 항사무장이 노무과에 문제를 통보했다.

노무행정과 노동법을 통달한 이윤이 노무과장은 해고금을 탐내는 놈이라고, 기왕 휴가 겸 일주일을 더 지금대로 편의를 봐주며, 굴에 복귀를 유도하라고 구두로 부탁했다.

1970년, 초보 감독 때, 노무과에서 광부 채용에 철저한 신분 확인 없이, 어느 소개자의 말을 믿고, 사갱(斜坑) 고속굴진(掘進) 막장 버럭(Mucking)잡부 모집에, 부산 어느 양가(良家)의 연년생 아들 둘이 학교를 휴학하고 군입대 전에 담력을 키운다고 여행 중에 점촌에서 급히 광부 모집 소식을 듣고, 묵고 있던 여관 주인의 추천으로 막장 인부가 되었다.

그들은 고아원에서 성장하여 여기저기 날품팔이를 하다가 좀 더 안정되고, 노임이 좋은 광산으로 왔다고, 그럴듯한 거짓말로 인정이 많은 노무과를 속였다.

취직 다음 날, 형제는 아무도 모르게 부산 부모에게 꼭 한 달 동안 광부들의 생활상을 조사하여, 모험담을 만들고 돌아가겠다고 편지를 썼다.

남들은 죽을 각오로 뭐가 빠지도록 지하에서 일을 하는데, 부유한 집 아들 청년의 모험담을 부모는 대견스럽게 생각했을 것이 분명하다.

담당 굴진감독은 새로 들어온 형제들이 외국선교사 보육원에서 잘 먹고 자랐는지 지칠 줄 모르고 일-빨이 잘 받는다고 자랑했다.

나도 우연히 굴 밖에서 그들을 보았는데, 얼굴이 아주 맑은 것이 굴무끼(武器)가 아니어서 다시 쳐다본 기억이 있다.

형제는 내일이면 꼭 한 달, 퇴직하려고 벼르고는 마지막 관심이었던 다이너마이트 괴력으로 인한 막장 발파사고에 불행히도 희생되었다.

그때 회사에서는 큰 사고를 당했다.

손님을 추천한 여관 주인만이 아는 다이얼 전화로 부산 부모집에 비보를 통보하였다.

내일이면 온다고 했던 아주 떠나간 아들들을 보려고 부산에서 여유스러워 보이는 부모와 가족이 많이 왔다.

어쨌든, 회사는 사고 처리를 빨리 해야 했다.

광산에서 발생하는 인명 사고 처리에서 고인(故人)을 인수할 사람이 나타나지 않는 경우도 있지만, 인수할 사람이 너무 많이 몰려와 서로 서열(序列)이 엇갈리고 타협하는 시간이 걸려, 사고가 저질러진 현장에서 어떤 때는 망인의 기억은 사라지고, 하찮은 무연고 시체처럼 둔갑하여 바깥에 무작정 방치하여, 무더운 7, 8월에 시체 썩는 냄새는 정말로 만물의 영장이다.

이런 경우, 초상(初喪)이 길어 광부들 사기는 물론, 현장 생산에 지장이 많다.

밤눈이 어두운 노인네들이 부자연스럽듯이, 사방이 캄캄한 막장은 늘 오밤중이다.

자연히 모두 긴장이 되어, 방어 전투 태새를 취하는 곳에서, 낭만적인 흥미거리를 찾아 모험을 하던 자식들을 부모로서 이해는 하지만, 계획된 잘못을 부른 자기 애들의 낭사(浪死)을 먼저 알고, 청년들 부모는 아무 말도 남기지 않고, 깨끗하게 당일 저녁에 부산으로 운구(運柩)했다.

과거, 노무과의 안이한 빠른 광부 고용이 부른 큰 잘못의 실례를 생각했다.

굴 안팎에서 작업을 거부하는 광부 전동근이는 2주일이 넘었지만, 변함이 없는 무슨 무저항 투쟁처럼 보였다.

국내 탄광은 광부노동협약이나 노동조합법은 인권적으로 잘 되어 있다.

퇴근 후, 간부들이 인사위원회의에서, 불정항 광부 전동근 작업 불응에 대한 처리 투표를 했다.

정당한 광산 노동법에 의한 정리 해고로 결정이 났다.

그날, 심사 위원 중에 권오연 중앙항장이 굴에서 늦게 나와, 유선상으로 회사 결정에 OK 한다고 통보하고, 회의에는 불참했다.

회사 규정을 위반한 광부 전동근 정리 해고 회의 결과를 다음 날 노무과장은 영주노동청에 즉시 보고를 했다.

한 달이 지나서, 법원에서 광부 전동근이 불법 부당 해고를 어느 인권 변호사를 통한 소송 내막을 통보했다.

회사는 합법 절차에 따라 근로기준법을 준수한 증빙 서류가 있어, 아무 문제가 없다고 노무과장은 해명했다.

적법한 해고 수당 외에 위로금를 지급하였으나, 처음에는 수령하고, 보름이 지나서 아무 이유 없이 해고비를 거부하여 반환한다는 어느 인편에 연락이 회사로 왔다.

노무과장은 법정에 출두하였다.

의기양양하게 회사의 결정을 전하였지만, 법원 판결은 서류를 날조하여 성실한 막장 광부를 불법 해고했다고 판결이 났다.

판결 내막은, 불법으로 먼저 해고하고 적법한 것처럼 인사위원회 결정 서류를 나중에 조작 작성하여 서명을 했다는 판결문은, 광부 담당 나뿐이 아니라, 상벌위원들은 귀신이 곡(哭)할 노릇이었다.

문제의 발단은 노무과의 또 다른 실수였다.

상벌회의 당일 참석인원 전원이 계급 순으로 해고 결정문에 정히 서명을 하였다.

회의하고 8일이 지난 오후에 노무과 직원이 노동청 제출 해고 심사 서류에 중앙갱 권오연 항장의 불참으로 서명이 빠진 것을 알고, 퇴근하는 권 항장에 서명을 원칙대로 받았다.

권오연 항장은 굴에는 기술이 유능하며, 말이 적은 편이다.

그런데 실타래 엉키듯 한 특유한 서명은 회사에서는 제일 복잡하여 언뜻 보아 위조는 힘들다.

그날따라 노무과에서 자기를 알아 모시는 줄 알고,
멋드러지게 펜대를 다시 후들렀다.
그러고는 혼자만 알 수 있도록 깨알 같은 글씨로 엉킨 실타래
중간에 살짝 틀림없이 서명한 날짜를 써넣었다.
확대경으로 보아야 하는 날짜가 문제를 일으켰다.

불법 해고를 시키고 며칠이 지나서 정당해고 서류를 조작했다는 증
거를 원고 변호사는 판사에 제출했다.
광업소에서는 누구도 그 날짜를 사전에 발견하지 못했다.
권 항장은 그냥 빈칸에 서명을 초지일관하게 했을 뿐이었다.

애초 호미로 막을 것을 가래로 막기는커녕, 인력관리부서의 나태한
서류 점검 결과로 논두렁이 터진 꼴이 되었다.
민주적인 정당성이 작은 실수로 회사는 물론 대외적으로 오점을 남
기고 말았다.

처음으로 어느 간부에게 인상 쓰며, 언성을 높이는 소장을 목격했다.
많은 나뭇가지 바람 잘 날 없듯이, 탄광에는 별(別)의 별일이 많지
만, 모두 험한 꼴이다.

1978년 추석 때, 부모를 뵈러 서울 집에 갔다.
20년지기 친구를 만났는데 이층짜리 점보 비행기 타고 해외출장 갔
다 온 이야기를 듣고는 돌아와, "오늘도 무사히 소녀의 기도상"을 보
며 입갱하는데 갑자기 마음이 심란(甚難)해졌다.
누구는 비행기 타고 하늘을 높은 줄 모르고 사는데,

이상이 많은 누구는 굴속으로 들어가면 꽉 막힌 막장만 뚫어야 하나 처음으로 비교하며 멀리 하늘을 보곤 했다.

그 즈음 국가에서는 자원 확보를 위한 해외자원 개발법(1978년)을 제정하여, 인근 탄광에서는 아시아 태국으로 광산 개발 조사를 했다는 소문이 있었다.

국내 토건업계의 기술자가 중동 사우디로 이미 많이 진출했다.

광산도 언제 있을지 모를 기회를 준비한다고, 윤 소장은 그동안 등한시했던 영어를 우선 해외에서는 필요하니 복습하고자, 신기에 있는 성당에 호주 사람 가톨릭신부를 초청해서 퇴근 후에 영어 예행복습을 시작했다.

탄광에서는 왜정 때 기술 잔재(殘滓)로 일어(日語)는 모두 익혔어도, 10년간 배운 영어는 거들떠보지 않았다.

서너 번 하다 생산에 쫓기고, 사고도 있어 흐지부지되고 말았다

그렇지만, 한 달에 한두 번 혼자 짬을 내어 신기 호주 신부와 접촉을 거의 일 년을 했다. 원래 학생 때, 영등포 여의도비행장 미공군 병사를 초청해 바인(Vine)이라는 서클을 만들어 영어 회화를 익히면서, 눈이 맞은 멤버 여자가 집사람이 되어 버렸다.

항장으로 생산부서를 맡은 지 3년 차에 굴 막장이 잘 풀려 감독, 계장, 광부들과 혼연 일체가 되어 광업소 부서별 운동회가 태봉 사택 인근에 있는 대성 부속 초등학교 운동장에서 기업주를 포함 내외 귀빈을 모시고 거행되었다.

불정항은 시름팀을 집중 후원 육성한 결과 단체 1등을 먹었다.

광부들은 몸집이 좋고 고향 함창, 상주에서 씨름판에서 암소를 탄 경력자 있는가 하면, 왕년에 콩밥 먹고 힘이 넘쳐, 거기서 1등 경력의 후산부는 개인 2등을 했다.

덕대 강봉규 감독은 힘이 장사인데, 막장에서는 탈선한 광차를 혼자 힘으로 들어 올리는 키가 6척에 팔이 길어 다들 샅바를 놓쳐버려, 개인 1등에 소장 특별 금일봉을 받았다.

직원 100미터 단거리에서는 내가 결승에 올라, 철봉을 잘하고 몸이 제비같이 날렵한 김세환 화약계장과 겨뤄 우승을 거머쥐었다.

어려서부터 도망질을 잘해, 어딜 가나 단거리에는 자신이 있었다.

난생 처음으로 불정항 광부들이 눕힌 내 몸뚱어리를 공중으로 쳐 올리는 헹가레(Tossing) 맛을 보았다.

탄광에는 힘을 쓰는 장사 같은 사람이 많다.

그러나 농사보다는 막장일이 쉽다고 말한다.

그런데 탄광이 무섭다고 떠나는 광부도 있다.

광업소 전체 수백 명 광부 중에 기능이 최상 특급인 사키야마 홍인식이라는 광부는 그래 봬도 좀 배운 중학교 중퇴다.

골(머리) 회전이 빨라, 광차와 사람의 왕래가 아주 빈번한 운반갱도의 위험한 구간 보수를 맡아 놓고 시킨다. 어쩌다 자기들끼리 모여 앉으면 회사불평 불만, 노동조합 타령, 회사에서는 경계 대상이지만, 광부들에게는 대부(代父) 같은 존재로, 때로는 흘려 들을 소리도 있다.

그런데, 그 날은 점심을 늦게 먹고 의자에 앉아 졸고 있었다.

홍인식 특급기능공이 내 사무실에 굴에서 나올 시간이 아닌데 혼자
들어왔다.

어떻게 굴에서 일찍 나왔어,
먼저 물었다.
홍인식이는 오전에 내가 굴 순회 중에 일어났던 이야기를 꺼내며,
항장님이 빨갱이로 몰았던 김춘식 광부가 점심도 안 먹고, 억울하다고
꾸역꾸역 울다 자기(홍인식)를 찾아와서 대신 왔다고 했다.

김춘식 광부는 두어 달 전 잡부에서 담당 감독, 계장이 기능공으로
승급시켰지만, 5년 넘게 채탄 굴 경험에 비하면 기능보(補) 정도로 눈
썰미가 어둡다.
얼마 전, 굴에서 우연히 보았는데, 기존 시공한 동발 가베에서 나리
게(成毛)를 뽑다가 자기 막장에 재사용 하려는 불법한 심사를 파악하
여, 즉석에서 불러 세워, 호되게 주의를 주어 얼굴을 기억한다.

오전에 굴 순회 중에 직선 갱도 중간에서 퍽퍽 소리가 나더니 갑자
기 멈추면서 광부는 앞으로 가버려 접근하여 관찰했다.
기존 시공 보수한 동발의 하중을 받은 기리바리(切張)를 빼다 말고
는 재빨리 제 막장으로 원위치했다.

조용한 굴에서는 발소리, 걸음걸이만 듣고 보아도 광부들은 누구인
지 대충 안다. 외진 막장에 발 빠르게 접근하니, 낯이 익은 김춘식 싸
끼야마였다, 이런 쌍, 개새끼가 있어,
얼마 전 지적받고 경고를 줬지, 다시는 그런 위법 행동을 하지 말라

고. 잘못한 미안 내색은커녕, 싱글싱글 웃고만 있었다.

들고 다니는 내 데꼬(挺子)망치 자루로 배에 찬 그의 배터리 혁대를
쿡 찌르며, 시키면 하라는 대로 하야지, 위험한 굴에서, 왜 회사 말을
안 들어! 아무 반응도 없는 그에게, 내뱉은 말을 계속해서,
　나도 모르게
　너 빨갱이야! 하고 말끝을 올렸다.

우리는 동족상잔(同族相殘)으로 형은 국방군, 동생은 인민군, 삼촌
은 외진 곳에 공비(共匪)로 많은 문제를 민주적인 포용은 묻어버리고,
흑백(黑白)의 논리에 의거 시대적으로 무의식적에 많은 말을 만들어
냈다.

말을 안 들으면… 바른말 많이 하면… 말이 많으면…
심지어, 자기가 싫어하든가 또는 하는 일에 반대하면서까지도…
일시적이 아닌 끝까지 산 채로 매장해버리고 싶도록 지금은 발전했다.

무심코, 인간은 심심해서 장난 삼아 던진 돌멩이가 개구리 생사를
가름하듯이….
내가 던진 말에 상처를 입은 광부 김춘식이는, 빨갱이로 억울하게
누명을 쓰고 죽은 어느 사람의 유복자(遺腹子)였다.

좋은 세상이 오면, 진실을 밝히려고 와신상담(臥薪嘗膽)하는 광부
김춘식은 탄광에서 자주 놀러 가는 예천 지나 금용사(金龍寺)가 있는
산북(山北)에서 일어난 집단 살인 사건의 희생자들 중심에 선 유가족

이었다.

　1949년 12월 24일, 문경군 산북면 석봉리 석달부락에, 경상북도 북부 산간에 준동(蠢動)하는 공비 토벌 작전하던, 태백산지구 전투사령부 안동에 주둔, 2사단 25연대 2대대 7중대 소속, 이북에서 내려온 북에 복수심이 불타는 서북(西北)청년단 군인이 마을을 지나가는데, 환영을 해주지 않는다고, 부락민을 빨갱이로 몰아 무차별식 민간 양민학살로, 김춘식이 태어나기 직전 석달부락 주민 136명 중 86명이 사망했는데, 그의 부친도 그때 함께 희생되어, 빨갱이 소리만 들어도 치가 떨리고, 언젠가 사건 규명으로 누명을 벗기를 희망하였다.
　그러한 기구한 사연에 얽혀있는 광부 김춘식을 불러 올려, 책임 없는 말에 대하여 사과하고, 대신 규칙 위반 벌(罰)을 감하여 주면서, 막걸리 소두 한 말 전표(錢票)로 그의 상심(傷心)을 위로했다.

　1979년 구정 직전부터는 월말 부부가 되었다.
　퇴근하면 허전하던 차에 오래전부터 월말 부부가 된 10년 연배인 국내에서는 지하 관통측량에 권위인 윤영철 토건과장과 우연히 같은 홀아비로서 같이 어울리게 되었다.

　저녁 읍내에 가면 대부분 술판에 합세하는 목적이다.
　윤과장은 술도 못하고 남과 안 어울리는데 자주 길에서 마주치곤 했다.
　회사에서는 윤 과장이 일에는 독보적인 존재이면서도, 모두 입에 오르내리는 생산 라인이 아니어서 그에게 큰 관심을 두지 않았다.

홀아비 때 술조심, 몸조심 하라는 말을 귀에 못이 박이도록 많이 들었다.

3년 넘게 생산을 핑계로 마신 꽁(空)술도 한물이 갔다.

옆에 가족이 없는 분위기를 본능적으로 바꾸고 싶었다.

작심하고 윤 과장을 홀아비 선배로서의 대접을 하며, 기탄없는 말을 많이 했다.

얼마 전, 회사 전체 회식 때 어느 요정에 얼굴마담은 모두가 술김에 추는 춤은 벌(罰)춤인데, 한번 손 잡은 윤 과장의 춤은 보통 춤이 아니다 라고 단정하는 요정마담 옆에서 들은 말을 윤 과장에게 말했다.

점촌읍 흥덕 지나 경찰서 뒤 모전 모퉁이 골목에 있는, 아무도 모르는 댄스 교습소에 따라갔다.

옛날 충청도 양공주 출신인 50 초반으로 보이는 주인은, 대전아줌마로 통한다.

첫째 비밀, 둘째도 비밀, 서로 손을 잡았다 해도 모른 척,

배울 때는 서로 묻지 마 법칙으로 따라만 간다.

사방 8자 좀 넘을 방 안에서, 슬로- 슬로- 퀵 퀵에서,

박자가 빠른 지르박, 발 등을 쳐다보지 마세요,

이끄는 손 감각에 신경 쓰세요. 몸을 붙이지 마세요.

술 먹고는 오지 마세요,

서로 비밀이고 불법일망정 대전아줌마는 엄격했다.

1950년대 서울 태릉에서 토목공학을 배울 때,

종로 YMCA에서 정식으로 춤 교습을 받은 윤 과장은 그곳에서는 저녁만 먹여주는 여자들의 실기 수석사범으로 몇 년이 되었다. 말이 적으면서 발 동작은 아주 매끄럽다.

대전 아줌마의 춤방은 한두 사람씩 시간표대로 했다.
아줌마는 남자를 꼭 사내들이라 부른다.
이 고을에서 제일 높은 군수 영감까지 싸잡아 똑같이 취급한다.
어쩌다 공일(空日)에는 단체로 영주, 예천으로 나라(蜡)시 하러 갔다.
일행 중에는 정보과장 부인, 형사반장 부인, 군청 총무과장부인, 여학교 선생부인들은 시외버스를 타고, 사내들은 대전 아줌마와 함께 일찍 기차를 탔다.

남들 몰래 춤을 배운 지 얼추 달포가 됐다.
어느 저녁에 우리말을 곧잘 하는 서양 선교사 부부가 왔다.
아줌마하고 대화 중에, 나에게는 일리(一理)가 있는 말을 선교사 부부가 했다.

서양에서는 서로 춤이 맞으면 결혼을 해도 된다는 말이 있다.
그런 연유(緣由)로 그들은 부부가 되었다고, 춤을 예찬했다.
사실 실습을 해보니까. 발등만 밟는 짝이 있는가 하면,
서투른 짝이라도 뺑뺑이가 잘 돌아가는 경우가 있다.
호흡이 서로 잘 맞는다고 할까.
이론 없이 실기로 사교 춤을 배웠지만, 역사가 깊은 서양 춤은 일반의 생각보다 건전하며, 젊은 홀아비에게는 건강, 정신적으로 큰 도움이 되었다.

모든 일은 맘먹기에 달렸다. 대전아줌마와 윤 과장의 특별지도로 기초를 잘 다진 춤은 우선 시골 술판에서는 족하고, 비밀이 마음에 걸려 그만두기로 작정했다.

언제 큰 판에서 시범을 할는지 몰라도 배워서 남을 주나 싶어 익혔었다.

04
광산굴에서 토목터널

　자식을 고향 서울에서 교육시키겠다고 탄광 사택을 떠난 후,
　집사람의 잔소리에서 해방이 되어 처음에는 그런대로 지낼 만했다.
　일에 쫓기다 쉴 때면, 생각나는 가족들 3월 25일 헤어진 지 두 달만
에, 처음 버스를 타고 문경새재를 넘어 충주에서 용산 가는 밤 막차
직통(直通)버스을 바꿔 탔다.
　창쪽 옆에 앉은 손님은 버스가 달려도 모르고 잠에 빠져 가끔 새끼,
새끼 하며 잠꼬대를 했다.

　충청북도와 경기도 경계에 걸쳐 있는 장호원 다리 목에서 버스가
고장을 일으켜 운전수와 조수는 고치려면 시간이 걸린다고 승객에게
양해를 구했다.
　밤 기온이 써늘해 나보다 연배 되어 보이는 옆 승객이 잠에서 깨
었다.

　손수건으로 흘린 침을 닦았다. 깜깜한 밖을 쳐다보며 여기가 어딥니
까, 눈이 서로 마주쳤다.
　사정을 짤막하게 말하고는 선생께서는 무슨 좋지 않은 일이 있으신
가요 물었다.

왜요? 오시면서 잠꼬대하던 대로 웃음 띠며 말했다.

손님은 겸연쩍게 웃으며 술을 좀 했습니다. 내립시다,

버스 뒤로 가 소변을 보고는 버스 모양새가 금방 될 것 같지 않네요. 저기 가서 앉읍시다.

조금 떨어진 문을 닫은 자전거포 옆 대포집 문간에 앉아 인사를 정중히 했다.

아, 나는 수안보는 몇 번 손님들하고 가보았지만, 문경은 아직 못 갔습니다.

광산에서 사무직인가요? 기술직입니다.

몇 년이나 계셨습니까?

거의 10년이 되어갑니다.

한 회사에, 굴에는 베테랑이시겠군요.

점잖은 말투가 경상도 쪽 같아, 부산은 아닌 것 같은데 어디십니까?

청도(靑道)입니다.

청도는 우리나라에서 직선으로 제일 긴 기차 터널이 있지 않습니까.

잘 아시네요, 다 직업의식일 따름입니다.

내가 충주에서 진흥기업(進興企業) 아이들하고 철도 충북선 공사 건으로 실랑이를 하고 내 차(車)는 철도청아이들이 타고 갔는데 차가 돌아오지 않아 내일 아침 중요한 회의가 있어 이 버스를 처음 탔습니다.

그때 차장이 손님들 빨리 승차하라고 재촉했다.

통행 금지 시간에 쫓기는 버스에서 서로 정확히 통성명을 했다.

남광토건주식회사 국내 토목부 박일원 상무 명함을 받았다.

갱내 여러 기술적인 사항, 화약 발파법, 공기 압축기의 배관 구조, 착암기 빗드(Bit) 종류, 특히 갱내 고속 굴진법과 관통 굴진에 많은 관심을 보이며, 내 연락처를 달라고 청하기에 회사명함 뒤에 서울 집 전화 번호를 써 주었다.

통행금지 시간에 쫓긴 버스는 밤 11시 넘어 신용산 시외버스 종점에 도착했다.

그 승객은 강남 대치동으로 간다고 택시를 탔다.

퇴근 후에 비가 와서 외출할까 망설이다, 살림살이가 없는 텅 빈 사택(社宅) 방에 누워 천장을 쳐다보고 바둑판 같은 도배지 사각형 문양(文樣)를 무심코 세고 있었다.

서울에서 급한 전화가 왔다고 당직실에서 연락이 왔다.

내일 오후까지 서울역 앞에 대우 빌딩에 있는 남광토건으로 꼭 와 달라는 집사람 전화였다.

초저녁에 읍내(邑內)로 안 나가기를 참 잘했다.

탄광에서는 이런 경우를 일진(日辰)이 좋다고 말한다.

멀쩡한 모친을 위독하다고 회사에 핑계를 둘러대고는 아침에 김천을 거쳐 특급기차을 타고 서울에 갔다.

남광 토건에 먼저 전화를 했다. 인사부 강 차장이라는 사람이 오후 6시에 지하다방에서 만나기로 약속했다.

집사람이 깨끗한 옷가지를 들고 나왔다. 가족이 떨어져 산다고 보는 사람마다 건네는 말이 힘들다고 상기된 얼굴로 말했다.

평생을 떨어져 사는 게 광산쟁이 팔자인데, 나라를 지키는 군인, 뱃사람, 요즘 해외 근로자, 토목쟁이, 얼마나 많은 사람이 가족과 거리를 두고 살고 있다고 나름대로 합리화를 시켰다.

서울역 염천교 쪽으로 늘어선 포장마차에 앉아 낮술을 걸치며 두런두런 이야기를 하다 시간 맞추어 남광토건 인사부 김 부장을 만났다.

대뜸에 터널 관통(貫通) 기술자 이라면서요,
과장(誇張)된 말에 부정도 긍정도 없이 미소로 답했다.
대성 서울 본사에 확인하였더니 좋은 평을 들었습니다.
국가적으로 해외 공사가 터져, 저도 3년 전에 남광에 왔지만 국내 공사에서는 광산 출신이 처음 될 것 같습니다.

얼마 전에 어느 철도 터널 공사에서 공사 기간을 단축하기 위하여 철도 단선터널 양쪽에서 마주 보고 굴착하여 공기(工期)는 단축하였지만, 관통된 좌우 터널 높이가 자그마치 2미터가 넘게 큰 차이가 생겨서, 경축식이 취소되고 시공사 책임자는 물론 사장, 전무 줄줄이 옷을 벗고 회사가 망할 정도가 되어 난리가 났습니다.

상식적으로 암석 터널 굴착에서 좌우, 상단이 굴착 미숙으로 여굴(餘掘)이나 바닥의 높낮이는 탄광에서는 쉽게 처리가 되지만, 철도에서 터널의 바닥 높이가 다르게 관통은 통행하는 철마(鐵馬)의 사하중(死荷重)진동 때문에 해결 방법이 복잡해진다.
따라서, 남광토건과 진흥기업이 함께 시공을 시작한 충주, 제천 간 충청북도 철도 복선공사 구간에 있는 우리나라에서 최장(最長)이 될 복선 터널 공사에 협조할 광산 기술자를 광업계에서 이미 추천한 2명과 함께 내일 간단한 면접에 참여하십시오.

다음 날 아침 남광토건 국내사업부 박일원 상무를 뵙고 추천을 해 주셔서 고맙다고 인사했다.

7년 이상 경력자 중에서 자격이 제일 낮다고 다들 말하는 소리를 들었다며, 옆에 있던 철도 공사 담당 이사가 귀띔했다.

3개월 전 충주 떠난 직통 버스 칸에서 우연한 대화가 이렇게 좋은 인연의 기로에 설 줄은 믿어지지가 않았다.

오전 11시에 기술 총괄 부회장 방에 들어갔다.

소파 의자에 비스듬히 앉은 그가 손짓으로 앞 소파를 가리킨다.

사실은 우리 회사에서는 광산기술자 채용이 해외 공사에는 투입되고 그만하려는 계획이었습니다.

저는 현재 탄광 생산 부서에 적을 두고 있습니다.

귀사에서 연락이 와서 응시하게 되었습니다.

내 말이 끝나자마자,

이정수 씨 장기가 뭡니까?

얼른 기라는 말에, 대중 앞에 설만한 특별한 장기는 없습니다.

그래도 내세울 만한 뭐가 있을 것 아닙니까.

여기서도 없다고 대꾸하면 모든 것 그만둔다는 예감에, 이판사판 속 내로 순간 광산 일의 효과를 극대화시켜 뭐를 뻐기고 싶었다.

꼭 말씀드린다면, 저희 문경탄광에 광부가 1,000명가량 되는데, 간부급이 60명이 넘습니다, 탄광에서 소장님 빼고는 광부한테 이노꼬리(居殘) 멱살을 안 잡힌 사람은 저밖에 없습니다.

그러면, 이정수 씨가 힘이 세다는 말인데요.

회장님, 힘을 쓰는 광부들은 힘으로 다스려서는 안 됩니다.

면접관 부회장은 긍정적으로 빙그레 웃으며, 압니다.

지원자 나머지 2명은 다음 기회로 약속 받고, 물러나 경쟁에서 혼자 남게 되었다.

지난 탄광에서 짬짬이 大望을 서너 번 읽었다. 책 속에 왜놈 세놈 (노부나가, 히데요시, 이에야스) 중에서 판을 안 깨는 도꾸(德)가 머리에 남아 있었다.

망설이는 나의 표정을 인사부장은 알아차리고, 건설 분야가 광범위하여 좋은 국내외 기회를 강조했다.

사실, 건설업계는 국내 다른 제조업보다 해외 건설의 영향을 받아 직원의 처우가 월등했다.

<u>사람은 좋아서 부르고, 필요할 때 찾는다고</u> 했다.

첫 번째는 교수님이 불러서 대성에 갔고,

두 번째는 길에서 만난 은인이 다시 찾아서 남광에 몸담을 기회가, 앞으로 펼쳐질 운명의 순서가 된 듯하다.

곰곰히 생각하니, **문경 광산 굴(坑道)에서 남광 굴(Tunnel)로 옮기는** 형상이 될 것 같았다.

지금까지는 내가 가장 잘 아는 곳에서, 최상의 험한 꼴을 보며, 자신 있게 걸어왔다.

<u>모르는 길이 두려우면 가지 말아라, 하려거든 두려워하지 마라.</u>

나를 빗대어 이런 속담이 있었구나 생각을 했다.

탄광은 사회 초년생에서 길들여져 예비군 훈련 빠지는 요령과 상사로부터 인정을 받는 능력을 배우고, 온갖 계층의 사람 속에서 내 존재의 기반을 다진 시간이었다.

10년 만에 외풍(外風)을 맞다니, 10년이면 강산도 변한다고 했는데, 나는 어떻게 변하였는지, 앞으로 남광이 평가할 것이다.

대성(大成)이 가르쳐주고 굴에서 배운 산지식을 동반자로 하고, 생소한 곳에서 부딪힐 독한 마음을 먹고, 그동안 정든 탄광을 떠났다.

물질적으로는 처음 가장(家長) 구실하는 조그만 집칸(1979년) 아파트를 영등포 신길동에 마련하였다,

탄광에 퇴직금은 여느 직장과는 크게 다르게 누진(累進)제로 수득이 많다.

1979년 7월 초, 남광토건 충북선 철도 복선(複線)공사 공사과장으로 발령을 받았다.

토목 현장은 조금도 낯설지 않았다.

여러 중장비며 측량, 화약 발파, 터널 등 친숙하여, 소원했던 사촌 집에 온 기분이었다.

단지 유동 인구가 많아, 낯가림은 있으나 내 할 따름이다.

워낙 흔하지 않은 험한 바닥에서 터득한 저력은, 토목 세상을 빨리 따라가는 원천이 되었다.

토목 공사에서 공사량을 쳐부순다고 한다.

효율적으로 공기를 단축하는 시공은 누구나 수행할 수 있는 업무인

데, 첫째 공사 개요와 시방서(始方書, Specification)를 정확히 숙지하고, 문제점을 누구보다 빨리 감지하여 공사 감리자, 지원 부서와 긴밀히 협의하여 해결이 빠를수록 좋다.

그리고, 남자들이 놀아나는 술판이나 잡기(雜技)판, 인부(人夫)개판은 광산판이 훨씬 앞서 있다. 조금 불편한 주거환경은 1.4후퇴 때 생전 처음 고생보다는 좀 낫다고 스스로 위로했다.

그러나 탄광보다는 굴이 얇고, 주변 암석이 견고하여 위험이 덜했다.

시공근로자의 복지시설, 장기적인 퇴직금도, 권익을 옹호할 어떤 조합도 없다.

때를 놓치면 그만이다. 따라서 작업의 질(質)관리의 체계화가 어려워, 자주 불규칙하게 점검, 관리 운영하여야 했다.

▶ 1979년, 충북선 인등터널 현장

충북선은 충주 - 제천 간 철도 단선을 점점 늘어나는 물동량의 원활한 유통을 위한 철도 복선화 증설 공사뿐 아니라 충주댐 완공으로 주변 수몰 예상지역의 철도를 이설(移設)하는 대공사이다.

따라서 신설되는 철도 노선 중에 터널의 길이가 4,300미터로 우리나라에서 가장 긴 곡선(曲線)이면서, 처음 복선(複線) 터널이다.

완공 후에 터널 형태는 입출구의 높이가 60미터가 제천 방향 쪽이더 높다.

곡선의 형태는 반경 600미터(R600)의 완화(緩和) 곡선이다.

또한 배수 방법은 자연적 양방향으로 물이 흐르도록 터널 중간에 변곡점(變曲點)을 둔다.

시공되는 터널의 위치는 충주 동량에서 삼탄(三灘) 중간 지점 인근 박달재 옆에 인등산(670m)을 관통하는 터널 공식명은 **인등(人登)터널**이다.

공사 발주부서 철도청의 공사기간 단축을 위하여 충주에서 제천 방향으로 터널 굴착은 진흥기업이 맡고, 반대방향 충주 쪽으로는 남광토건이 굴착 공사를 경쟁이 되어 서로 얼굴을 맞대고 경주하듯 터널 관통공사를 하고 있다.

문제는 얼마나 정교하게 서로 좌우상하 맞창(貫通)을 내는 쌍방 합동 굴착으로 진흥기업과 공동으로 선로 중심측량(測量)을 수시로 하고 감독청의 확인 측량을 하여서 최소한 오차 범위에서 터널 중심선과 구배율을 따라 시공한다.

토목 측량이나 광산 측량은 똑같은 원리다.

그러나 광산의 땅속 측량은 그간 경험을 통해서 세상에서 제일 정확하고 숙련되어 있다.

굴착 막장의 암반 상태에 따라 종전에는 상단식 굴착, 혹은 하단식 굴착으로 시공을 하였다.

그러나 인등산 지하는 신선한 화강암(dd 2.8)으로 보다 능률적인 굴착법으로 변경했다.

시공 속도를 최대한 높이기 위하여 탄광에서 시행하는 고속 굴진법을 접목하고 부수적인 천공(Drilling), 발파(Blasting), 폐석처리(Mucking) 3요소를 중점 연구 시행하였다.

터널에서 종전 2교대 하던 굴착 작업을 문경 탄광 불정 사갱(斜坑) 굴진 작업 3교대를 4교대 각 6시간씩 각 조 업무 교대를 빈 막장에서 하고 즉시 천공, 발파, 폐석처리까지 주어진 시간 안에 끝내는 하루 4발파를 할 수 있도록 막장 작업 조건을 향상 천공을 확대하는 전단면 공법(Full face method)으로 전환하였다.

우선 여러 개의 착암기를 동시에 가동할 수 있는 3층 이동식 철재 작업대(Portable scaffolding)를 제작 준비하였다.

▶ 철도복선터널 전단면 굴착

이미 현장에 장비로 갖추어진 22밀리 빗트(1800mm)와 후루가와(古河)착암기에 충분한 공기압을 보낼 공기압축기(cfm)를 충분히 보강하고 공기압을 막장까지 보내는 철제 파이프를 순차 배열하고 터널 중간에 압축공기 배수 탱크(Drainage tank)를 설치하여 효율적인 공기압을 관리하여 천공 시간을 최대한 단축했다.

이런 공정을 숙달하기 위하여 점촌 태봉에 사는 탄광 굴진 고참 기계책인 선산부(사키야마) 여명철이를 파격적인 대우로 고속 굴진 십장(什長)으로 특채하였다.

폭약 발파(發破)는 터널공사에서 가장 중요한 작업이다.

발파 성과에 따라 진행 속도를 좌우할 뿐 아니라 공사 비용에 영향이 있다.

암석의 파괴 이론에 따라 여러 가지 화약발파법을 응용하여 적용했다.

일반적으로 심발(心拔)폭파의 원칙으로 전단면 막장에서 천공의 위치, 방향, 심도에서 화약의 장진, 충전을 한 후 지발(遲發)전기뇌관 MSD (Milli second delay cap)를 사용했다.

폭발 후에 천공의 여공(余孔) 유무에 따라 완전 발파를 논할 수 있다.

끝으로 발파로 인한 파쇄 폐석 처리는 첫째 적재는 기동이 좋은 트랙 로더를 사용했다.

운반은 갱도의 규격에서 오는 제약에 맞는 갱내에서 방향 회전할수 있는 몸체 길이가 짧은 4륜 덤프트럭을 연속 상차할 수 있는 사이클에 맞게 준비했다.

이러한 소신과 열정으로 시간이 지난 결과는 상대편 시공사보다 총 굴진량이 절반 이상 앞서 회사는 좋은 터널 매상으로 능력을 인정받았다.

또한 대외적으로 굴속보다는 쉬운 감독 관청, 현장, 주변 마을, 관급 자재 시멘트, 구조물 철근를 관리하는 기차 삼탄역원(驛員)들의 접대 관리는 탄광에서 기초를 다진 술타령 ABC를 적용했다.

더욱이 낯이 설은 광산 이방인을 텃세 없이 함께 어울려 준 토목 사회의 첫인상은 무척 좋았다.

남광 국내토목 공사 본부는 서울 지리가 밝다는 이유 하나만으로 아는 것은 깜깜한 굴밖에 모르는 사람을 아주 생소한 수유리 근처 토목공사를 위한 접도구역(Right of way) 인근 주민 접촉과 노선 확인 측량하면서 햇빛을 볼 기회와 집에서 출퇴근할 수 있는 서울근무를 명했다.

1980년 3월 2일, 지하철 4호선 405공구, 공사과장으로 토목쟁이 두 번째 명함을 받았다.

공사 구간은 도봉구 변동에서 수유리 삼거리를 지나 미아리 삼거리 초옆인데, 아직까지는 아무 준비가 없는 아스팔트 위에 차량 통행이 많다.

인부 6명에 십장 한 사람, 측량 보조 포함 측량기사 3명 그리고 전부 10명은 접도구역(Right of way) 측량을 하면서 말뚝을 박고, 미아리 고개 양옆 서라벌 학교와 비탈 길음 시장에서 변동까지 노선 측량을 직접 했다.

매일 구청직원, 지하철 감독관과 셋이서 도로변 시설물, 지장물 조사를 오전 오후 한 방향씩 왕복하며 답사와 체신부, 군부대 지하 통신선 도면을 그렸다.

문제는 불법으로 매설한 상수도관 위치를 주변 통반(統班)장의 협조 없이는 불가능하여 대포(酒) 잔을 들고 다녔다.

그러던 어느 날 도로변에서 20년 전 고1 때 지리과목을 가르쳤던 별명이 말대가리 장익성 선생님을 마주쳐 달려가 인사를 했다.

선생님은 알아보지는 못했다. 어 어 그래. 지금 뭐 하는가,

쓰고 있던 헬멧을 벗어 보이며 이러저러 설명하면서 선생님 대광 퇴직하셨어요,

이 학교에 온 지가 꽤 되었는데,

앞으로 자주 보겠구만, 동네 통장이 귀띔한다.

신일(信一)중고등학교 교장이었다.

내일 정식으로 찾아뵙겠습니다. 다음 날 학교에 찾아가서 공사 현장이 처한 급한 사정을 설명하면서 꼭 도와달라고 매달렸다.

아직 구하지 못한 현장 사무실과 부대시설 장소가 공사구간 도로변에 있는 신일학교 원예단지 일부 땅을 국가 사업에 공사기간 2년간 임대해 달라고 간청했다.

처음에는 학생들 원예 실습관의 임의 변경은 힘들다고 하시면서 뒤쪽으로 좀 떨어진 학교 부지를 권유하여, 현재 나대지(裸垈地)에 장비를 동원 학생 실습 화원(花苑)으로 구청에 허가를 받아 형질(形質) 변경하고, 공사 관리 감독이 편리한 원했던 대로변 장소를 할애 받아 복층사무실, 함바(飯場), 창고를 가설(假設) 자재로 값싸게 지었다.

광산 시추(試錐)장비를 동원하여 지반 조사를 하고 아스팔트 위에

나선형 시추나 대구경(大口經) 시추 후에 H강 파일를 박고 장비를 동원하여 터파기 굴착을 계단으로 하면서 파일 간 목재 토류판을 가설 흙막이 공사를 병행하여 깊이에 따라 H파일 간 버팀 H파일을 걸어 심부로 점차 내려가면서 상부에는 차량이 통과할 수 있는 철제 복공판을 덮었다.

간간이 야간을 이용 전방으로 이동하는 군 또는 미군의 탱크가 지날 때는 다른 구간과 다르게 지하 철제 구조물 보강 작업을 별도로 했다.

5월 중순 전라도에는 독재에 맞서 항거하는 난리통에 본사 임원진이 테니스를 하러 신일 학교 코트에 왔다.

직원 중에 테니스 할 줄 아는 사

▶ 1980년, 지하철 4호선

람은 혼자뿐 초보 임원들 상대로 공을 받아 좋게 넘겨주는 접대 플레이하면서 게임 파장에 승진한 은인 박전무가 따로 불렀다.

필리핀지사에 터널 공사가 터져 준비기간(Mobilization) 동안, 여기서 열심히 국내 현장에 아무 일 없도록 지원을 하라는 명령이었다.

콘크리트 구조물을 지하에 영원히 매설하는 지하철 암거(暗渠, Box culvert)는 인공적으로 콘크리트 터널을 지하에 시공하고 파내버린 흙으로 다시 되메우기 하고, 끝으로 잘 다진(Compaction) 후에 아스팔트 포장을 해 버리는 긴 공정을 남겨 놓고 있었다.

그런데 생각지 않게 어느새 터널전문이 되어버려 국내 일을 접고 외국의 터널현장으로 내어보낼 회사의 계획은 나를 흥분되게 만들었다.

또 언젠가는 미국말을 써먹어 보리라 갈고 닦은 준비가 기회를 만났다.

이번에는 나를 아는 모두가 너무 일찍 축하해주었다.

지하철공사는 박쥐처럼 야간 통행금지 시간 철야 작업을 많이 한다.

반복되는 빔(Beam) 걸고 지하 굴착하고 복공판 덮는 과정이 구간마다 동일하여 안전(安全)에만 유의하면 터널 공사에 비하면 쉬운 공사다.

그러나, 주변 동네 통반장, 교통경찰, 변두리 건달, 구청 공무원은 지하철 공사에 필수 지원 요원으로 별도 협조 없이는 공기(工期)를 맞추기가 힘들다.

다행히 6개월 만에 수유리 삼거리 부근 구간에 아스팔트를 걷어치우고 H파일을 박고, 철 구조물 가설공사와 흙을 파낸 지하 공간에 철근 콘크리트 구조물 거대한 Box가 들어갈 바닥에 공정을 앞당겨 첫 기초콘크리트(Lean)를 타설했다.

남광본사 해외사업부에서 서대문 사옥(社屋)으로 출근하라는 연락을 받았다.

중동 건설 붐으로 많은 사람들이 출국하고, 귀국 신고 하는 광경이 보였다.

이미 많은 인력이 송출되었지만, 회사마다 기능공 확보에 열을 올리고 있었다. 앞으로 보름 후 **1980년 10월 1일 필리핀지사로** 발령 계획을 알았다.

필리핀 터널 공사는 수로(水路) 터널로서 표토(表土)가 얇고 지반이 약하여 붕락성이 많다고 마닐라에서 정기휴가 나온 기술자가 말했다.

막장 붕락하면 문제없이 해결 잘 하는 생각나는 사람이 있다.

1970년 탄광 초년병 때에, 어떻게 하라고 일러준 점촌 특급선산부 윤기한이가 떠올랐다.

이 사람은 막장뿐 아니라 운반 갱도 붕락 보수 기능이 뛰어난 겸손하고 생활이 성실한 모범 광부다.

향후 국제적으로 댐, 관개수로 터널 공사를 예상도 하고 있는 회사에 우선 필리핀 공사에서 탄광 기능공의 필요성을 상부에 알렸다.

회사 인력 모집책(責)은 내가 추천한 문경 탄광 윤기한 특급선산부, 서석인 막장 채탄 선산부 2명과 윤기한이 처남 장자탄광 굴진 기능공 홍영수를 소문 없이 데리고 왔다.

앞으로 월급 3배 이상과 일체 체제비 포함 왕복 항공료를 받고 필리핀으로 가기로 합의 결정 후 신체 검사를 했다.

문경 광부 3명은 매일 땅속으로 들어가다 쉽게 비행기 타고 외국 구경에 흥분한 나머지 연일 마신 술이 덜 깬 몸으로 출국 일정이 촉박하게 건강 검진을 했다.

결과는 문제가 있다고 연락을 받고, 재(再)호흡기 폐검진(X-ray)을 했다.

누구나 탄광 10년이면 발생할 수 있는 증상일 뿐 노동에는 아무 문제가 없다.

오히려 열심히 일한 증거가 된다고 설명했다.

다행히 심한 상태가 아니지만, 타국에서 문제가 발생하면 자진해서 귀국을 시키겠다고 나를 포함 4자(者)가 연대 서명했다.

통상 건설 회사의 근로 조건에서 직원은 근무지 이동이고, 기능공은 계약직이다.

단 계약 기간은 6개월이지만 기능과 건강 상태에 따라 체류 연장하기로 했다.

05
마닐라(Manila)

돈을 벌기 위해 일자리를 찾아 다른 나라로 떠난 조상들의 역사는 80년이 넘었다.

구한말에 사탕수수밭이 있는 하와이, 멕시코, 쿠바로 왜정 때는 강제로 쌀 농사 지으러 만주, 북간도로 떠났다.

해방 후, 50년 후반부터 60년도에는 병아리 감별사로, 넓은 땅을 개간하여 농장주를 꿈꾸고 브라질로, 독일에 탄광 광부, 간호 보조원, 간호사, 북서아프리카 라스팔마스 원양어선 어부, 70년대에 들어서서 건설 기술자, 근로자가 동남아 베트남, 태국를 시작으로 중동에는 몇십만 명의 기능인력이, 잡부, 이발사, 요리사, 조리사, 미장이, 철근공, 비계공, 목수, 운전수 온갖 직종이 모두 갈 수 있었다.

그러나, 국가 간 노동 인력 반입 규정이 정해져 있는 필리핀은 기술자, 관리자, 특수 기능 보유자로 한정되어 있다.

따라서 점촌 신기 탄광 사람들은 전문기술자를 보좌할 터널 기능 십장(Foreman)으로 인정이 되어 취업비자(Visa)를 받았다.

젊을 때는 눈앞에 보이는 욕심이 지나쳐서 진정한 나의 길을 잃고 막연히 외국으로 떠나고 싶은 꿈은, 1962년 상급학교 진학을 포기하고 브라질로 갈 속앓이를 혼자 하다가 1963년 1월 첫 브라질 해외 이민선을 놓쳤다.

두 번째는 서울 대성본사에서 근무할 때 1975년 5월 종로 장교동 한국일보사 빌딩 10층에 있는 캐나다 대사관에서 모집하는 광산기술자 취업 가족 이민 인터뷰에서 7년 이상 광산 근무 경력이 모자라 좌절됐었다.

훗날 언젠가는 좀더 나은 삶의 기회가 진정한 나의 도전도 없이, 탄광 굴과 인연을 맺은 지 10년 만에 실현되어 외지에서 터널공사하러 내 앞에 다른 기회가 저절로 굴러들어 왔다.

갈 곳은 자유와 평화가 있는 남양(南洋) 상하의 필리핀 섬나라였다.

도전 삼세번이라는 뜻은 진정 준비한 者가 말을 할 자격이 있다.

그러나, 나는 우연히 쉽게 성취되는 듯했다.

토목의 길로 들어서기까지는 내 삶이 우연이라기보다는 너무나 교묘하게 준비된 것 같은 생각이 들었다. 더구나 아직 해외 기회가 없는 광산에서 우리보다 안정되고 선진된 나라에 직장근무에 많은 사람들이 내 장도(壯途)를 축하하였다.

무거운 책임감과 응원해준 주변의 기대감을 간직하고 인생 2막(幕)을 위해, 드디어, 1980년 10월 3일 필리핀 마닐라행 비행기를 탔다.

▶ 필리핀

근대 필리핀의 역사는 대한민국과 굴곡진 역사에서 매우 비슷한 기원을 가진 도서(Archipelago) 국가이다.

1898년 희대(稀代)의 쿠바 하바나(Havana) 사건 후, 2개월 남짓 지난 4월 25일에 미국은 쿠바 종주국 스페인에 선전포고 후, 불과 6일 5시간 만에 스페인 해군 제독 몬토조의 휘하 함대는 마닐라만에 격침당함으로써 미서(美西)전쟁이 끝이 났다.

미국은 1898년 12월 10일 원주민 몰래 파리 조약에 의거 필리핀, 푸에르토리코, 쿠바, 괌, 마리아나군도 5개 도서국가를 승전 대가로 빼앗고, 대신 스페인의 아픔을 달래기 위하여 2,000만 달러를 지불했다.

후대의 필리핀 민족 영웅 1호인 리잘 호세(Rizal Jose) 박사는 미서전쟁이 일어나기 근 10년 전 1889년 스페인 바르셀로나에서 쓴 그의

에세이 "La solidridad"(단결)라는 열강들의 시대 변천을 예언적인 글로 남겼다.

> Perphaps, the great American Republic, whose interest lie in the Pacific and who has no hand in the spoliation of Africa, may some day dream of such possession would take interest in the Philippines, once Spain loses control of the colony.

조선왕조 말 1894년 청일전쟁 끝에 왜놈의 승리로 속국의 굴레를 벗고 완전한 독립국가가 되는 듯했다, 일본은 약속을 어기고 오랫동안 대국(大國) 행세하던 되놈 중국을 대신하여 한반도를 농락하기 시작하였다.

필리핀도 국내에서는 오랫동안 독립에 대한 열망과 스페인에 대한 투쟁은 생각지 않았던 미서(美西)전쟁의 결과로 스페인의 패배로 또한 생각지 않았던 돌발 사건으로 어부지리(魚夫之利)가 되어 해방이 되는 듯하였다.

문제는 미국이 원주민 필리피노를 어떻게 달랠까 하는 명제를 안고서, 주인이 바뀐 식민지의 연속이 되어버렸다.

실지로 필리핀은 스페인혁명(1868년) 후에 개혁 바람은 독립의 여망으로 발전하여 1896년 독립을 위한 필리핀 국민의 혁명의 바람은 1897년 12월 혁명실패로 혁명정부 수반이었던 아기날도(Aginaldo) 장군이 홍콩으로 피신하였다가 미국스페인 전쟁(1898년) 후에 미국 배를 타고 귀국하여 1898년 6월 12일에 독립선언을 하고 1899년 1월 23일 아기날도 장군은 마로로스(Malolos)에서 필리핀 공화국 설립함으로써 스페인을 물리친 점령국 미국과 필리핀은 1899년 2월 4일 처음으로 산발적인 독립 전쟁이 시작되어 얼마 동안 이어갔다.

계속 투쟁 끝에 1916년 미국은 존스법령(Jones Act)으로 독립을 약속했다.

그러나 1935년 미국연방 자치령이 되어, 1942년 태평양 전쟁 때 일본에 함락되어 패망까지 4년 지배를 받고는 미국의 지원으로 완전 독립 국가가 되었다.

2000여 년 전 중국 진나라가 처음으로 필리핀을 답사한 기록에 의하면 "풀이 무성한 풀집에서 사는 짐승(非), 춤과 가락을 좋아하는(律) 사람을 잘 따르고 복종하는(賓)"이라고 묘사한 나라, 가락을 좋아하고 남과 잘 어울리는 풀집에 사는 짐승과 같은 인종이 사는 나라-비율빈(非律賓)이라고 중국에서는 불리어지다가 본격적으로 중국 해적 리마홍(林阿鳳)이 1574년 필리핀 북쪽 바타니스(Batanes)섬에 침입하여 루손섬 판가시난 링가엔만을 중심으로 촌락을 형성하여 남중국해에서 해적으로 노략질을 하다 스페인의 필리핀 영향으로 1575년 그들의 본토 광동으로 복귀했다.

현재 판가시난(Pagasinan) 사람들에 그들의 피가 섞여 있고, 특히 눈매 눈꼬리가 기운(Slanting), 맑은 피부로 구별할 수 있다.

또한 리가엔(Lingayen)시와 주변 인근 읍내 Agno강 주변에 중국 조상들이 많다.

필리핀 중국 조상 리미홍(Limahong) 해적의 동상은 판가시난 알라미노스시 Lucap 동 부둣가에 있다.

일본은 전국시대 이전부터 필리핀을 루손(Luzon)국이라 불렀다.

유구열도를 거쳐 통상을 하고 1600년 이후 도꾸가와(德川家康)는 이미 스페인이 통치하는 필리핀 루손국으로부터 서양 문명을 일찍 받았을 뿐 아니라, 1609년 스페인 사람 루손 태수(太守) 돈(Don) 로드리고가 멕시코로 항해하다 태풍으로 가즈사 이와와디에 표류하여 구조되어 돌려보내는 대가로 멕시코에 분야별 일정한 사람을 보내 최초 체험 연수을 어느 기간 시켜 광산을 근대적으로 채굴하는 기술로 많은 매장량의 은(銀)광산 개발과 첫 연안 측량기술을 습득하여 모든 산업의 근간이 되는 광업을 체계적으로 발전시켜 오늘날의 중공업 기반을 일찍 쌓았다.

후에 스페인 지배하에 화란이 침략(1646년)했고, 영국이 마닐라를 점령(1762-1764년)하여 잠시 통치했다.

오랫동안 여러 나라의 왕래 점령 지배를 통하여 혼혈이 현실화되었고 다문화로 인한 세계화(Globalization)가 일찍 정착되었다.

16세기 유럽의 팽창 확대로 발생한 식민지는 바다를 돌아다니는 탐험가, 전쟁의 전사, 모험가들은 자연스럽게 잉태되는 것이 혼혈의 시초가 되었다.

점차 세계화, 지금의 다문화로 발전하는 가운데 강대국마다 식민지 통치수단으로 일본처럼 문화말살정책, 강압통치 또는 다른 인종의 교차의 산물인 혼혈의 계획 잉태를 이용한 인척관계를 만들고 혼혈을 차별하여 조직적 통치 기반을 쌓는 피가름 정책으로 혼혈문화를 매개로 식민문화는 급속하게 번져(퍼져) 라틴아메리카, 아시아 유일한 혼혈국가 필리핀을 식민지 장기화하는 통치 수단으로 정착되었다.

어느 나라처럼 혼혈을 숨기지 않고 좋게 받아들이는 근성이 오랫동안(300년) 조장되고 개방되어 현재는 현지인들은 몇 퍼센트 강대국 누구의 피가 섞여 있다고 스스럼없이 말한다.

특히 지배한 여러 선진국을 통하여 자유주의 이념을 배워 아시아 많은 국가 중에서 **자유가 들어간 100% 순수한 민주 헌법을 가진 국가는 일본, 이스라엘과 필리핀**뿐이다,

더욱이, 일본 사람들처럼 자기가 겪는 불운(不運)을 본인 탓으로 돌리는 좋은 국민성은 개인 간 갈등이 없는 필리핀은 삶의 질이 높다.

또한 정당방위가 인정이 되어 국민 누구나 법적으로 무기를 소유할 수 있어 적(敵)이 되면, 대치하지 않고 곧 총으로 해결한다.

따라서 노상(路上)에서 후진국처럼 육박전(肉薄戰)은 없다고 자랑한다.

더욱이 갈등을 대물림하지 않는다.

마닐라 도착 다음 날 마닐라 외곽 칼루칸시(區) 라구로에 있는 상수도 수로(MWSS)공사 현장에 갔다.

공사(Project) 발주는 마닐라시청, 공사 감리 감독은 까다롭다고 소문이 난 프랑스 회사의 전원 프랑스 사람이다.

남광이 시공 중인 이포(Ipo) 댐에서 상수원 저수지 라미사담(La mesa dam)까지 11km를 연결하는 철근콘크리트 개방 수로(Channel)와 터널를 시공하는 터널 구조물 과장으로 부임했다.

터널의 길이가 200, 180, 50미터 3개이고, 직경이 3.5미터의 정원형의 터널 내부(Lining)는 복철근 콘크리트로 시공한다.

필리핀은 청년기 지층 지질 구조상으로 곳곳에 활화산이 있고 크고 작은 지진이 빈번하다.

시공구간의 대부분 암석은 화산역암의 침전 퇴적된 응회암(Lithic lapilli Tuff)인 단층 점토를 갖는 구조의 쇄설성 연암(軟岩) 아도베 (Adobe)이다,

지형은 댐에서 일정구간 촌락이 있는 구릉지의 표토가 30미터 이하 구간은 터널 시공이고 저수지까지 낮은 평지는 개방 수로 공사다.

시내에 있는 현장 사무실과 숙소 복지 시설은 국내 토목 현장에서 경험과는 천양지차(天壤之差)로 도저히 비교할 수 없다.

또한 제일 중요한 봉급이 국내 현장에 거의 세 배를 달러($)로 지급 되는데, 70%는 국내로 송금되고, 본인이 원하면 30% 미만은 현지에 서 직접 수령할 수 있다.

사무실에는 과별 타이피스트(Typist)가 모두 7명이고, 식당은 사각 식탁에 기능직 사원과 구별 없이 앉는다.

식당 입구 세면대에서 때가 되면 현지인이 수건을 들고 기다린다. 숙소는 시멘트 블록으로 목욕 화장실이 딸린 에어컨 침대식 독방 이다.

국내에서는 돼지 울간 같은 먹고 자는 아주 열악한 현장 함빠(飯場) 에 비해서, 후생 복지시설에 돈을 많이 소비하여 영구 건물처럼 숙소 를 잘 지었다고 기업주는 지적했다.

필리핀 토목공사는 이윤이 없다고 불평하며, 빨리 필리핀 공사를 철 수한다고 늘상 푸념한다는 후문이 떠돌았다.

3년 먼저 이곳에 온 어느 정통 고참기술자는 말했다.

필리핀 현장에서는 불량 모래와 철근이나 시멘트를 빼내거나 규격 미달로 바꾸어치기 하는 속임 시공을 절대 하지 않아, 도면(圖面)대로 하는 기술자 천국이라고 소신껏 하라고 일러준다.

매일 현지인이 방 청소 및 세탁을 책임지며, 현지인 운전수가 딸린 무전기(Walkie-talkie)를 붙인 승용차(Pick up, Jeep)는 한국인 십장까지 누구에게나 한 대씩 배정됐다.

현지인과 직원을 위한 농구, 테니스 코트가 영내(營內)에 있었다. 마치 국내 어느 제조 회사 공장처럼, 현지인 종업원, 현장 소장과 일부 기존 간부들은 가족과 영외에 거주하여 일과가 끝나면 썰물처럼 빠져 나가버려 갓 온 사람만 영내에 남았다.

바꾸어 말하면, 1960년대 영등포에 있던 미군 부대와 아주 흡사 했다.

우리나라와 필리핀 GNP(1979년)는 $820과 $790이었다.

좋은 환경의 삶의 질(質)은, 토목공사 시공의 질을 높이는 기본이 잘 다져진 관리 감독 체계를 지원한 필리핀 국가가 크게 보였다.

국내에서 처음 토목 밥을 먹을 때, 일반 사람들은 말했다.

한국 기술자들은 해외에서 토목공사를 질이 좋게 잘하다가 일단 국 내에 들어오면, 아주 질이 떨어지게 날림공사를 한다고 불평했다.

며칠 사이 이렇게 크게 뒤바뀌어진 환경은 앞으로 닥칠 나의 운명 이 혼란스럽다.

5일째 첫번 토요일 저녁 나의 부임 환영회을 위하여 두 대의 승용차에 간부급 6명이 3명씩 나누어 타고 한 시간 넘게 달려 미5공군 사령부가 있는 도시 환락가에 갔다.

내가 탄 차에는 7년 동안 사우디서 금주(禁酒)하고 보름 전에 온 인천 출신 박평식 중기과장과 이언근 자재과장이 탔고, 다른 차에는 가족이 있는 관리, 노무, 경리 과장이 탔다.

각 다른 곳에서 모인 토목 노가다(土坊) 세상은, 먼저 술로 인간을 알고, 정(情)이 들자 떠나버리는 안정되지 않는 분위기 속에, 국내서 하던 버릇대로 부어라 마셔라 이집 저집 또 한 집 새벽 1시까지 회사돈 공짜 술을 퍼마셨다.

이곳 현지인 말에 "한 남자에 세 여자"(Isang Lalaki, Tatlo Babae)라는 말이 있다.

어딜 가나 여자가 많다는 말인데, 술집에는 날이 더워 땀이 많아 그런지 노출은 자연스럽게, 얼굴에는 무슨 칠을 하지 않고 꾸밈이 없이 젊게 생긴 대로 보통 50 내지 100명이 유창한 영어로 서비스하며 도중에 새는 일이 없는 무슨 백화점에 계산 잘하는 친절한 점원을 연상했다.

일행 고참이 말했다. 교과서에 없는 생활영어를 배우기(Practicing)는 어느 나라에 학원보다 좋다고 비유했다.

그래서 영어가 어눌한 직원, 십장들은 현장 근처 Pub에 매일 간다고 옆에서 거들었다. 때문에 중동현장보다 취업 경쟁이 심한 것을 알았다.

탄광 태백이나 점촌은 술집마다 긴치마 저고리 곱게 입고, 얼굴에 분(粉)을 짙게 바른 작부(酌婦)가 30명 내지 50명 있었다.

옆에서 술시중 들다가 손님이 취기가 올라 발동이 걸리면, 하급(下級) 손님의 짝 작부는 도중에 어디로 없어지는 특성이 이곳과는 사뭇 다르다.

손님이 Ok 안 하면 오줌(Urine) 싸러도 못 간다고 홀(Hall) 반장이 선전하며 또 오라고 홍보했다.

필리핀 기후는 해양성 아열대로 평균습도가 한국보다 적어 한낮에도 그늘에 서면 시원하고 저녁이면 서늘하여 술이 안 오른다.

그래서 현지인들은 학교 졸업식, 결혼식, 축제 행사를 저녁에 시작하여 보통 새벽 3시에 끝낸다.

한국은 낮이 밤보다 강한 대신 이곳은 낮보다 밤이 강한 표현을 낭만(Romantic)으로 말했다.

그래서 이곳 인간들은 낮에는 약해져 나태(懶怠)하다고 스스로 인정했다.

찝차사고

아쉽게 환영 술판을 끝내고 되돌아갈 차를 탔다.
핸들을 잡은 중기과장이 옆에 앉은 나에게 말했다.
술을 마다(No) 않고 잘 마신다고 의아하게 말을 했다.
탄광에서 배운 것은 그것밖에 없으니 잘 부탁한다고 말을 낮추었다.
한국 남정네들은 나중에 자기 죽는 줄 모르고 술로 능력과 우월을 과시한다.

앞으로 한 시간 넘게 가야 되니 자라고 일러준다,
술이 약한 자재 과장은 일찍 곯아떨어졌다.
말을 받아, 누구는 부역(負役)하는데 누구는 자서 되겠냐고 겸손을 떨었다,

속도 판넬(Panel)을 지그시 보니 메타 바늘이 100km를 훨씬 넘나 들었다.

서로 침묵이 흐르면서 나는 **1980년 10월 9일 두 번째 운명의 심판대** 앞에 섰다.
중기(重機) 업무 15년 사우디 사막 도로에서 보통 시속 200km 이상을 맹숭
맹숭하게 달리곤 했다는 자랑은 순간 물거품이 되버렸다.
길 양옆 키가 큰 갈대밭이 늘어선 지방 국도 2차선 커브길에서 핸들을 늦게
돌려, 술을 마신 가속(加速)은 무서웠다.

순간 정면으로 돌진하는 녹색 갈대에 놀라 고개를 무릎 사이로 푹 숙인 기억
밖에 없다.
쾅 쾅 쾅… 랜드 크르샤(Land crusher) 지프는 몇 바퀴를 굴렀는지 산산히 부
숴져 차 몸체가 마치 군대 지프차가 작전때 처럼 윈도우(Window)가 없어졌다.
오던 방향을 보고 서 있는 차모습이 뒤에서 따라오는 관리과장 차 헤드라이
트 불빛이 커브에 따라 서서히 비추어졌다.

술로 환영받은 나는 가는 방향 우측 잔디 노견(路肩, Shoulder)에 비스듬히 오
던 방향을 보고 무릎을 끌고 박살 나는 차에서 자동 분리되어 날아 떨어졌다.

손으로 머리 얼굴을 더듬어 보니 온통 모래 먼지뿐이었다.
뒷주머니 손수건으로 눈을 대충 닦고 일어서는 순간 10여 미터 전방 도로 중
앙 아스팔트 위에 게-딱지처럼 떨어져나가 발랑 뒤집힌 차 지붕 위에 몸이
반쯤 걸쳐 발랑 누워 있는 중기과장이 보여 달려갔다.

어깨와 목을 끌어안고 박 과장! 하고 부르며 몸을 들어 올리는 찰나 으 우윽!
소리를 내며 내 손에 그의 체중이 실렸다.
축 쳐진 머리 뒤통수에 피가 엉킨 채 함몰되어 있었다.

탄광 막장에서 하던 버릇대로 손목 맥과 목아지 힘줄을 짚었다.
그때 뒤따라오던 관리과장이 차에서 내려 울며 다가왔다.
또 내가 떨어져 앉았던 자리에서 5미터 전방에 콘크리트 도랑에서 사람 소리
가 들려 다 같이 달려갔다.
자재 이 과장이 꿩새끼 머리 처먹고 있듯, 하늘로 뻗은 두 다리가 보였다.
끌어내서 보니 좌측 얼굴 껍질이 패어서 벗겨져 있고, 좌측 어깨 빗장 뼈와
우측 팔 중간 마디가 덜렁덜렁 부러져, 이성을 잃고 소리 치다 고개를 떨구며
기절했다.
습관적으로 짚은 맥박은 빨라쩠다.

근처 동네 피에스타(Fiesta) 야밤 축제하던 현지인들이 몰려와 생전 처음 한국 사람을 본다며 수군대는 동안 순경과 구급차가 왔다.

근처 간델라리아읍 종합병원(General Hospital)에서 경찰의 간단한 조사와 병원 원장을 만났다.

경찰은 당신이 탔던 차는 일곱 바퀴를 굴렀다고 말하며, 당신은 천운(天運, by God)이라는 말을 하자마자, 병원 원장이 대뜸 악수를 청하며 행운(Good luck!) 인사를 했다.

국내에서 야근하고 탑승했던 버스 추락 사고에서 아무 다친 데가 없다가, 타향에서는 야밤에 술타령하고 귀갓길에 3명이 탔던 차 속에서 한 사람은 운전 미숙으로 즉사하고 또 한 사람은 반병신 됐고, 나머지는 멀쩡하게 된 것이 도무지 믿어지지 않았다.

멍하니 앉아 있으면서 내 긴 명치 끝을 짚어 보았다.

어쨌든 운이 좋았는지, 누가 뒤를 봐주는지 몰라도, 좌측 검지가 유리 파편에 찔리고, 나들이 할 때 입는 바지 무릎이 약간 찢겼다.

탄광에서는 지하에 매몰(埋沒)되면 정신력이 명(命)을 연장한다고 안전교육을 받은 지 2개월이 채 안 되어(1970년 5월), 야간 을(乙)방 때 후방 갱도 자연붕락으로 굴진 막장에 5시간 갇혀 광부 4명과 생사(生死)는 시간이 문제지 끄떡없었다.

그러나, 배운 대로 전지 불을 죄다 끄고 돌아가며 유행가를 쉬지 않고 불렀다.

호랑이한테 물려가도 정신만 차리면 산다는 동화(童話)는 진리다.

남광토건은 필리핀 전역에 이사벨라 마리스(Maris) 농업용 댐 이포 상수도 댐 코타바토(Cotabato) 항만 공사, 민다나오 도로 공사, 마닐라 상수도 수로 터널공사 5개 현장에 기능공 포함 약 150여 명 한국인이 있었다.

처음으로 현지 현장에 차량 인사 사고에서 기적처럼 생생하게 살아 났다고 소문이 자자하던, 어느 날 저녁 10시 넘어 한국에서 예고 없는 국제 전화가 왔다.

지난주 내 팔에서 숨을 거둔 중기과장 박평식이 부인이었다.
회사에서는 본인 실수로 사고死 했다는 말을 도무지 믿을 수가 없어 실례한다고 말문을 열며 이러저러 질문을 1시간 넘게 통화를 했다.
지금은 믿을 수 있는데 경찰서 경위서하고는 차이가 있다는 말을 했다.

나중에 사고 결론은, 그날 오전에 중기 박 과장과 현지인 정비사가 같이 현장에 가서 연장을 사용하고 내려놓지 않은 뒷자석에 그냥 있던 들고 다니는 철제 연장통이 차가 전복되면서 차 앞좌석에 나란히 앉은 죽은 박 과장과 옆뎅이 내 뒷통수 중에 한 사람 뒤통수를 가격한 무기 가 되어 버렸다.

밀폐된 차량 속에는 연장은 물론 무거운 물체를 절대 실어서는 안 되는 법칙을 망각한 또 어처구니없는 사고였다. 그러나 책임자 중기과 장은 말이 없다.
연장이 춤을 추면, 무기가 된다는 탄광 명언을 다시 증명했다.

첫 사고(1974년) 6년 만에 타국에서 격은 치명적인 또 사고는 내 명 (命)을 단련하고 길게 해주는 예방주사가 되었다.
뿐만 아니라 필리핀 초년생이 사고 얼떨결에 구사일생으로 살아남 아 내 이름과 신상이 저절로 필리핀 전체 공사 현장에 소문으로 퍼져

나가 생각지 않게 대성 문경탄광에서 기계과장하던 김국소가 반갑다고 찾아왔다.

기계공학 전공인 김국소는 마닐라 인근 댐 공사 기계시설 과장으로 이곳에는 집안에 힘 있는 누구 추천으로 2년 전에 와서 자리를 잡았는데 혼자서 애를 많이 먹어 술로 화(禍)를 풀곤 했다고 말했다.

탄광에서 하는 말에, 굴러온 돌이 박힌 돌을 뺀다고 고참들은 일 잘하는 신참에게 야유를 했다.
생명에 직결되는 광산일은 철저하게 하는 버릇으로 대충해도 되는 일하고는 큰 차이 때문에 비교가 잘 되어 다른 곳에서는 질투 시기 거리가 될 때가 있다.

이곳 일은 쉽고 놀기는 좋은데, 텃세의 실례를 일러주며 그때 받은 스트레스 때문인지는 몰라도 간장(肝臟)에 충격으로 요즘은 늘 피로하다고 말했다.
그 좋던 탄광혈색(血色)이 노랑 기가 얼굴에 돌아, 내 술을 극구 사양했다.

토목 세계가 광산하고 다른 점은 장기적으로 어울려 사는 것이 아니고 단기 합동작전에 공사기간 속도전(戰)으로, 광산 굴속에서는 위험이 천적(天敵)인 반면 이곳은 눈에 보이지 않는 늑대짐승이 있다.
또한 얼굴빛이 맑은 **낯가림 증상이** 있는 사람이면 더 힘들어 술 힘을 빌리다 결딴이 나고, 술버릇이 사나워져 집안 망신을 시키는 실례를 경험했다.

큰 나무의 **곁가지**는 독(毒)한 맘을 먹어야 하는 것은 국내 공사현장에서 노가다 근성을 이미 터득했고, 여기는 2년 차로 덜 느낌이 왔다. **신사(神士)는 주변 환경의 산물(産物)이라는 옛말이 있다.**

시공 업무는 순조로워졌는데, 문경서 온 십장들은 현지인들과 언어 소통이 힘들어 직접 기능 시범으로 협조가 잘 되어 프랑스 감독에게도 좋은 인상을 주었다.

필리핀은 많은 금속광산은 있지만, 거의 노천 채광 기능에 익숙해져 터널을 위한 기능은 우리의 잡부 수준이다.

도로나 철도 터널은 필리핀 전국적으로 전무하다.

지반이 약하고 막장 붕낙성이 높은 상수도 터널은 탄광 터널과 매우 흡사해 탄광이 없는 루손 섬에서는 인력 확보가 힘들다.

따라서 현지 금속 광산 광부들을 모집하여 한국식 막장 기능을 가르쳐 정기적으로 터널에 투입한 결과 10개 조의 막장 팀의 협조로 문경에서 온 십장들의 채류기간 연장을 약속 받았다.

필리핀에서 명절 중에 가장 중요시하는 성탄절은 전후 연초까지 10여 일은 완전 휴무인데, 공사 현장에서는 12월 21일 종무식 겸 성탄 파티를 현지인과 함께 하고, 한국인들은 모두 북쪽 바기오, 본독 남쪽 활화산이 있는 비콜 지방으로 떠나고, 프랑스 감독들은 그들 식민지 남태평양 뉴칼레도니아 섬으로 떠났다가 돌아왔다.

연휴 직전 제2 터널 굴착 막장의 연암이 10여 일 지난 동안 자연 붕락이 되어서 막장 앞장에서 물이 흐르고 있었다.

붕락된 터널의 앞장을 막아가며 파쇄된 연암을 파내어 밖으로 실어 내었지만, 연암은 없어지고 점점 물과 범벅이 되어 황토 뻘이 되었다.

프랑스 터널감독 디옹(Dion) 씨는 지반 시추 37미터 주상도를 보여 주며 상부 연암이 매달릴 때까지 계속해서 죽탕을 실어내라고 권고했다.

보름이 지났지만 막장 상태는 중앙으로 물줄기가 더 커졌고 변동 사항은 없었다.

지형상 하반이 있는 우측 벽을 따라 탄광식으로 두꺼운 송판을 준비하고 규격(5'X5')을 작게 보수(補修)를 시작했다.

20일이 지난 보수된 동발(支保) 터널은 10미터 남짓이 되어 중지하고, 전체적으로 붕락된 막장을 점진적으로 키워 직경 3.5미터 터널 규격대로 보수하기는 많은 시간이 필요했다.

터널 표토 상부를 현지인 토목기사와 조사했다.

좌우 민가 50여 미터 떨어진 염소 떼가 있는 평평한 초원인데 대충 터널 상부 지점이 약 1미터 넘게 직경 6미터가량 함몰되어 주민을 불러 확인하였더니 근간에 새로 생겼다고 증언했다.

또한 작은 또랑에 물이 갑자기 말랐다고 일러 준다.

다음 날 정확한 붕괴 지점을 찾기 위하여 현지인 측량 기사와 직접 측량, 전시, 후시(Fore sight, back sight)을 하였더니 표토는 도면상 37 미터가 아니고 29미터이고, 함몰된 지점이 우측으로 치우친 직상부 였으며, 실지 지상 지반 시추점은 전후방 50미터 지점이었다.

일반적으로 탄광에서는 증산하는 방법을 찾고, 토목 현장에서는 공기 단축을 연구한다. 한 달 동안 붕락된 막장 앞에 서서 생각했다.

상식적으로 물이 흘러갈 수로(水路)를 꼭 <u>직선으로만 고집할 필요가 없다.</u>

그렇게 하기 위해서는 막장 앞의 지질이 어떠한지 알 수 있게 굴착 전에 막장 전방에 단층파쇄대나 취약한 연암 여부 예지를 할 선진 수평 보링(Boring)이 필요했다.

선진(先進)보링은 막장 진행방향이나 양측방향으로 실시하여 우선 지질정보를 숙지하여 새로 지나갈 터널 코스와 지하수 상황을 파악했다.

실지 측량 좌표와 터널 좌우 측벽을 수평 오거(Auger) 시추를 했다.

우측은 4미터 지점에서 상부로 누운 경암 하반이 나왔고 좌측은 13미터까지 연암이었다.

실적을 도면으로 좌측으로 30도 방향을 바꾸어 기존 계획 수로 직선과 8미터 간격을 두고 상부 표토가 움직인 함몰 지점은 피해서 12미터 직진하다 30도를 안쪽으로 꺾어 기존 중심선을 따라 굴착하기로 계획을 세워 청사진 3장을 떴다.

공정상으로 기존 터널을 보수하는 시간보다 한 달 넘게 단축되었다.

먼저 윤광원 소장에 건의했다. 윤 소장은 나처럼 정통 토목쟁이는 아니지만, 국내에서 장로교 신학 대학을 나와 용산 미8군 영내에서 영선(營繕) 토목기사를 오래 한 영어가 유창하기로 소문났다.

다음 날 마카티 지사 토목고수인 배진호 부회장에 보고와 계획을 설명했다.

우회하는 수로(By-pass)의 구배는 1/150 – 1/200로 잠정 결정하고 날짜를 정하여 프랑스 총감독, 구조물 감독, 디옹 터널감독, 현지인 토목 감독, 남광 관계자 모두 앞에서 현황을 설명하고 대안으로 정리한 도면으로 브리핑 했다.

나의 간단한 안건이 통과되어 속히 시공하기로 당일 잠정 결정이 났다.

그리고 곡선부의 철근 보강 배근과 설계 변경 건은 감독과 추후 협의하기로 했다.

디옹 감독이 터널에 올 때마다 공교롭게 꼭 같이 만나 서로 업무 외적인 이야기를 많이 했다.

디옹 부친은 6.25 프랑스 참전 용사로 강원도 양구 전투에서 중공군만 보았지 인민군은 못 보았다는 그의 부친은 술회하며, 죽기 전에 꼭 양구 고지를 찾는다고 했다.

▶ 1981년 2월, 불란서 공사감독 집에서

다행이 변경 우회 터널시공은 순조로워 곡선 터널 내면 콘크리트 공사까지 끝나 곡선구간을 지나 직선 터널 굴착 공정이 본궤도에 올라, 그동안 분위기 좋은 환경의 마닐라 생활을 접고, 북중부 잠바레스(Zambales) 지방에 새로 착공하는 도로 교량 공사의 교량 구조물 담당 과장으로 1981년 3월15일 부임했다.

발령 직전 마닐라 지사장 배 부회장 면담을 청했다.
아는 것은 터널밖에 없는데 무슨 교량 담당인가, 여쭈었다.
배 회장 왈, 토목의 시공은 배운 실력이 아니고 능력이야,
그리고 아래 현지인 기술자와 인부(人夫)를 잘 다루면 돼, 위험한 터널공사를 말썽 없이 하면, 어떤 시공도 할 수 있어, 현장 가면 먼저 공사(Project)의 시방서(Spec.)를 끝까지 꼭 읽어, 깜깜한 굴속보다는 환해서 좋을 거야,

거의 2년 토목 밥을 먹으면서, 국내에서 경험한 현장 소장들은 토목공학은 대충 아는 학부 중퇴자나 공고(工高)에서 토목 측량 기술을 습득하고 위험은 없는 대신 거친 인간 바닥에서 새끼줄을 놓칠세라 순간에 연연하는 현실을 알았던 터라, 발령자의 말은 사실이며 힘이 되었다.

해외 건설현장은 여러 면에서 좋은 점이 국내보다 월등해 누구든지 나오면 본인의 계획된 기간을 채우기 위해 열심히 일을 하지만, 인간의 얼굴이 다르듯이 마음대로 안 된다.
필리핀에 처음 오는 기술자는 영어를 공부하고, 기존 기술자는 환경과 처우가 좋은 곳에 더 오래 머물러 있을려고 새로운 공사에 관한 학술적인 지식을 따로 공부한다는 사실을 국내에서는 공공연히 말한다.

실지로, 가족과 같이 있던 어느 현장 소장은 봉급을 몽땅 이곳에서 수령하여, 마닐라 시내에서 부인과 같이 무슨 먹거리 가게를 차려, 현장보다 장사에 전념한다는 소문이 돌았다.

이런 배경으로, 중동건설 현장보다 공사 규모는 적지만, 주위 환경과 분위기는 남정네들에게는 한결 부드러운 필리핀으로 취업하려는 사람이 많지만 퇴짜 맞고 떠나간 사람도 더러 있다.

소통이 안 되면 쫓겨가고, 기술이 딸리면 감독 눈밖에 나고, 또 기(氣)가 약하면 기존 바닥에 깔려, 서로 눈에 안 보이는 투쟁이 치열하다.

마닐라에서는 내가 1년이 채 되기 전에 3년짜리 공정이 긴 공사 현장으로 간다고 부러워하면서 서로 더 가깝게 알게 되었다.

잠바레스(Zambales)

잠바레스지역 공사 발주처는 필리핀 도로성이고, 투자처는 세계은행, 감독기관은 미국 트랜스 아시아(Trans asia)감리 회사다.

위치는 마닐라 북서쪽 해안을 따라 280km 지점, 수빅만 미해군 기지에서 150km 마실록(Masinloc)읍에 현장 사무실이 있다.

이 지역의 지형은 해안선 우측 동쪽 내륙에 표고 2000미터가 넘는 큰 산맥이 남북으로 길게 있어 좌측 서쪽 해안으로 크고 작은 하류 강 하천이 많다.

따라서 수심 6-10미터, 길이 200미터가 넘는 시공할 교량이 4개, 길이 100미터 이하 교량이 8개, 암거(Box culvert)가 10개의 총연장 공사 구간은 125km.

현장 소장은 필리핀 6년 차 토목기사와 초년 나를 빼고는 필리핀에 갓 온 5명은 전직 도로공사 2명, 서울시구청 2명, 국내 현장 1명 모두 7명이 기술 팀으로 구성되었다.

권문현 소장은 왠지 교량 구조물 부서에는 전부 현지인으로 타이피스트 1명, 측량기사 5명, 제도사 2명, 물량 토목기사 1명, 현장 토목기사 1명, 목수, 철근공(Steel Man), 도비(Rigger man), 미장(Mason) 십장을 배정했다.

마닐라 현장 문경 서석인 이를 데려와 암거(Box culvert) 시공 십장
을 시켰다.

6개월간 필리핀 여자를 사귀었는지, 살았는지 현지 말 타갈록(Tagalog)
을 곧잘했다.

탄광 막장 인연으로, 아직도 항장님이라 부른다.

저는 현지인 말 얼추 알아듣겠는데, 종이에 꼬부랑 글씨를 써 놓으
면 죽이라는 소리인지, 살리라는 소린지 몰라유, 서십장, 노력도 능력
이야,

처음 필리핀에 입국하는 직원이든 기능공이든 취업 여권을 공항에
서부터 회수하여 마닐라지사 금고에 보관하였다가, 회사 결격 사유가
있으면 즉시 불러 출국시킨다.

넘쳐나는 여자, 카지노, 양주, 양담배 속에서 직원은 여자 문제는 사
정없다.

대부분 기능공은 영어보다 현지어를 잘하기 때문에, 직원은 쫓겨 가
도 그들은 계약기간을 다 채운다.

생전 다리 위로 지나는 다녔지만, 직접 다리 다운 교량을 시공한다
는 감회보다는 책임감이 앞서면서 나만의 다짐을 했다.

선교사들이 성경책을 갖고 다니듯이, 공사 시방서를 차에 싣고 다니
며 대가리 속에 죄다 익혔다.

매주 토요일 오후 2시는 감독관 합동 회의가 있다.

미국 텍사스 출신인 감독 슬로선(Slawson) 씨는 아주 다혈질로 말이 빨라 현지인 보조감독 3명이 꼭 되풀이한다.

말을 약간 더듬는 권소장은 고민이 많다.

서양 사람들은 실내에서 색안경을 쓴다, 마닐라 현장에서 프랑스 감독은 어디서나 색안경을 즐겨 쓴다.

필리핀 잡부들도 첫 월급을 타면 색안경부터 산다. 강렬한 태양 아래 삽자루 들고 노동하자니 이해 간다.

탄광에서는 안경 쓰면 재수가 없다고 말을 했다. 눈이 나빠도 안경을 안 쓰고 속인다.

사무실에서 윗사람 앞에서 말할 때는 안경을 벗는 예의가 있었다.

잠바레스에서 첫 회의 때부터 나는 라이방(Rayban)을 쓰기 시작했다.

서양사람들은 대낮 사무실에도 옛날 미군부대처럼 형광등을 늘 켜놓는 공사 회의에 미국 감독과 나 외엔 아무도 색안경은 없다.

회의 시작 30분 전쯤 소통의 용기를 위해 양주(Red jack) 한 컵을 혼자 마시고, 양쪽 4명씩 회의에 마주 앉곤 했다.

내 급한 상황에 발음이나 문법에 개의치 않고 말을 했다.

감독들은 알아듣고 대답했다. 그들은 영어는 자국어이기 때문에 외국인 한국사람은 으레 못한다고 의식화되어있다. 원어민처럼 그 곳에서 태어나면 몰라도, 죽었다가 다시 깨어나도 발음은 같을 수가 없다.

과거 식민지로 인한 영어권 국가마다 발음이 조금씩 다르다, 필리핀, 인도, 홍콩, 말레이, 싱가포르 등 국가는 완전독립으로 그들만의 발음을 고수한다.

왜정 때, 일본놈은 조선사람을 일본 발음으로 농간을 부렸다는 기록
에서 그 잔재가 아직도 식민지 근성으로 남아 있다.

사투리 평안도, 전라도, 경상도말은 죄다 알아들어도 서로 발음 탓
을 안 한다.

굳이 영어와 일어에만 민감하다.

갓난애는 자라면서 말을 배운다. 따라서 언어는 소통이다.

▶ 1982년, 바이토 교량에서

미국 공사 감독 Thomas E. Slawson 씨는 애절한 사연이 있는 전문 교량 기사다.

10년 전에 월남에서 군속으로 근무할 때 결혼을 약속한 약혼자가 미국에서 사이공으로 휴가 왔다가 떠나는 전날 밤 시내에서 베트공 암살 저격으로 희생되었다.

그 충격으로 붕타우 미군정신병원에서 지금의 부인이 된 월남 간호원의 극진한 도움으로 정신을 차리고, 현직에서 월남 패망을 겪으며 필리핀으로 올 당시, 부인 될 월남 간호원은 어린 동생, 조카 3명을 남편이 될 슬로슨 씨 입양 자식으로 서류를 꾸며, 함께 탈출 피난하여, 현재는 정식결혼하고 친딸 하나와 모두 세 자녀를 일부는 공부하러 외국으로 보내 전부 부양하는 흔하게 볼수 없는 박애주의자다.

읍내에 있는 40미터 교량을 처음 시공했다. 먼저 우회도로(Detour)를 심야에 건설하고 기존 가설교량(Valley bridge)을 철거와 동시에 양쪽으로 크레인이 앉을 되메우기를 일부분 하고 콘크리트 파일을 6개씩 3줄 항타가 끝나면 비계 목을 설치 후 상판(Deck slab)거푸집과 철근 배근 후 한번에 콘크리트를 일괄타설(Monolithic pouring) 한다.

해외 건설 공사의 모든 자재는 국제적인 규격, 품질이 감독들의 철저한 검증을 거쳐 원칙대로 투명하게 시공한다. 별도 접대 문화는 없고, 말만 잘하면 된다.

또한, 불량 시공은 현지 주민을 포함 상호 방지한다.

토목공사는 대부분 중장비가 하고 교량과 구조물 시공에서는 많은 인력과 자재가 필요하다.

교량의 중장비는 500톤 바지선(Barge), 650마력 예인선(Tug boat), 45톤 트랙 크레인, 36톤 타이어 크레인 외에 200여 명의 정규직기능인부 및 잡부가 작업하며, 콘크리트 타설은 주야간 연속 작업이다.

따라서, 책임자는 시공 계획 공정을 세밀히 세워 많은 인력과 비싼 장비가 우두커니 할 일 없이 데모치(手持) 없도록 하는 것은, 마치 탄광에서 광부들이 쉴 새 없이 생산할 수 있도록 광황과 일할 막장을 준비하는 일과 똑같다.

또한, 10년 넘게 본능적으로 굴속에서 위험요소를 보는 심미안(審美眼)은 안전관리에 큰 도움이 되었다.

날짐승이 땅에 앉자마자, 날아갈 본능과 흡사하다 할까,

바지선 타고 시공할 4개 교량 중 첫 번째 전장 216미터 우와콘(Uwacon)교량 콘크리트 파일 시항타하는 날 필리핀 도로성 관리, 도지사, 지사장, 감독회사 사장 이하 현장 총감독, 남광 5개 현장 소장들 많은 현지인들이 참석한 가운데 우물통 시공법(Sheet pile)으로 할 교량 중앙 교각 말뚝기초 푸팅(Footing) 좌측 콘크리트 파일(0.45x0.45x16m)을 75도 경사 항타 시범을 수심 9미터에 미국 감독과 합의한 대로 측량을 직접 하며 오차 7cm로, 급결제 에폭시로 파일을 연결하여 47미터로 항타를 끝냈다.

공사하는 구간의 지층은 화산 활동 후 오랫동안 풍화 퇴적되어 해안 가까운 지역은 기반암이 심층에 있고, 지표면에서 평균 20미터 깊은 지점에 산호층(Coral rock)이 3~4미터가 일률적으로 형성되어 있어 파일은 산호층을 반드시 뚫고, 5톤 함마가 하중을 충분한 안전율로

지지할 수 있는 아래쪽의 토층으로 전달할 수 있도록 축부의 손상됨이 없이 소정의 깊이 또는 정해진 관입량을 도달하는 1mm까지 항타하여, 교량 동하중 50톤, 수명 60년으로 설계되어 파일(PSC) 길이를 연결하도록 제작했다.

▶ Nayon교량 파일 항타

하부구조는 수심이 깊어 수평력이 커서 PSC말뚝 기초로는 충분한 지지력을 기대할 수 없어 쉬트 파일(Sheet pile)를 이용 케이슨(Open caisson) 우물통에 가로 세로 버팀목 설치와 병행해서 배수 후에 바닥

콘크리트와 거푸집, 철근 배근을 하고 최종 콘크리트 타설, 양생하는 동안 바지선을 이용 반복 단계적으로 절반씩 하부구조, 상부구조를 병행해서 순차적으로 마닐라에서 운반되어 온 40미터 거더(Girder)를 바지선의 크레인이 인양 및 조립하는데 가장 용이한 모멘트가 없게 했다.

회사의 배려로 가족이 합쳐진 어느 날 1982년 5월 말경, 우기 직전 섭씨 36도 넘는 일요일 당직 현장 숙소에 차림이 남루한 한국 사람 2명이 큰절을 하며 무조건 도와달라고 말했다.

읍내 부두에 광석을 실러 온 한국 국적선 선장과 기관장이었다.

어떻든 한국 사람을 마닐라에서 멀리 떨어진 지방에서 만나기는 힘들다.

필리핀 전역에 700명가량 한국인이 소문 없이 산다는 소식은 익히 알았지만, 월남 망하고 온 사람, 원양에서 고기 잡다 배에서 내린 사람, 미군하고 살림하는 아줌마들, 6.25참전 필리핀 군인과 혼인한 여인들, 건설 현장에서 일하는 사람, 한국정부에서 허가를 받고 마닐라에서만 일하는 사람 등 직종이 단순한 때였다.

오죽하면 타향에서 한국 사람을 찾겠는가 생각하니, 내 마음이 약해졌다.

필리핀은 일찍부터 토요일, 일요일은 무조건 휴무다.

중동 사우디처럼 횃불 들고 일할 계획을 세우면 결판 나는 나라다.

그래서 공사하는 한국 사람들도 토요일 늦게 일어나 현장에서 현지인이 마련한 토종개를 잡아 먹고 뽈뽈히 자기 차 타고 떠났다가, 월요일 아침에 나타나 현장 식당에서 조반을 먹는다.

이 나라 풍습도 기르던 개를 잡아 회식한다. 개 중에도 새까만 개를 알아주는데 왜 우리처럼 누런 황견(黃犬)이 아닌가 물었더니, 피부병의 유무를 정확히 알기는 까만 개가 제일이고, 까만색은 태양에 강해 더위를 안 타고, 개가 깨끗할수록 불포화성 기름하고 고단백질이 많다고 자랑한다.

바닷물에 몸 담그고 야자수 토종 술 투바(Tuba)에 개고기 안주는, 문경 탄광을 잊을 수가 없고, 추억이 떠오르곤 했다.

특수 공구를 빌려달라는 뱃사람들 말은 일리가 있지만, 내가 직접 눈으로 확인하고 싶었다.

둘을 차에 태우고 선창에 가서, 마주 본 배는 폐선 직전 아주 낡은 배수톤이 1,900톤인 작은 연안 화물선같이 보였다.

배에 올라가, 선장에게 문제점을 지적해가며 자세히 설명하라고 했다.

2번과 3번 해치(Hatch) 중간에 있는 기중기(Derrick)의 바닥 철판이 오래 보수를 안 해 녹이 슨 부위의 데리끼가 기우려져 주저앉아 광석 상차(上車)가 중지되었다.

그래서 산소로 녹이 슨 부위를 불어내고 데리끼를 10톤 체인불록(Chain block)으로 평형을 임시로 당겨 잡아, 주저앉은 상태로 철판 조각을 덧대어 용접하고, 600톤 남은 광석을 급한 대로 상차를 하고 빨리 출항하지 않으면 채선료(Demurrage)가 엄청 난다고 엄살을 떤다.

마침 정비가 끝난 35톤 타이어 크레인을 정비 김민석 반장이 끌고 와 기울어진 기중기를 바로 세워, 현장에서 가져간 두꺼운 철판으로 보강하고 중심을 잡아 용접하여 무상(無償)으로 완전 수리를 하였다.

수리하는 동안 선장과 함께 조타실에 앉아 상황을 물었다.

이 작업은 내 임의 결정으로 선장 이하 동포 선원를 도와주는 데 있어 회사 상부에 참고 사항이 필요하다.

행선지가 한국 어느 항구이며, 광석 하주가 누구며, 정확하게 무슨 광석인가?

선장은 주저하는 듯하더니, 선적 서류를 보여 주었다.

하주(荷主)는 일본 도요멩까, 바이어(Buyer)는 포항에 있는 한국 회사.

광석이름은 크롬 광석, 크기는 3인치 이하, 품위는 별도 첨부 시험 분석표 한국 선장과 우연한 만남의 기념으로 크롬 광석 두 덩어리를 집어 들었다.

낮잠을 자다 일어나 좋은 일을 마다 않고 한국에서는 보고, 들도 못한 시커먼 금속광석 **크롬광**(Chromite) 알게 되었다.

그날 저녁에, 고장 수리를 끝마치고 광석 선적을 무사히 끝낸 늙은 선장은 두꺼비표 진로 나무상자를 젊은 항해사와 나누어 울러 메고 현장 숙소로 찾아왔다.

오늘 자정에 고국 포항을 향해 떠나게 도와주어 고맙다고 두 번 세 번 작별인사를 했다.

▸ 1982년, 처음 본 크롬 원광석 (인생의 전기가 된 광석)

이후, 시간이 나면 잠바레스 지방 인근에 있는 니켈, 크롬, 구리 광산에 관심을 갖게 되었다. 미국 식민지 시대부터 개발하고 가행하는 구리, 크롬 광산의 인프라 시설은 선진국 스타일이다.

20,000톤급 선박 접안 부두와 자동 적하시설까지 광산에서 협궤 철도를 부설했고, 종업원 복지 시설이 아주 좋아 단독 주택, 놀이 시설, 700능선에 9홀 골프장, 자체 경비행기 활주로에서 광산촌 아이들이 떼를 지어 자전거를 탄다. 보이는 광산의 분위기는 안정되고 평화롭다.

예상외로 공정보다 빠르게 공사가 진척되어 교량 구조물 시공을 잠바레스와 팡가시난(Pangasinan)주 경계에 있는 이 나라 북서부에서 제일 긴 나욘(Nayon)교량을 남겨두고, 다른 교량은 공정이 70%를 넘었다.

교량의 길이가 272미터, 수심이 10미터, 바다 해안에서 50미터 떨어져 간만의 차가 평균 1.8미터로 평소에 해류가 세다.

하부구조(Sub-structure)는 다른 교량과 동일하지만 상부구조(Super-structure)의 주행면은 수평 직선이 아니고 완화곡선으로 완만한 원형이다.

▶ 1982년, 남광 잠바레스 나욘 교량공사

1년 넘게 길고 짧은 교량을 시공하면서 터득한 바는 교량의 설계와 디자인에서 준 스펙을 교량 시공 책임자의 개성에 따라 결과가 반영되는 것을 배웠다.

따라서, 책임자는 교량의 운명을 개척한다. 또한 교량의 모양새도 꼭 닮아 간다.

▶ 1982년, 남광 잠바레스 우와콘 교량 준공

　조직과 체계만으로 시공해서는 안 되는 부분이 많다. 현장 기사가 각 십장을 통해 목수, 철근, 미장공 등 하부로 갈수록 퍼져서 오차 범위가 커질 소지는 있어도 좁아질 요인은 적다.

　그래서 교량 책임자는 통과하는 정거장마다 검토 확인하여야 한다.

　하부구조 파일 박기부터 상부구조 끝까지 참여 확인은 물론, 특히 최상부 주행 노면(Deck slab)을 연속 슬라브로 처리하여, 재료의 내구성과 승차감이 향상되도록 최종 콘크리트 타설에 주행면과 교량 난간(Side walk)의 직선이나 완화곡선은 가장 중요하다.

　최후 교량 진입 초엽 아바트멘트(Abatement)의 철저한 부등 침하를 막아야 한다.

　운전자가 교량에 진입하여 슬라브면에서 오는 쾌감과 전방 좌우로 펼쳐지는 교량의 난간의 정직선이나 정곡선은 편안한 통행 안정감을 준다. 더불어 교량의 수명과 이름이 빛난다.

직장에서 상을 받는 사람을 가리켜 상복이 있다, 운이 좋다. 상은
돌아가며 탄다.

말을 하지만, 우선은 일을 잘하고, 못하고를 떠나서 주위 사람들로
부터 씹히질 않아야 한다.

그간 실적이 좋았는지, 남광토건 창립일에 필리핀을 대표해서, 중동
본부 한 명, 국내 사업장 한 명 모두 3명이 뽑히어 부상과 함께 기업
주 배정일 회장이 주는 공로패를 받았다.

토목 상은 탄광에 이어 두 번째가 되었다.

배회장은 경남 김해 태생으로 왜정 때 만주 철도국 철도 터널공사
책임자 출신으로 2년 전에 국내 충북선 복선 터널 현장에서 승용차 트
렁크에 안주 거리를 충주 장마당에서 직접 사서 싣고 와 직원들을
격려하며, 터널 시공에 많은 관심을 갖고 있다며, 발파에서 여굴(余掘)

이 없어야 시멘트 소비를 줄 일 수 있어, 화약 발파의 효율 증가에 대하여, 많은 질문을 받은 기억 났다.

교량 구조물 부서는 많은 종류의 자재가 있어 창고에 카고트럭의 왕래가 많다.

또한 폐자재도 많이 발생한다. 관리 부서는 평소 폐자재가 필요한 곳을 조사하여 순번을 정해 통보 받으면 십장은 돌아가며 배달한다.

특히, 남는 레미콘이나 퇴짜 맞는 레미콘은 현지 동네 통반장에 위임해 버린다.

뿐만 아니라, 농구를 좋아하는 현지인들은 한국인은 몰라도 농구 신동파 선수는 아이들부터 어른까지 모두 잘 알고 있다.

특별히 철재 농구대와 시멘트를 시장에게 직접 기증했다.

따라서 공사구간 주변 주민들의 협조가 대단했다.

교량 구조물 공정이 늘 앞서(Ahead) 가므로 해서, 토공, 아스팔트

▶ 1982년, 맥아더 요새

포장 등 전체 공정이 6개월 단축되어 90% 친척이 넘을 즈음, 1983년 1월 1일부로 권문현소장이 중동지사 사우디공사 현장으로 영전 되었다.

　권소장이 이임하기 5일 전 소장대행(Acting project manager)으로 나를 천거해서 상부에서 OK 했다고 알려 주었다.

　명확한 일이 아니면 까다롭고, 매사에 호락호락한 성격이 아닌 광산쟁이가 6개월이 채 안 남은 공사기간에 금전적, 물질적으로 정리할 권한을 갖는 자리에 앉는 것에 부담을 느낀 현찰을 만지는 경리과장과 중기 부속구매하는 중기과장은 마닐라 자금 수령 다니면서, 탄광에서 온 기사가 소장서리(Acting project manager)를 맡으면 학술적으로 공사를 완공하는 데 어려움이 예견된다고 역공(逆攻) 하는 소문이 돌았다.

　광산과 이곳, 저곳 노가다 판에서 배운 능력으로 보람을 갖기 전에, 다른 도전에서 처음으로 한계를 느꼈다.

　직책상 상위인 현재 공사과장은 공고 광산과를 나와 한양공대에서 토목공학을 공부하고 한국도로공사에서 온, 도로설계 자격을 가진 실력이 있는 기술자로 현장 경험이 처음으로 성품이 아주 양순하다, 무슨 일이나 NO 하는 법이 없어 사실상 위계질서에 문외한으로 하부조직 관리상 공사 말년에 처리할 문제를 지적하면서 영전하여 떠나는 전임 소장 의견이었다.

　조직에 리더는 실력만으로 되는 것이 아니라 우선 정직 성실하고 일에 솔선수범하여 어려운 일을 헤쳐나갈 올바른 판단 능력과 특히 현장실무는 건강한 신체와 통솔력이 따라야 한다.

현실을 부정적으로 생각지 않고, 정경업 공사과장에게 들은 소문대로 말했다.

토목 세계에서는 가는 데까지 가다가, 내가 돌아갈 곳이 애초에 시작한 광산이다.

나는 밑져야 본전(本錢)치기 장사니, 서로 협조해서 정과장을 밀어줄 테니 얼마 안 남은 공사를 보기 좋게 완공하자고 말했다.

옛날 탄광에서 잠깐 상사였던 장자탄광 이상오소장 왈(曰), 이정수는 잘 다루면 충신이 되고, 잘못 다루면 역적이 될 소지가 있는 흑백이 분명한 조심스런 사람이라고 말했다.

현장에서 일어나는 건설공사 문제와 한국인에 대한 법적인 문제가 많아 충돌을 중재하는 현지 변호사를 선임하여 고용한 이다뇨(Edano) 씨가 있었다.

그는 현재 잠바레스에서 민선 부지사(副知事)로 덕망 있는 지한(知韓)파로 그의 외사촌 형이 6.25 때 참전하여 경기도 북부 남양주 방어전투에서 장렬히 전사한 보병중대장 얍(Conardo Yap) 대위이다.

현장 변호사(Retaining Artony) 이다노 씨가 가끔 공석에 어울리면 말했다.

한국인은 일반적으로 성질이 급하고, 남을 이해하려고 노력하지 않는 기질은 오랫동안 적과 대치하는 군사문화(Military culture)가 몸에 배어 물러서지(Atras) 않고 전진(Abante)만 한다.

필리피노는 가톨릭문화로 먼저 상대를 이해하고, 용서하며, 자유가 많아, 기후적으로 나태함을 나쁘게 취급하는 한국인은 지각 있는 현지인과 크고, 작은 충돌이 빈번하다.

특히 한국인은 해외를 통제 속에 나와 자유를 너무 남용하여, 공금으로 카지노와 본처(本妻)를 버리고 엉뚱한 여자에 미친 사람이 있는가 하면, 주먹부터 올라가 타국에서 인권침해 죄에 얽힌 실마리를 회사는 빨리 돈으로 해결을 독촉한다고 불평하며, 외국에 나가 해외에서는 좋은 점만 보아야 서로 평화롭다며, 끝으로 부탁의 말은, 로마에 가면 로마 법을 따르라(Do in Rome, as Roman do)

또한 필리핀 군대가 한국 6.25 전쟁에서 UN 참전국 중에 미국 다음으로 당시 필리핀 대통령 게리노(Elpidio Quirino)는 전투보병 1개 대대(10th Battalion Combat Team) 일명 BCT 1,468명을 파병하여 1950년 9월 초 부산 도착 독립부대로 미군에 편입하여 1950년 11월11일 북진작전에서 단독으로 첫 승리를 거두고, 중공군 남하로 경기도 북부 일대에서 진퇴공방 중에 1951년 4월 22일에서 4월 23일 Yultong 방어 전투에서 첫 희생자 12명 전사 가운데 중대장 Yap 대위와 소대장 Jose Artiago 중위가 장렬히 산화함으로써 전투력을 강화하기 위하여 병력을 계속 증파하여 1953년 7월27일까지 5개 대대(10th, 20th, 18th, 14th, 종전 후 UN사령부) 7,500명 파병과 전사자 112명을 한국 방어를 위한 희생과 자유를 수호해 준 감사는 현재와 후세 한국인은 잊어서는 안 된다.

▶ 1983년, 남광 현지 토목기사들

한편, 도로 교량 공사는 혼연일체가 되어 필리핀에서는 기록적으로 공기가 6개월이 단축 완공되어, 현지 도로성의 검수를 거쳐 1983년 6월 12일 필리핀 측에 관리 인계(Turn over)를 했다.

필리핀에 터널공사 하러 와서 예상치 않게 2년 8개월의 세월이, 수입면으로는 좋았지만, 어쩐지 만족하지가 않았다.

토목공사를 위하여 각기 다른 곳에서 와서 일을 하다가 공정(工程)에 따라 최고 35명이 모였다가, 빨리 완공이 되어, 또 자기 주특기(主特技)대로 헤쳐 모일 곳으로 가고, 뒷정리 할 남은 인원이 5명 중에서 1983년 6월 15일 귀국 통지를 받았다.

마치 시골에 어느 다방 레지가 주인과 계약이 끝나 가방 하나 들고 미련도, 정도 없이 이 지방, 저 지방으로 떠나는 모습처럼 평범하게 나도 닮아가는 듯했다.

남광에서는 그동안 세 공사현장(1979년 6월-1983년 7월) 실적 평가가 좋아, 1983년 8월 1일부(付)로 다음 임지(任地)는 중동본부 이라크(Iraq)국가 현장 900미터가 넘는 장대교(長大橋) 티그리스(Tigris)강 교량 담당 공사차장으로 승진 내정되었다.

기분 좋게 귀국을 위하여 내일 마닐라본부에 인사 와 비행기표 받으러 떠날 준비를 하고, 있었다. 그리고 저녁에는 수빅(Subic)만 미해군 기지에서 미군과 살림하는 가끔 초대받았던 아줌마들이, 타향에서 조국의 애국자들이 고생하다 떠난다고 준비한 환송회로 서둘러 오후에 출발 직전, 3년 전 마닐라 상수도 터널 현장에서 소장 하던 윤광원 씨가 별안간 우리 현장에 왔다.

윤소장은 작년에 남광 공사를 끝내고 귀국해서 퇴직하고, 다른 회사로 옮겨, 현재는 그 회사(서일건설) 마닐라 지사장으로 있었다.

마닐라에서 이미 여러 정보를 알고, 나를 일부러 찾아왔다.

옆으로 나를 따로 부르더니 대뜸 회사를 옮겨 자기와 같이 계속해서 필리핀에 있자는 제의를 받았다.

돈과 일거리가 많아서 토목쟁이가 되었는데, 돈만 많이 주면 마다하겠습니까?

농 섞인 말을 했다.

물론 마땅한 대우를 해주고, 이곳 남부지방에 여기와 똑같은 시공 할 공사 현장소장으로 발령 내기로 상부와 합의를 보았다고 말했다.

내일 공항으로 가는 길목(Pasay)에 있는 자기 회사 사무실에 잠깐 들러서 현지 펨코 합작공사 사장을 뵙고 가라는 부탁이었다.

인간사 새옹지마(塞翁之馬)라더니, 광산보다 쉬운 이 노가다바닥 현장에서 정통 토목이 아니라고 거의 끝나가는 6개월짜리 소장서리(署理)를 남광에서는 못 했다,

그렇지만, 필리핀이 내 인생에 마지막일지 몰라 미리 한 달 전에 귀국 길에 사적으로 대만 경유 대북에 하루 들러 고향 영등포 친구도 만나고, 고궁 박물관 구경을 하고 싶어 마카티 본부에 친한 문장현관리 과장에게 특별히 티켓을 부탁을 했었다.
누구에게도 말을 하지 않았다.
우선 정신을 바짝 차리고, 짚고 넘어갈 산(山)이 있었다.

다음 날, 마카티(Makati) 남광 지사에서 일찍 여권과 대만 경유 귀국 비행기표를 받아 챙기고, 마닐라공항 가는 도중 약속한 대로 펨코 회사의 사장을 만났다.
마닐라는 넓지만, 한인 사회는 좁아 교민들 잘잘못 소문은 서로 잘 알고 있었다.

사장님, 이렇게 불러 주시어 고맙습니다.
공손히 인사를 하며, 제가 국내에서 휴가를 끝내고, 다시 필리핀으로 돌아오기 위해서는 한 가지 꼭 사장님께 올릴 말씀이 있습니다.
다름이 아니오라, 사실 저는 정통 토목공학과를 안 나왔습니다.
잘 알고 있소,

그러나 디플로마(학위증서)는 있지 않소, 물론 있습니다.

나도 토목과가 아니고, 건축과요. 어느 광산에 있었지요?

내 친구도 강원도 상동 텅스텐 광산에 있었는데.

대성 문경탄광에 근무했습니다.

아, 사채(私債)를 안 쓰기로 이름이 난 대성, 좋은 회사에 있었네.

빨리 가 서류를 하고, 나오시오, 같이 일합시다.

폐쇄적이고 보수적인 지하 굴(坑)업계와는 달리, 해외건설 붐으로 제철을 만난 건설토목업계는 실력을 떠나 인맥(人脈)이 좋으면 오라는 데가 많아 진짜 기술자는 골라 골라 부임지를 선택하는 것처럼 보였다.

토목바닥에서 **두 번째 손짓**을 나에게 한 윤광원지사장도 나처럼 비토목 전공자로, 이런 형상을 탄광 광부들은 막장말로, 젠장! <u>똥은 똥끼리 모이나 봐</u>, 하고 읊어대는 소리를 가끔 들었다.

어떻든, 나로서는 <u>술판에 끼워주는 상사(上司)가 좋듯</u>시 기분은 좋았다.

펨코건설 이철민 사장은 1926년생으로 아바이 함경도 출신이며, 서울에서 공립고등 학교와 국립대학 건축공학을 졸업, 한국에서 건설에 독보적인 정 아무개 회장 밑에서 해외공사 개척 1세대이다.

국내에서 자기 사업을 접고, 미국계 필리핀 FEMCO(Fisher Engineering Management Co.)의 고용 사장이다.

이 현지 미국건설회사는 옛날 한국 6.25 전후 복구 건설에 많이 참여 했고, 아시아 개발국에 건설 경험이 많다. 해외 건설 실적이 없는 국내 군소 건설업체들은 이런 회사와 합작(Joint venture)하여 자격과 경험을 쌓아, 중동 같은 건설시장에 진출할 기회를 잡을 계획의 서울 서초동에 있는 서일건설의 자본투자로 현지 미국펨코와 합작으로 필리핀 교량 도로공사를 땄다.

남광토건에 가서는 입적도 않고 귀국 신고를 하고, 1개월 휴가 명을 받았다.

내 고향과 다름 없는 국내 토목사업부 박일원 전무를 찾아뵙고, 상사 동료였던 직원들과 간단한 점심 식사를 했다.

며칠 지나, 서초동 서일(西一) 건설 회사에 갔다.

양자택일(兩者擇一)은 탄광에서 토목으로 첫 번 했고,

중동 이라크국가와 필리핀 두 나라 중 필리핀 선택은 두 번째가 되었지만, 이런 짓거리를 반복하면 될까 싶었다.

장래는 어딜 가나 내가 할 탓이지, 보장되는 것은 없다.

필리핀의 현실적인 사고(思考)를 가지고, 정돈이 잘된 큰 회사보다, 어질러진 작은 회사에 가서 내 방식대로 정돈을 해볼 각오를 했다.

무엇보다도, 모든 자격과 실무 능력을 갖춘 종합광산기술자가 정통 토목쟁이끼리 자리가 안정된 군말이 많은 토목회사의 더부살이가 더욱 싫어졌다.

이 참에 나도 골라가고 싶었다.

서일 건설은 설립 이래 첫 해외공사에 대한 기대가 커서 분위기는 좋았다.

양쪽 합작회사가 내 전공을 묵계(默契) 해서 그런지,

광산 굴 전문이라는 말을 쏙 빼버리고, 교량 전문이라는 호칭을 받았다.

벌써 필리핀 공사를 위한 인원 구성이 교량의 기능공을 제외한 직원이 모두 임명되었다.

모두 필리핀에 처음 가는 관리, 경리, 자재, 중기, 토목 기술자들이다.

남광에 있던 해외 토목부 유정일 담당이사는 교량 공사에 필요한 십장들을 채용해서 데려가라고 배려했다.

남광 잠바레스에서 같이 일을 했던 강지흥과 정재남 도비(Rigger man), 문경 서석인 십장(Foreman), 그리고 김인건 중기 정비(Mechanic) 반장을 추천했다.

1983년 8월 1일, 서일 건설에서 필리핀 사마섬(Eastern Samar) 도로 교량공사 2공구 현장소장으로 사령장을 받았다.

그리고, 8월 5일, 처음으로 토목 일을 가르쳐 주고, 해외까지 보내 생전 처음 다리발 공사를 경험하게 한 중견토목회사 남광에 사직서를 냈다.

출장 중인 박일원전무를 뵙지 못하고, 부서 김상무에 떠나는 인사를 했다.

잦은 이동이 많은 건설업계의 퇴사는 아주 평범했다.

막말로, 너 가니 형편 보아서 나도 간다는 식으로 바닥이 넓어 유동 인간이 많다.

그러나 막상 필요한 사람은 그곳도 많지가 않다.

국내는 사방 팔방 해외공사가 풍년이 들어, 해외병이 걸린 사람들이 널려 있다는 말이 있다. 그래서 해외 취업자가족을 등쳐 먹는 제비족이 많아 국가정책으로 가정파탄을 막는 동(洞)사무소에는 **"무엇을 도와 드릴까요"** 하는 팻말과 함께 담당 동사무소직원이 따로 취업자가족을 관리하고 있다.

시대적인 말로, 해외 돈도 좋지만 마누라 조심해! 라고 빈정대는 국내파도 있었다.

실제로, 가족 두고 혼자 온 사람들은 사랑하는 사람 행동거지(擧止) 때문에 비밀히 고민을 면담 요청하는 경우가 심심치 않게 있고, 또 회사는 사건처리를 도와준다.

100여 년 전 선진국을 향한 식민지 개척, 관리, 건설을 위하여 집을 떠난 군인, 취업자들의 구라파에 아낙네들은 그 당시 편지를 배편으로 배달되어 일 년에 빨라야 고작 서너 번 서신을 받아볼 수 있었다.

우리 현실과 같이, 외국에 떨어져 있는 남편을 위하여 서신으로 내조를 하며 외로운 긴 밤을 남편서신을 기다리는 무료함을 편지 답장 쓰기와 왕실에서만 하던 뜨개질이 정책적으로 일반인에게 보급되어 편물(編物)을 남편에게 보내기 위해 뜨개질로 외로움을 인내하여 가정을 잘 지킨 것이 선진국 이면이었다.

따라서 일시적인 난관을 극복하는 것이 삶이며 국가 발전이다.

07

사마섬(Samar)

1983년 8월 15일 가족은 뒤따라 오기로 하고, 혼자 마닐라행 비행기를 탔다.

필리핀 중부 동쪽 태평양 연안에 있는, 마닐라에서 이정표(Mile stone)로 꼭 1,000km 떨어진, 사마섬(Samar)은 이 나라에서 세 번째 큰 섬이지만, 인프라가 가장 낙후된 오지로 공사 구간은 다행히 산악 지대가 아니고, 동쪽 태평양에서 밀려오는 큰 파도를 매일 접하는 해안가이다.

▶ 1984년, 사마섬 교통 수단(찌프니)

주민 대부분 어업에 종사하고, 해안 내륙에는 야자(Copra) 생산이 필리핀 전체의 거의 반을 차지하며, 구리(Chalcopyrite)와 원목 생산이 활발하지만, 치안이 불안정한 것은 소련 동구권이 지원하는 반도 (NPA)의 근원지로 근간에는 정부군과 교전이 빈번하여 현지인 희생이 많다.

따라서, 미국, 일본, 호주 건설업체가 공사 수주(受注)를 꺼린 이 지역에, 동서 횡단 산악지역 1공구는 한국 H 중소건설사가 맡고, 동쪽 해안의 교량과 진입 도로 공사 2, 3공구는 펨코서일이 맡았다.

특히 이곳 현지민들은 외국인에 대한 배타정신이 역사적 사건으로 인하여 팽배하여, 시기적으로 외국인이 집단으로 주재하기는, 이 나라가 독립되고는 처음이라고 했다.

그 역사적 사실은 미국독립투쟁에서 발랑이가(Balangiga) 읍의 3개의 종(鐘)사건이다.

1901년 9월에, 사마섬의 독립 저항 현지인 게릴라들이 읍내의 성당 종을 이용한 신호를 기점으로 공격을 감행하여 새로 생긴 식민지배군 48명에 대한 인명 피해를 입혔다.

▶ 1901년 종이 있었던 성당

야곱 스미스(Jacob smith) 장군은 아군의 희생 보복으로 10살 이상 무고한 주민 39명을 학살했다. 마치 야수(Howling wilderness)가 짖어대는 쓸쓸한 황야의 흔적은 필리핀-미국 독립전쟁으로 촉발하여 식민지 48년간 동안 600,000명 이상 필리피노 인명을 잃었다.

▶ 노획한 종이 있는 서울 Red cloud(용산) 캠프

당시, 전리품으로 발랑이가 성당의 종 3개(Balangiga Bells)를 뇌획하여 본국으로 가져갔다.

약탈해간 3개의 종 중에서 2개는 현재 본토 와이오밍(Wyoming) 군사기지에 있고, 나머지 1개는 서울 용산 기지에 전시되어 있다고 했다.

아직까지 현지 정부는 저항의 상징적인 종에 대한 반환의 협상은 진행형이다,

(Malolos Republic Centennial by Renato Constantino 칼럼에서)

따라서 비협조적인 현지 주민과의 관계를 인식하고, 한국인과 오해가 없도록 특별히 주의를 환기시켰다.

전기가 없는 해안 로렌테(Llorente)읍 강변에서 조금 떨어진 사방이

확 트인 현지 정부가 제공한 4.2헥타르(12,600평) 사각형 부지 둘레를 높게 철조망을 치고, 감독과 합동으로 자리를 잡았다.

현장 영내(Compound)에 자가 발전기 4대를 하루 6시간씩 순환 운전 발전하도록 설치하고 밖에는 읍장의 집과 병원에 특선(特線)으로 전기를 공급했다. 옛날 6.25 직후, 폐허가 된 일부 서울에 민간 집에는 전기특선이 있었다.

야간 테니스장, 농구장과 휴게실을 별도 시설하고 공사 감독들과 읍내에 등록된 인사들에게도 편의를 제공했다.

2공구 공사는 총연장 140km에 시공 기간이 3년으로, 길이가 300m가 넘는 교량이 2개를 포함 7개가 있어, 바지선 2척과 예인선을 남광으로부터 구매했고, 중장비가 트레일러를 포함 75종에 375명이 한국인 27명과 현지인 및 스리랑카 직원, 기사와 마닐라에서 데리고 온 현지 기능직과 잡부들은 주변 동네 사람이다.

또한 현지 정부가 파견한 군인 7명이 외국인 감독과 한국인 신변보호 목적으로 영내에 별도 막사를 짓고 상시 밀착 경호하며 주둔했다.

장비 운용에 제일 중요한 중기과장은 서울 회사에서 밀어넣은 육군 수송부대 소령 출신이고, 관리직들은 서울의 힘 있는 줄을 제각각 타고온 현지에서 영어를 배울 작정인 것 같았다.

그리고 기술직은 국내 군소 토목회사 출신으로 해외 경험을 쌓을 목적으로, 수심이 깊은 곳에서 바지선과 예인선을 타고 긴 교량 시공이 처음인 이들이 기존 십장들과 호흡을 맞추는 문제가 고민스러웠다.

우선은 숙달이 될 때까지 믿을 구석은 잠바레스에서 따라온 현지인 기술자와 기능 인부들이다.

　공사 총감독은 남광에서 알고 지낸 미국인이고, 품질관리(QC) 감독은 콜롬비아인, 보조 감독들 반 이상은 잠바레스 공사에서 같이 경험한 현지인 토목쟁이들이다.

　현지 여직원과 간호원은 지방에서 추천 받은 신원이 확실한 15명을 선발하여, 감독실과 이분(二分) 하였다.

　당장 현지 주민과 접촉할 관리와 공사 부서의 영어 소통이 부실한 직원을 위하여, 옛날 탄광에 한글을 모르는 광부들을 위하여, 회사가 야학당을 운영하듯이, 주위에 소문 없이, 야학을 숙소 안에 개설하여 동네 학교 현지인 선생을 초빙하여 영어를 숙달(Practice)하도록 조치를 했다.

　또한, 마닐라 펨코사장은 외진 도서에서 위급한 한국인을 위하여, 빠른 시간 안에 가동할 수 있게 헬리콥터 회사와의 약정을 통보 받아

▶ 사마섬 연결 싼와니코橋

헬리포트(Port)를 시공했다.

모두 다섯 곳(남광토건, 미륭건설, 금호건설, 신승건설, 서일건설)에서 가방 하나씩 들고 서울에서 마닐라 거쳐 멀리 떨어진 외진 곳에 소형 비행기 타고, 또 배를 타고 5시간 야간 항해 끝에 모인 집단은 온통 야자수로 덮인 외딴 섬에서, 주위를 너무 몰라 서로 잘 뭉칠 수 밖에 없는 환경에서 공사는 의욕적으로 막 시작하였다.

필리핀 경험 고작 3년에 토목 밥 4년에만 능력을 믿고 2공구 현장소장이 된 누구는, 마치, 소경 동네에 와서 애꾸 눈이 왕초 노릇하는 형국(形局)이 되었다.

그런데, 1983년 9월 25일 도무지 믿어지지 않는 일이 벌어졌다.

꼭 두 달 전에 입사한 서울에 서일건설이 부도 처리되어 해외공사를 포기하기로 결정했다는 소식을 마닐라 펨코(Femco)합작회사의 연락 이었다.

모든 작업을 중지하고, 재고 파악을 부탁하였다.

즉시 정문 출입을 철저히 통제하고 별명 있을 때까지 당분간 공사를 중지한다는 벽보를 붙였다.

각고 끝에 필리핀에 온 한국 사람들은 당일 모두 허탈에 휩싸였다.

잘 모였다 다시 헤쳐 모여, 나를 쳐다보다 지쳐 연일 술에 의지하며 뒤숭숭하게 투쟁이 벌어졌다.

어떻게 하면 쫓겨 가지 않고 남느냐, 어떤 처신을 하여 이곳에 계속 있을까, 고국에 목돈을 만드는 계(契)를 걱정하는 사람도 있었다.

계급 낮은 사람의 목소리가 더 커져, 상상 못할 불만을 만들어 다른 불만이 부화뇌동(附和雷同) 하여 파탄 나버린 현장을 자기들 손에 넣었다가 새로 올 사람에 인계할 심산으로, 출신성분이 다른 인간들은 위아래 없이 막가는 무정부 상태가 되어 육박전이 벌어져, 파견 현지 군인들이 총 들고 출동하여 진압했다.

작은 회사가 망했을 때 이 정도면, 월남 패망이야 오죽했을까,

3년 전 지하철공사 미아리 고개 마루에 6.25 때 중동중학교 5학년이었던 어느 동네 통장이 피난을 못 가 숨어서 지낸 생생한 회고담이 생각났다.

나라가 궁지에 몰려 민심이 뒤숭숭한 가운데 6월 26일 공산군이 의정부를 점령했다는 소문이 6월 27일 오후부터 우릉 우릉 탱크소리가 들리더니 동네에서 얼굴이 그렇게 알려지지 않은 대부분의 사람들이 확 변해서 공산군 탱크가 언덕 진 길음시장 앞을 지나는데 언제 어디서 준비했는지 플래카드를 들고 인공기를 흔들며 환영 만세를 부르다가 3개월 지난 9월 22일쯤부터는 또다시 대한민국 만세를 이번에는 양길 옆에 나와 언제 공산군 만세를 불렀나 싶을 정도로 목청을 높이며 혈안이 되어 누구를 찾는 모습을 보고는, 평소 서로 적(賊)이 없어야 한다고 일러주며, 약한 국가에서의 백성은 좌우에 치우치지 말고 독립될때까지는 만세만 잘 부르면 살아 간다고 그 통장은 회고했다.

▶ 1983년 9월, 서일건설 부도 폐쇄
귀국을 기다리며 캐나다 공사감독과 함께

헛다리 짚은 꼴이 된, 며칠을 감독실에서 마작으로 시간을 죽이다 저녁이면 감독들하고 테니스로 허탈을 달랬다.

서일건설을 이용하여 필리핀에 안주하며 생존할 어떤 구상의 물거품 앞에서도 자유롭고 현실적인 필리핀이 왠지 더 좋아졌다.

탄광 기술자라고 차별할 것 같은 남광토건 중동에 이락 공사는 정말 미련이 없었다.

어떻든, 능력만을 인정해준다던 허망한 서일건설을 탓할 근거는 절대 없다.

그래도, 다행인 것은 가족을 동반하지 않아, 더 험한 일이라도 마다 하지 않기로 맘을 다스렸다.

남들이 싫어하고 위험한 바닥에서 10여 년 경험의 원천으로 다시
솟아날 구멍이 있는 느낌이 들었다.
또다시, 어떤 큰 사고를 당하고도, 멀쩡하게 살아난 기분이었다.
펨코회사 공사담당 권영진부사장이 마닐라에서 왔다.

부도가 나서 포기한 현재의 공사는 당초 서일건설의 재정 보증한 한
국의 조흥(朝興)은행이 다른 한국의 해외공사에 대한 국제신용도를 높
이기 위해, 직접 재정지원으로 펨코와 공사를 계속하기로 결정했다.
나의 신상 문제는 처음 펨코 건축과 출신 이철민사장이 면접 후에
서울에 나를 추천하여 서일건설이 임명하였다.
따라서, 펨코 측에서는 교량공사를 위해서는 귀국 대상에서 나를
제외한다는 결정을 조흥은흥과 합의가 되었다고 마닐라에서 온 권
부사장이 말하며, 합심하여 우선 이완(弛緩)된 분위기를 쇄신하자고
했다.

현장의 인사 문제는 공사를 진행하면서 금년 중(1983년 말) 단계적
으로 정비할 계획으로 중지했던 작업을 재개했다.
먼저 자격과 능력이 의심스러운 서일건설 핵심사람들 중기, 경리,
관리, 자재구매 담당간부들을 설득하여 귀국시켰다.
기술에서는 교량 부서 한국십장을 제외한 나머지 토목과장, 술 좋아
하는 측량팀장, 물량계산 공무팀장은 마닐라에서 호명 순서대로 순차
적으로 보냈다.

펨코의 경영 방식은 사무직, 기술자와 측량기사는 현지인이고, 경리 겸 관리차장과 현장은 분야별 10년 이상 필리핀에서 숙련된 한국인 (Supervisor)으로 편성하여 명령 체계가 단순하며 작업 결정이 신속하여 전체 한국인 구성인원이 군살(뺵)이 많았던 서일건설 때보다 8명이 줄었다.

정신적으로 힘든 일을 얼추 끝내고 공사에 전념할 1983년 말 초에 발신 주소가 없는 편지가 펨코회사 현장소장 앞으로 왔다. 뜻밖에 서신 내용은,

> 혁명 전사들은 당신들이 수행하는 공사를 불허(不許) 한다.
> 도로와 교량 건설은 정부군의 기동이 빨라져 혁명 완수에
> 저해가 되므로 우선 인민을 구(求)한 다음에 해도 늦지 않다…
>
> 두목(chief) 씨다(Sita)로부터,

일과 후, 서늘한 저녁이면 매일 테니스를 감독들과 했다.

작은 로렌테 읍에는 정식 야간 테니스 코트가 유일하여, 신고하고 등록한 동네 현지인 몇 명 가운데 로물로(Romulo)라는 가톨릭 신부가 자주 왔다.

옛날 전라도 나주에서 수년간 봉사를 한, 김치 예찬론자이다.

약속 시간을 정하고 생전 처음으로 성당 신부집에 김치 한 보시기를 들고 의문의 편지를 챙겨서 혼자 갔다.

마닐라 본사에서 말했는데, 시골에서 양심적인 문제가 발생하면 신부들은 말을 안 옮긴다고 해서 왔다고 했다.

신부는 자기 가슴에 손으로 세로 가로 왔다 갔다 하더니,
그래 해봐(Go ahead !) 한국 사람이 시공하는 이 도로공사는
대한민국 정부가 6.25때 필리핀 국민이 도와준 대가로 어떠한
위험을 감수하고 감사에 대한 보상으로 지원하는 사업으로,
나 책임자는 목숨을 걸고라도 하여야 할 의무를 부여받고 왔는데
지방 일부 사람들의 약간 오해를 이해시키고자 한다.

도로와 끊어진 교량 공사는 특정인을 위하지 않고 첫째 지방민
(People)의 생활 질을 높이고, 산골 광산물 이동, 특산물 운송을 원활
히 하여, 모두 소득 증진에 한국정부는 초점을 맞추었다.
　따라서 반목(反目)의 당사자끼리 그들의 문제를 풀고 제삼자 외국의
한국인은 완전한 중립으로 양쪽과 관계없이 공사를 위하여, 오직 모두
를 돕고 싶은 마음은 언제나 변함없다.
　돌아와서 비슷하게 내용을 서명 없이 직접 타이프를 쳐 그들과 줄
이 닿는 곳에 보냈다. 학생 때 여의도 비행장 미공군 사병한테 영어말
배울 때 오하이오에 사는 할머니랑 펜팔(Pen pal)과 탄광에서 배운 점
촌 사교춤, 마작, 테니스는 이곳 필리핀에서 이렇게 요긴하게 써먹을
줄은 상상도 못했다.

　야, 놀면 뭐하냐, 뭐라도 배워라 채근(採根)하던 어머니를 더러운 때
가 끼지 않은 필리핀구경 한번 시켜드려야 하겠다고 다짐했다.
　신부하고는 못 하는 이야기가 없게 친숙하게 되어 정치적인 이야
기는 물론 독재자 마르코스 험담, 부인 이멜다 숨겨진 스토리, 박정
희 칭찬, 한번은 너무 지나쳐 한국인 팔자소관(八字所關)을 신부는
읊었다.

세계 역사상 종교를 배반한 세 민족이 있는데 하나는 **유태인**,

둘째는 **한국인**이라고 지명을 하며, 민족종교 불교를 조선조 때 유교로 바꾼 것은, 한국이 처한 지금의 남북갈등은 민족에 업보(karma), 라고 말했다.

유교는 종교가 아니고 사상(Confucian ideas)이라고 반박했다.

신부는 계속해서 읊어댔다.

사상은 정신인데 따르고, 쫓아다니는 무리가 많으면 자연히 종교가 된다.

6.25 직후 한강 백사장에서 이북에서 월남한 박 아무개 장로가 하얀색 천막을 치고 무슨 부흥회를 매일 하다가 땅바닥을 치고 울고불고 하며 박장로를 따르는 많은 사람을 수용할 집을 세워서 나중에는 계속할 심사로 커다란 십자가를 붙여 교회가 되어버린 신앙촌의 태동이 생각 났다.

오랜 핍박 속에 유랑하던 유대민족은 노력하여 오늘에 유태인 됐듯이, 한국인도 지금의 민족 갈등이 서로 영악해져 곧 동양의 유태인으로서 언젠가는 운명을 넘어 뭉쳐 한민족으로 되는 과정에 있다.

공산 사상은 혁명을 위해 무력을 키우겠지만, 백성을 위한 민주사상은 경제를 발전시켜 나갈 것이다.

무력은 점점 강하고 단단해져 언젠가는 제물에 부러져 파멸되어, 고통 받은 백성들 치료가 필요할 때, 풍족한 남쪽의 경제가 포용하여 통일 되는 것은 단지 시간의 문제이다.

그러나 제일 중요하고 간과해서 안 되는 것은 민주주의국가가 경제 건설에서 **얼마나 정당하게 또는 부정하게 돈을 버는 방법과 시기에** 따라 공산주의 무력 몰락도 시기적으로 좌우되므로, 백성의 현명한 판단과 노력은 누구도 장담 못 한다.

그것은 오직 **God**만이 안다고 신부는 예언했다.

객지에서 한반도 형편을 누구보다 또는 곤경에 처한 우리보다 잘 아는 볼품없는 시골 신부가 욕심없이 직접 정치를 했으면 하는 생각이 들었다.

아무 방해 없이 1983년을 넘겨, 공사는 본격적으로 많은 장비를 가동하여 공정상 여러 구역으로 구분하여 시공 중에 이동이 어려운 중장비를 다음 날 공사를 빨리 할 수 있게 하기 위하여 현장 노상에 야간에는 방치하여 동네 현지인 경비(Watch man)를 세워 연일 계속 공사를 했다.

매일 아침 기름 주유차가 순회하며 기름을 보충하는 데 큰 문제가 발생했다.

도로변에 세워 놓은 전체 장비에서 기름이 하루밤 사이 600리터, 평균 3드럼이 매일 없어지기 시작했다.

현지인 경비 반장은 여우처럼 말을 아껴서, 직접 현장에 나가 확인하니 모른다(힌디 쿠알람, I don't know)는 대답뿐이다. 환장(換心腸)할 노릇이다.

현지인들은 자기와 관계가 없는 일은 알고도 모른다고 답하는 근성이 있으며 고자질은 절대 없다.

민족 의식도 아니고, 남의 일 간섭은 소지한 총으로 해결하는 풍습이 있다.

옛날 휴전 직후, 미군 부대에 대학 다니다 돈이 없어 중퇴하고 취직했던 동네 형 친구가 불현듯 생각났다.

영등포 양평동 근처 미군 부대에 취직 첫날, 외기(外企)노조 간부의 중요한 지시가 있었다.

걸어다닐 때나 일을 할 때는 고개 숙이고 하다가, 혹시라도 미군이 뭐를 물으면, 직접 보았고 알더라도 무조건 모른다(아이돈 노) 해라.

맡은 일이 미군 사병숙소 청소(Janitor) 담당인데, 어느 날 청소를 끝내고 큰 쓰레기통을 들고 나가 쓰레기 집하장에 비우는데 약간 마시다 버린 버번(Burvon) 양주가 아까워서 다른 곳에 두었다가, 어느 휴일 근무를 끝내고 보관했던 양주를 누런 양키봉투에 담아 옆구리에 끼고 철조망 따라 100미터가 넘는 정문 쪽으로 걸어 나가는데 느낌이 누가 보는 것 같아 고개를 들고 정문 쪽을 바라보니 정문 미군MP가 근무 중 힐끗힐끗 쳐다봐서 아차 싶어 이쪽을 안 볼 때 얼른 봉투를 우측 철조망 풀밭으로 슬쩍 버렸다.

정문 통과 검문을 받는데 쳐다보았던 그 미군이 들고 오던 것이 어디 있냐고 물었다. 노조간부가 떠올라 얼른 모른다고 답했다.

그랬더니 미군MP는 길길이 날뛰며 보았는데 거짓말을 한다고 옆에 차고 있던 몽둥이을 들었다 놓았다 하며 위협을 해도, 지시 받은 대로 계속 모른다 했다.

미군 MP 두 명 중 소리치던 한 명이 증거를 찾는다고 철조망 근처에 가자마자, 남아 있던 동료 한 명이 상사가 나온다고 빨리 원위치로 오라는 손짓을 했다.

철조망 근처에도 다 못 가고 MP는 뒤돌아왔다.

그 참에, 다른 헌병이 전화 해서 호출한 한국노조 간부가 왔다.

미군 MP하고 말하더니 대뜸, 너 뭐라고 대답했어?

모른다고 했어요,

너 정말 잘했다 잘했어. 얘들은 현행범 주의야.

옛날 이조(李朝) 말엽에 힘이 센 뙤놈이나, 왜놈이 무엇을 물으면, 잘 알고 있더라도 무조건 모른다는 대답이 정답이라고 지방 나리들은 백성을 가르쳤다.

또한 어떤 비관적인 선각자는 강한 놈 아래 백성은 아무것도 모른 척하며 만세를 잘 부르고, 알아서 각개전투로 연명하라고 계몽했다.

기름 배가 큰 섬에서 공급 배달이 연착하든가 심지어 비축 연료까지 바닥나고 기름 도둑까지 맞아 중장비가 하는 토공(土工)은 중지하기가 빈번했다.

영내에서도 야간에 특수 공구가 도난을 당하는 일도 빈번해져, 영내에 주둔하는 현지 육군 상사를 불러 사건 사고를 추궁했다.

자기들 임무(Job)는 외국인 감독과 한국인 경호이며 경비(Watch)가 아니라고 웃으며 답했다.

정부 측에 보고는 하였지만 늘 묵묵부답이었다.

옛날 6.25 직후 영등포 신길동 근처 이태리군 부대에 야간이면 동네 불량 형들이 철조망 넘어가 양털 담요와 옷가지를 들고 나오면 마을 야경꾼은 오줌 싸러 간다고 범행현장을 피하는 모습과 똑같다.

그때, 영등포에서는 외국군대 물건은 처음 본 사람이 임자(주인)라는 말이 있어 좀도둑이 극심했다. 그것이 생존방법이다.

아직, 이곳 상황은 그 시절을 못 미쳐도, 초장에 문제를 일소하고 싶어 고심 끝에, 얼마 전 밀림 속 친구들 협박 편지 받고부터 지금까지 정기적으로 비밀히 산속 반도(叛徒)들에 뇌물을 전달하는 관리차장를 불러 나의 메시지를 전하라고 했다.

▶ 1984년, 로렌테 교량 시공

관리 양승두차장은 필리핀 경력은 나보다 나잇살은 아래지만 선배다.

충청도 명문 강경(江景)상고를 나와 경리업무는 물론 회사재무관리에 해박하여 해외 대동건설, 태화건설을 거쳐 해외공사 마무리(오사마리)작업은 현지 관리들이 인정하는 회사 재목이다.

친구에게 (산속에 반도 NPA)

우리 한국사람은 대한민국과 필리핀을 위하여 필리핀 사람
전부를 친구로 대하며 공사를 수행하여 왔으나, 근간에 일부
주민의 비협조로 시공에 큰 문제가 봉착하여, 그동안 하고
있던 공사를 중지하기 전에 당신들에게 마지막 협조를
부탁하오니 긍정적인(Favorable) 답을 주시기 바랍니다

소장 (Project engineer. Lee,)

梁 차장은 산속 동네 프락치 洞長(Barrio captain)과 함께 나의 메모(Note)와 특별 내 寸志(Consideration)를 두목에게 직접 전하고 왔다.

그리고 일주일 후 현지 종업원들이 웅성거렸다.

사무실에서 10킬로 떨어진 시공하는 도로변 야자수 중간에 팔뚝이 잘린 사람 손이, 하얀 포대자루에 시뻘건 피로 쓴 글씨 "인민을 위하여"(Para sa mga tao) 태양 아래 대롱대롱 매달려 있었다.

찌프니(Jeepney) 바닥을 기름통으로 개조하여 조직적으로 기름 도둑질하던 현지인 팔뚝은 강렬한 태양 아래 까맣게 변색되어 말라버려,

어느 날 밤에 큰 도마뱀(Lizard)의 밥이 되었다.

옛날 우리네 좀도둑은 손모가지를 부러뜨리고 큰도둑은 다리몽둥이를 꺾어 버린다고 했다.

인간 본심은 어디나 똑같다.

1960년대 중반 의정부 덕정리에서 양키부대 가루우유통(Powder) 비닐 포대에 군부대 벌건 색 휘발유를 빼내 짐으로 위장해 시외버스로 운반 도중, 승객 담뱃불 인화로 폭발해 하늘로 먼저 가버린 전곡 25사단에서 외박 나오던 양평동친구가 떠올랐다.

아무 일이 없다는 듯이 공사는 공정(工程)를 차질 없이 쫓아가고 있었다.

1공구 한국 H건설회사 토공 현장에 山에 반도들이 내려와 갑자기 중장비 하부 쪽을 향하여 총으로 위협 난사하고, 토공 한국 기능공 십장 한 명을 납치해 갔다.

사건 발단은 혁명세 고지를 받고 정하여준 기한 내 납부를 안 해서 일어난 사고였다.

어느 나라든지 부정한 돈 전달에는 수령 영수증이 없다 보니,

어떤 보수적인 회사의 목적이 분명치 않는 돈 지출 결재 날인(捺印)이 층층이 많아 이리저리 전달 확인하는 시간 지연으로 한 달 후에 현찰 납부 즉시, 인질 되었던 한국 십장은 풀려났다.

▶ 1984년, 직원 결혼 God father(대부)

한동안 평온하여 긴장이 너무 풀렸나 싶던,

1984년 11월 30일 밤 10시경, 직원들과 마작판을 두들기고 있는데,
예고 없던 태풍 운당(Undang)이 야밤에 슬슬 불기 시작해 문단속을
하고 침대에 들어간 11시부터는 삽시간에 나란히 있는 사무실 지붕
부서지는 소리와 숙소 지붕이 들썩거리다 날아가 장대 같은 비바람에

침대 밑으로 들어가 매트리스를 덮고, 지붕 없는 숙소 하늘을 보니 지붕 양철이 날아다니는 소리가 칼날 내려치는 소리와 같다.

완전 아수라장이 되어 새벽 1시부터 바람이 죽더니 새벽 2시에 밖으로 나와 바람막이 사무실은 벽체만 남고 숙소는 지붕이 반쯤 날아갔다.

영내에 일렬로 세워놓은 27대의 10톤 덤프트럭 중에 15대가 10여 미터 태풍에 날려 자동으로 굴러 앞에 서 있는 중장비를 받았다.

영내 둘레에 꽉 들어찬 30미터 넘는 야자수 줄기(Trunk)가 태풍에 절반 휘었다가 거의 부러져 나무 꼬챙이를 들판에 꽂아놓은 것 같다.

시속 156km의 운당 태풍은 기록적으로 사마섬에 많은 피해를 입혔다.

필리핀 동쪽 사마섬과 남태평양 마리아나 군도 사이가 세계에서 수심이 제일 깊은 10,500미터가 넘는 필리핀 해구 심해의 기류변화로 매년 20에서 25태풍이 발생하여 기압골이 낮은 서북쪽으로 이동 지나가는 길목이 필리핀으로 태풍 진원지에서 반경 30킬로 안팎이어서 좁고 풍속이 센 중심에서부터 시그널(signal) 1, 2, 3, 특급 4등급으로 태풍 이름이 붙여진다.

이번 운당은 특급 태풍으로 큰 파도(Tidal wave) 쓰나미(Tsunami)가 발생하여 가장 긴 교량(Suribao BR)을 시공하던 예인선은 강변 20미터 육지로 떠밀려 갔다.

▶ 1985년, 수리바오 교량공사

▶ 1985년, Suribao BR.

바지선에 있던 45톤 트랙 크레인은 미끄러져 수심 7미터 강바닥으로 빠졌다.

현지인 인명 피해는 있었지만, 다행히 공사 인원은 전원 무사했다.

재난 지역으로 선포된 공사 구간의 파괴 복구에 일부 중장비를 지원하여, 파손된 사무실, 숙소 재건과 도로상에 쓰러진 야자수를 제거하는 데 두 달 이상이 걸렸다.

또한, 교량 공사 장비를 회수하여 완전 정비 가동하는 데는 4개월이 넘었다.

특히 강바닥에 떨어진 크레인 회수가 예상외로 오래 지연된 것은 특수 장비와 공구를 마닐라에서 지원받아, 첫째로 물속에 있는 크레인 좌우에 500톤과 300톤 바지선을 고정하고 강물을 주입하여, 가라앉혀 잠수부들이 물속 크레인을 양쪽 바지선에 묶고 배수(排水)를 하면서 서서히 부양하는 바지선을 예인선으로 끌어 강변 경사를 완만하게 만든 둔덕 위로 불도저(D8, D7) 두 대가 와이어를 걸어 끌어 올렸다.

모래 뻘과 바닷물에 잠겼던 크레인을 완전 해체, 분해, 조립하는 시간이 길었다.

따라서 6개월 시간 보상을 받고 공사는 순조로이 진행되었다.

지난 경험으로 어느 집단이 모인 국내외 현장뿐 아니라, 탄광에서 작은 시비가 큰시비, 불평이 일어나는 곳은 모두 같다.

입으로 들어가는 문제는 단순한데 책임자의 무관심 또는 등한시하기 때문에 일어나 결국에는 식탁 분위기가 삭막해져, 작업 능률이 떨어지면서 노동 고락이 커진다.

따라서, 내 방침은 예산을 초과해도 늘 5개월짜리 암소를 두 달에 세 마리를 잡아 소고기와 더운 아열대기후 평지에서 재배가 쉽지 않는 배추 1kg 값이 전복(Abalone) 1kg(20 페소)과 같은, 김치가 아닌 금치를 기본 필수로 늘 제공했다.

잠자리 베개 송사(頌辭)가 부부 정을 쌓듯이, 노가다 무산(無産)대중의 밥상머리 대화는 생각보다 중요해 좌시해서는 절대 안 된다.

늘상 식탁을 푸짐하게 장만하여 작업 사기를 진작시켜 양질(良質)의 공사를 했다.

그리고, 많은 자재(교량 가설자재, 중장비 부속 등) 납품 현지 업자들의 비공식 경비(Under table) 지원은 관리 양차장이 일괄 모았다가, 매년 부활절과 연말 연휴 성탄절 때, 직급에 관계없이 똑같이 투명하게 용돈으로 분배했다.

현지인 직원 숙소의 운영은 별도 예산을 편성하여 자치적으로 위임하고 부정기적으로 그들의 밥상을 확인하면서 현지인 음식을 익혔다.

▸ 1986년, 완공 수리바오 교량

1521년 마젤란이 필리핀을 발견하고, 처음 육지를 상륙했던 최동쪽에 있는 호문혼(Homonhon)섬과 귀안(Guiuan)읍 인근은 수심이 깊고 파도가 높아, 탐험 뱃머리를 내륙으로 돌렸다.

그렇지만 해산물 참치(Tuna), 해삼(Sea cucumber), 전복, 심해 상어 (Shark)가 엄청 많이 잡혀도, 해삼, 전복은 안 먹는 풍습이고, 상어는 내장 기름을 짜고 버린다.

가끔 보이는 일본 사람은 해삼, 전복과 버린 상어의 지느러미(Shark's fin)를 잘라내어 건조시켜 가져가는 것을 보았다.

내륙 산에서 많은 제비집(Bird's nest)를 채취하고, 매듭이 없는 등나무(Rattan)가 울창하다.

공휴 때는 직원들과 세워 놓은 예인선을 타고 인근 무인도로 탐험 놀이도 하고, 한번은 다섯 가구 사는 섬에 갔다.

밑에만 가린 여자들이 바구니에 천연 흑진주를 담아 들고 나왔다.

또, 희귀하고 선진 유럽인과 일본인 찾는다는 가장 비싼 금색 조개 (Golden cowry)을 보여 주며 자랑했다.

▶ Golden Cowry 조개

사무실에서 내륙으로 15km 떨어진 산에는 독일 바이엘(Bayer)회사 크롬 알라막(Alamac)광산이 있다.

가끔 마닐라에서 헬리콥터를 타고 오는 현지인 광산기술자 사장 모이꼬(Moyco) 씨가 광산 진입도로 보수 공사를 의뢰하며, 공사비를 흥정하면서, 내가 광산기술자라는 사실을 모르고, 연 15,000톤 생산되는 크롬 광석의 생산공정과 특별한 용도를 위하여 독일로 가져가 제약 아스피린과 같은 제약원료로 쓰는 현황까지 설명했다.

처음으로 표토 붉은 흙(Laterite) 속에 크롬이 미분(微粉) 입상으로 배태되는 구조를 알았다.

현장 광산에는 늙은 독일인 부부가 책임자로 현지인들과 어울려 상주하고 있는데 가끔 회식 때는 서로 초청하며 어울렸다.

독일 사내는 광산쟁이로 20여 년을 세계 오지 광산 개발에 참여했고, 젊은 부인은 지질쟁이로 이곳이 처음으로 서로 금실(琴瑟)이 좋았다.

산속에 반도인 신인민 해방군(NPA)의 점령 관활 지역에 광산이 있기 때문에, 공개적으로 내통하며 서로 왕래하고 이웃처럼 지낸다고 귀띔하였다.

제3국인은 어딜 가나 입조심하고 중립을 철저히 지키라는 조언은 강자 앞에서는 만세만 잘 부르라는 누구의 신조와 상통했다.

옛날 지리산 피아골에 낮이면 태극기가 휘날리고, 밤이면 인공기가 계양했던 치안이 엉망이던 우리도 그럴 때가 있었던 기억이, 이곳에도 독일인이 2년이 넘게 살고 있는데, 현지 정부 관리나 경찰과 읍내에 주둔하는 군대까지도 그곳까지는 아직 출동이 없다고 말했다.

그런 연유로 거의 2년 넘게 단골로 광산 진입도로 15km 유지 보수를 우리 본공사 짬짬이 성의 있게 하는 동안 광산 선배 격인 독일인 부부와 개별 어울리며 필리핀 광산 현황과 지질구조에 대한 이야기뿐 아니라 그가 경험한 청년기 지층인 아프리카는 토목사업은 아직 이르고, 광산업에 적지(適地)라고 알려 주었다.

공사 시공 초기에는 인생 낭패(狼狽)를 보는 듯하다가 직원들을 잘 만나고 옳바른 펨코 경영에 힘을 실어 공사는 잘되어 공정이 90%쯤, 1986년 2월6일 말이 많고 국민들이 고대하던 독재자 마르코스 일가는 하와이로 망명했다.

시민 혁명(People's power)은 너무 많은 변화를 추구했다.
정치 부패의 온상이 되는 외국 차관 건설 공사는 금년으로 전면 중지한다고 발표했다.
국가 도덕 재무장 사업으로 아시아의 대표적인 환락가 마닐라 마비니(Mabini)를 폐쇄한다고 뉴스에 나왔다. 옛날 서울 창녀촌 양동, 종삼의 미인들을 연일 맹꽁이 닭장 차에 실어 어디론가 가는 모습이 이곳에서 재연되기 시작하였다.

이 사마섬에서 제일 길고 완만한 아취형 콘크리트 수리바오(Suribao) 교량의 준공식을 마지막으로 다른 교량도 전부 개통되고 아스팔트 포장도 거의 끝마칠 무렵, 사마섬 관할 현지 도로성 국장이 만나자는 연락이 왔다.
관내 내륙 산악 진입 도로 3km 확장 공사를 부탁했다.
시공 조건은 선수금과 시공 기성에 따라 하기로 잠정 합의하고, 현장 조사를 도로성 토목 기사와 함께 했다.

고갯마루의 암 측벽을 절취하며 턱을 낮추어 양방향 진입을 완만하게 하는 공사는 거의 발파와 불도저 작업이었다.

3년 전 한국 사람을 처음 보는 섬 사람들과 공무원들은 우리의 공사 장비를 보고는 놀라는 기색을 잊을 수가 없었다. 사실 10톤 덤프트럭은 이 섬에 없었다.

중장비는 물론 교량 장비가 뜨면 할 일 없는 사람들이 엄청 모였다.

그래서 지방 정부는 이 참에 숙원 사업인 산 언덕으로 고립된 산골마을의 진입 도로 확장을 모든 장비가 충분한 외국회사에 비공식으로 의뢰했다.

▶ 1985년 12월, 펨코 권영진 부사장 현지 회갑연

마닐라 펨코 권 부사장에 일차 무전으로 보고하고, 정기적으로 가는 업무 협의가 아닌 개인 경비로 마닐라 마카티 인타콘(Intercon.)호텔 로비에서 부사장을 만나 추가 비공식 공사 현황을 보고하였다.

펨코건설 권영진부사장은 충청남도 대전출신으로 펨코 이철민사장 밑에서 옛날 H건설에서 붙어 다닌 1926년생으로 왜정 때 고향에서 고등학교를 나와 토목공학은 못 배웠어도 많은 실무로 시공과 공무(工務)에 해박하며 미군부대 영선(營繕) 전문가로서 현재는 공사 담당 부사장 나의 직상사다.

한번은 사마현장에 Escalation 업무 지원하러 왔다가 발주처 감독들과 실랑이 끝에 열받아 노출혈로 쓰러져, 즉시 마닐라에 긴급 연락하여 현장 인근 Cebu에서 온 헬리콥터가 도회지 큰 병원으로 후송하여 생존했다.

그런데, 노가다치고는 술도 많이 절주하는 신사인데, 한번은 사무실에서 단 둘이 좋았던 그의 과거를 회상하며 풍파가 많은 가정사를 말했다.

한국사람 본처(本妻)하고는 서로 이해를 못해 두 번 찢어지고, 세 번째는 현지인과 살림을 차렸는데 여기서도 두 번, 세 번 째로 서로 이해는 하는데 복잡한 거짓이 많아 결론적으로 한국사람은 속아도 같은 동포가 좋다며, 그래서 첫 번째 부인을 못 지킨 것이 솔직히 후회스럽다고 말했다.

작년에 본인 회갑(回甲) 때는 해외 돈으로 훌륭히 키운 한국서 올 것으로 기대했던 장성한 피붙이들의 불효를 그 아비가 두둔하는 모습을 보았다.

토목과 광산을 오가며 느낀 점은, 토목은 땅거죽에서, 광산은 땅속에서 각기 제 식솔을 똑같이 부양하는 땅에서는 상하(上下)관계로 3D(Difficult, Dirty, Dangerous) 직종에 속하고 업무도 비슷한 점이 많다.

현저히 다르다면, 훨씬 위험한 광산보다 가족하고 지내는 시간이 짧고, 이동이 잦아 멀리 떨어져 있어 상호(부부) 정신적으로 해이되어 주변 유혹의 인내에 한계가 상당히 크다.

따라서 옛말에, 우물(凹)을 울(牆) 담장 밖에 파놓으면 혼자만 먹기가 힘들어 우물 사고가 더러 있다. 말의 뜻은 소중히 아끼는 그릇(접시)을 밖으로 내돌리면 깨지기가 쉽다.

또한 돈은 가족 근처에서 벌어야 마디고, 일어서서 돈을 벌면 간수가 힘들어져 밖으로 새어 나갈 확률이 큰 반면 앉아서 돈을 벌면 주머니가 작더라도 방석 밑에 깔고 앉으면 안전하다. 또한 근무 이동이 잦다 보니 직원들 정서적인 면이 많이 부족하다. 안정된 취미생활은 물론 가족과 당일 여행도 힘들다,

짬이 나면 화투놀이가 유일한 유희며 말장난질로 서로 스트레스를 푼다.

6년 전 철도 충북선 복선 공사에서 터널 진입 구간 높이 30미터 암(岩)절벽을 없애버린 경험은, 지금 국제적인 면세(免稅)장비를 가지고, 단시간에 할 수 있는 현지 지방도로성은 실비로 외국 회사의 협조를 얻고 시공업자는 사업계획에 없는 비공식 사업은 양쪽에 절호의 기회였다.

우선 선수금 50%를 현찰로 받고, 관리가 까다로운 화약 폭약은 관급(官給)으로 공급받아 일주일 만에 착공하였다.

양방향으로 두 대의 250cfm 공기 컴프에 각 착암기 둘씩 붙여 천공하

여 심야에 발파를 립바(Ribber)가 달린 D8 불도저가 파암(破岩)을 제거하는 작업을 계속하면서 폐석 처리를 상차 로더와 덤프로 병행하여 전체 공정 65%에 선(先) 기성금 80%를 수령하고는 D6 불도저를 추가로 투입 소형차가 양방향으로 통행할 수 있는 폭 5미터 도로를 완공하고, 일 개월 후 잔금 20%를 받으면서 그중 10%를 현지 도로성에 기부하였다.

1986년 9월 15일 준공 포상 휴가 12일을 가족과 대만, 마카오, 홍콩을 다녀와 지원해준 펨코 회사와 재정적으로 필리핀 공사를 밀어준 마닐라 파견 조흥은행에 인사를 하고, 10월5일 귀국했다.

막 지나가 버린 토목회사 7년, 광산회사 10년, 양쪽 연결이 잘되어 하루도 놀지 않은 월급쟁이 17년에 지시받은 일은 참 잘했다고 스스로 자부한다.

지금부터는 전부 미련이 없어졌다.

앞으로 닥칠 운명은 그들이 가르쳐 주고, 몸소 배운 모든 것을 동원하여 홀로 일어서는 길밖에 없다고 판단했기 때문이다.

객지 타향 생활 6년에 조국 한국도 장족(長足)의 발전을 거듭하여 많은 좋은 기회가 생겼지만, 아직도 고국의 일반 백성들은 마음대로 해외로 출국할 수 없는 규제 때문에, 국가가 발행한 취업여권을 서울 조흥은행에 반납하지 않았다.

해외 취업자는 여권을 반납 포기하므로 해서 모든 권리 사항이 집행된다.

퇴직금을 포기하고 취업여권을 들고 먼 하늘로 다시 날았다.

제2장

해외자원개발

01

탐험

1986년 10월 30일, 비행기 표가 저렴한 UAL(United air line)를 타고 혼자 마닐라에 갔다.

어디에 취직을 하기 위해 다시 온 것은 아니다. 자기 마음먹은 대로 못하고, 고생살이가 덜한 직장생활을 그만두고 싶을 때가 많았다.

해외에서 직장생활은 진정한 타국 생활이 아니다. 근무지 이동으로 봉급을 타먹는 타의에 의한 생활은 국내와 다를 바 없다.

나는 지금부터 해외생활을 탐험으로 규정했다. 위험을 무릅쓰고 미지(未知)의 세계를 개척하여 내 삶을 보다 보람 있게 내 올바른 생각과 행동을 자주적으로 영위할 목적이다.

고생을 이겨내는 힘도 **남자의 능력**이다.

그래서 남들이 기피하고 위험하고, 어렵다고 생각하는 굴속 막장에서 어느 정도 필요한 직원으로 인정받았던 때를 나만의 긍지를 갖고 살았다.

그동안 연마한 각종 능력을 맘껏 필리핀 한곳에서 펼치고 싶을 뿐이다.

▶ 1986년, 마카티

　나름대로 구상한 계획을 실천하려는 마음은, 몸담았던 서일건설이 갑자기 도산(倒産)하여, 제일 먼저 귀국 대상이었던 광산기술자를 잡아 준 펨코회사에 감사하고 그들의 올바른 결정에 뭔가를 보여주고, 나아가서는 두루 보답하려면, 열정의 능력으로 토목공사가 끝이라도 계속해서 필리핀 바닥에서 홀로 서고 싶은 자세로, 공사 현장에 있는 동안 여러 방면에 관심을 가졌었다.

　사마섬 안에서 첫 번째로 믿을만한 현지인들의 제의를 받은 사업은, 산속 반도(叛徒)와 관계가 원만했던 그들의 관활지역에서 비호 아래 등(Rattan)나무와 관상나무 행운목(Fortune tree)을 벌채하여 한국으로 수출사업이다. 또 일본사람이 정기적으로 와서 흔한 해산물을 건조시켜 가져가는 과정을 지켜보았다. 야자 열매 껍대기로 숯을 만든 활성탄(Activate charcoal) 제조 수출과 강 하천 사금(Placer)광 사업 등이었다.

산업 기반이 없던 1970년대 초 한국에서 생산되는 잡광물(雜鑛物) 전량을 일본으로 수출하던 때와 같이, 필리핀도 사방 원자재가 지천(至賤)인데 대부분 선진국의 자본과 관리로 헐값(Cheap)에 반출 사업이 활발했다.

공사기간 다섯 번의 정기휴가 때마다 국내 상황을 점검하였지만, 모두 많은 양(量)을 선진국의 유통망을 통하여 공급받고 있었다.

사업은 남이 좋다고 하는 것이 아니라, 우선 본인이 잘 아는 사업을 해도 망(亡)하기 일쑤인데, 어깨너머 대충 보고는 뭘 할까 의심이 들었다.

그렇지만, 광물에는 일단 거부감이 없다, 필리핀에서 흔한 구리, 금, 망간, 니켈은 일찍부터 많은 양을 사용하는 누구나 잘 알고, 생산 규모가 커서 대기업의 사업이다.

그러나, 많은 시장이 있는 진주암(眞珠岩)이나 벤토나이트(Bentonite)는 국내에서 구매 의향이 많다.

특히 진주암은 채굴에서부터 가공하여 수출하는 전 공정을 자주 보았고, 광황을 확보하면 장기적인 시장이 보장된 다양한 고급 건축 자재의 일종이다.

비금속 광물인 진주암(Perlite)은 비교적 지질시대의 화산암에서 지상 밖으로 분출하여 급격히 냉각한 유기질의 규산분(SiO_2)이 많은 화산암이다.

천연으로 산출되는 유리와 비슷한 보통 1,000°C 내외로 가열하면 옥수수 뻥튀기처럼 급격하게 팽창하여 한 번에 수십 배 부풀어 오르는 특징이 내열, 방음 등, 소성 가공에 따라 선진국에서 주목을 받는 조건이 장래에 개발국에서도 사용이 증가할 전망이다.

베토나이트(Bentonite) 역시 화산지대에 화산재나 화산 분출 때 생긴 암석이 풍화 변질하여 흙처럼 점토광물이 된 것을 주성분(SiO_2)으로 달걀 흰자같이 하얀 크림색을 하고 있는 흡수력이 좋고, 연약하고 끈끈하여 벽에 발라 붙이는 성질이 특징으로 만능점토라고 부른다. 용도가 다양하여 지하 시추구멍을 유지하는데, 주물사, 연탄 점결제, 내화 등 다양하고 생산 즉시 현금화가 빨라 단기적 사업 품목으로 정했다.

또한, 크롬광(Chromite)은 한국에는 부존과 생산이 전혀 없어 생소한데 정기적으로 원광석을 실은 선박이 한국으로 떠나는 것을 보았고, 어떻게 채광하는 것도 보았다.

광물에서 정광(精鑛)보다 공정을 거치지 않은 원광석(原鑛石)의 채광은, 원가(原價)가 저렴하고 취급이 간단하여, 소자본으로 사업에 접근하기가 쉽다.

이상과 같이 시간적으로 중, 장기적으로 접근할 수 있도록 세 종류의 광물을 집중 분석하여 국내에 공급하는 계획을 세웠었다.

국내 선박회사, 종합상사, 광물 취급하는 외국계 회사에 다니는 친구를 통하여 수소문 끝에 필리핀에서 생산되는 크롬광을 장기적으로 사용하는 포항에 있는 실수요자(Enduser) 큰 회사를 알아냈다.

1년 전 1985년 마지막 정기 휴가 때, 단기적이며 소량인 비금속광물 진주암이나 벤토나이트는 실수요자가 전국적으로 퍼져 있어, 각기 접근이 어려워 중간 공급책인 종합상사나 수입 도매업자를 접촉했다.

또 몇 년 전, 1982년도 한국 선장이 준 크롬광석을 들고 포항에 가서 여기저기 접촉하여 인하공대 요업공학과 동문인 그 회사의 생산직 기사를 초면에 만났었다.

필리핀 한국교민으로, 크롬광을 개발할 계획을 두서없이 말했다.

현재(1985년)는 일반 한국인이 해외 광물개발에 어두워, 특히 크롬광은 잘 몰라, 일본애들이 독점으로 오랫동안 공급을 하고 있다고 대충 설명을 하였다.

본래 붙임성이 좋아, 부르는 데는 없어도, 늘 갈 데가 많았다.

나보다 웃 질(質)은 나를 볼 필요가 없다. 찾아가야 보고 만날 수 있다.

태생이 눈이 작아 뵈는 것이 남보다 적어 무서움이 없고, 낯 가림이 없다.

말로 먼저 분위기를 잡고, 좋은 이야기는 귀담아 듣는 버릇이 있다.

침묵은 금이라고 하는 명언은 나에게는 정반대다.

소통이 서로를 알고, 적(敵)도 이길 수 있다.

그 후, 1년이 훨씬 지난(1986), 필리핀에서 닥치는 대로 장사거리를 찾아 고국을 떠나오기 직전 귀동냥 삼아 포항에 다시 내려갔다.

구면(舊面)이 될 줄 알았던 생산기사는 일본에 연수(研修) 중이었다.

퇴근 저녁 때 금속공학과 출신 정래근이를 만났다.

옛적 인천 통학 제물포역 독쟁이고개 이야기를 하다가, 본론으로 크롬광에 대한 정보를 뜻밖에 정확히 알고 있었다.

현재는 일본 종합상사인 닛쏘이와이(日商岩井)가 10여 년 전부터 독점으로 전량 공급하여 왔으나, 여러 문제점이 노출되어 정확하지는 않지만,

금년부터는 일정한 양을 조건만 갖추면 누구나 공급할 수 있는 길이 열려, 얼마 전 서울에 있는 포항과 거래로 연결되어 있는 회사의 고욱희 회장이 크롬광 공급을 시도한다는 소문을 들어서 알고 있지만, 아직은 이렇다 할 액션이 없다.

동문이 식당 전화로 여기저기 하더니 고회장 회사 전화번호를 알려주었다.

서울에 올라와 다음 날 전화로 약속하고, 여의도 석탄공사 건물 뒷골목 3층짜리 상가 건물 3층 직원 3명이 있는 사무실 좌우 양편에 사장실과 회장실이 갈라져 있는 작은 사무실에서 고욱희 회장을 만났다.

이래저래 포항에서 해외자원 개발에 관심이 많으신 회장님을 소개받아, 뵈어서 반갑다고 인사를 했다.

필리핀에서 건설회사 직원으로 있다가 현지에 주저앉아 국내와 연결되는 원자재를 찾는 회사의 심부름이나 하다가 기회가 되면 독립해 직접 생산에 참여할까 하던 차에 포항 친구가 연락처를 주어 뵙게 되었으니, 숙제를 주시면 성심성의껏 돕겠습니다.

회장은 해외 많은 광물 중에서 한반도에는 없는 특이한 광물 크롬광을 찾고 있다고 자신감 있게 말했다.

금속광물 크롬광은 제가 있던 필리핀 잠바레스가 생산지라서 많이

들어본 광물이라고 말했다.

놀라는 듯이, 한국에서는 크롬을 취급할 수 있는 사람은 본인 고회장 밖에 없다고 무슨 큰 백이 있는 듯 느낌을 주며, 힘주어 말했다.

동남아 다른 국가에도 조사를 의뢰했지만 필리핀은 처음인데, 당신한번 해 볼라우 하며, 명함을 주면서 먼저 샘플을 보내시오. 고맙습니다.

해외 취업 사기에 걸려 필리핀에서 백수가 된 유종현이를 불렀다.

유십장은 옛날 충북선 터널 콘크리트 펌프 운전 기능공이었는데, 마닐라 상수도 터널공사 콘크리트 펌프 십장으로 승진하여, 사석에서는 나를 형님이라 불렀다.

십장으로 남광 필리핀에서 착실히 돈을 모아서, 귀국하여 아동복 매장을 크게 하다가, 필리핀 향수에 깜박하여, 현지 구리(銅)광산회사에 간부 자리에 속아 1985년에 마닐라에 다시 왔다가, 소개비와 경비, 돈만 날리고 1년 동안 고생 끝에, 돌아갈 여비도 없이 나를 찾아와 사마섬 공사판에 십장을 부탁해서, 시공 말년(末年)에 감원하는 형편을 알려 주고는 장래 사업 계획에서 서로 필요해, 여권 채류 연장을 시켜서 하숙비를 대주며, 나의 사업 시점까지 기다리게 했다.

먼저 남광토건 시절 중기과정이던 박재일이가 파사이(Pasay)에서 영업하는 카센터에서 중고 승용차를 구입하여, 유 십장이 차를 몰아 같이, 필리핀 루손섬 광물 집산지인 잠바레스지방(道) 마신록읍(邑)에 3년 만에 다시 갔다.

읍내에 사는 현지인 별명이 수박을 예고 없이 방문했다.

영원한 토목쟁이로 나를 생각하고 있는 현지 친구는 반기며, 첫마디가 어디에 토목공사가 새로 터졌는가 물었다.

수박은 본래 이름이 딕 파수꽈(Dick pasqua)인데, 현지인 드물게 몸집이 6척 거구에 가끔 허리춤에 45구경 권총를 차는 지방 준(準)건달이다, 배가 불룩히 나와 한국 직원들이 배통이 큰수박처럼 생겼다고 부르기 쉽게 그냥 수박이라 불렀다.

그러나, 지방 민원 처리를 잘하고, 한국 직원들과 우애가 좋아 채용하여, 한국인 경호를 하다가 심성이 좋아 토공(土工)십장으로 승진하고, 공사 시공에 헌신적이어서, 그의 낡은 트럭을 교량 공사장 모찌꼬미(持入車)로 특혜를 주어 사용했다.

그리고, 교량 공사 끝에는 비계목(飛階木)을 무상으로 주어 수박은 그 자재로 살림집을 지어 읍내(邑內)에서는 소문이 났다. 또 그는 한국 사람들만이 좋아하는 동갑(同甲)에 생일도 이틀 차이로 같이 늘 어울렸다.

잠바레스 남광 공사가 끝나고, 서로 멀리 떨어져 있어도,
성탄 카드를 교환했던 터라, 근황을 잘 알고 지냈지만, 지금은 지난 과거를 다 접고, 한국 실수요자에 크롬광을 공급하는 수출업을 필리핀에서 하다 좋은 조건을 만나면, 직접 광산을 개발 운영하고 싶은 미지의 원대한 포부를 소상히 말했다.

따라서, 지역 내에 광산업자들를 소개하라고 했다. 도청 소재지가 있는 이바(Iba)로 같이 갔다, 아프리카 광산에서 휴가 온 이 지방 출신 그의 친구 광산 기술자 로비아(Robia)를 만나고 또 소개 받아 조금 떨어진 작은 카므스(Camus)크롬 광산 사무소에 같이 갔다.

마침 광산주인 카므스가 마닐라에서 와 있었다.
일본 사람으로 오인하고 카므스 씨가 일본말로 아침 인사를 했다.

지방 현지인 소개로 인사를 했다. 내가 말을 꺼내기 전에 지난 5월에 영어가 아주 서툰 남한(南韓) 사람이 와서 자기의 광석을 책임지고 사겠다고 해서 가(假)계약을 했는데 아직 감감무소식이라며, 대수럽지 않게 나의 대답에 응했다.

먼저 자리에서 일어서며, 당신은 우선 소통은 되니까, 내일 모레 11월 15일 마닐라에 있는 자기 사무실에서 만나자고 약속했다.

헤어지고 나서, 내가 한국사람으로는 처음으로 필리핀에서 크롬 사업을 하는 줄 알았던 착각이 나의 첫 번째 실수였다.

유종연이를 데리고 사무실에 갔다.

백화점이나 큰 건물에 집중 냉방 시설(Duct)하는 건평이 약 200평 되는 공장이 두 동(棟)인 케손시 중앙 대로변에 있는 중견 기업(Camus engineering, inc.)이다.

광산 현황과 수출 실적 유무를 물었다. 대만과 일본 고베는 경험이 있었지만 서로 다른 성분 소량을 원하여 거절했으며, 생산이 본궤도에 오르면 시장을 다변화할 계획이었다.

한국 시장은 지금까지 대규모 회사 한 곳뿐이기 때문에 철저한 준비가 잘 되면 한시적이 아니고 장기적인 공급이 될 것을 확신한다고 말했다.

그러기 위해서 당신 Camus광산의 지질 광산조사에 협조해 달라고 말했다.

그는 여러 경로를 통하여 이미 한국의 제철산업에 대하여 잘 알고 있었다.

현장 조사 기간을 일주일로 잡고 지질기사(Primo malansing)와 보조

2명, 경비 1명을 지원을 받아 잠바레스 산맥의 중남부지역에서 그 회사 광구를 먼저 조사하기 위해 산에 올랐다.

잠바레스(Zambales)는 필리핀에서 일명 광산 지질학적으로 크롬 벨트(Belt)라고 부른다.

산맥 주봉이 해발 2,070m의 타풀라오(Tapulao)산이 길게 잠바레스 주와 판가시난(Pangasinan)주, 동쪽 탈락(Tarlac)주의 중앙에 자리 잡고 있다.

고국에서 광산 또는 지질조사로 전국 많은 민둥산을 오를 때 산에 가면, 유희(遊戲)하러 등산 가는 마음은 비우고, 서둘지 말고 보폭(步幅)을 늘리지 말라고 배웠다.

지금부터는 모험으로, 되고 안 됨을 가리지 않고 마음먹은 대로 실행한다.

현장 사무실에서 산 정상까지는 24km이지만 마탄다이(Matantay) 채광장까지는 12km인데 구비구비 하천 5개를 건너 해발 700m 고지에 오후 늦게 도착했다.

토목공사 터널보다 아주 작은 터널(坑) 광부들은 밀림에 사는 원주민 아이타(Aeta)족으로 작은 키에 몸이 근육질이다.

물론 말이 다르지만 십장은 현지인이다.

필리핀에서 산에 오를 때 필수품은 천일염, 우리 밤알만 한 토마토와 양파인데, 큰 짐이 되는 주식 쌀은 필요 없다.

대신 밀림에는 삶아 먹는 바나나, 또는 카사바(Cassava)가 흔하다.

더욱 중요한 것은 말라리아 모기장과 그네 침대(Hammock). 광부들이 마련한 저녁은 갓 잡은 암사슴 구이가 푸짐했다.

20미터 굴착된 막장은 맥석(Dyke) 관입이 심한 광맥이 협소했다.

지표 상부의 노두(Outcrop)는 산능선 따라 점점이 맥(Lode)이 연결되었다.

3일을 계곡 넘어 그 회사의 가행하는 광구(鑛區)와 휴면(休眠)하는 광구를 조사했다.

60km 북쪽으로는 가행 중인 세계적인 크롬광산이 줄지어 둘이 있고, 남쪽으로 100km 내륙으로 큰 구리(銅)광산이 있는데, 한국 장항제련소로 가는 배들도 자주 온다. 그 중간에는 중소 니켈, 크롬 광산이 있다.

카므스 광산은 모든 것이 시초에 불과하다. 지하에 예측하는 광황이 과학적으로 확인된 자료가 없어, 당장 계획을 수립하기 힘들다,

영세적으로 생산하며 현장에 맞게 당분간은 병행하면서 연구하기로 혼자 작정했다.

어차피, 앞으로 잠바레스에서 장기적인 크롬을 찾아야 하고, 사업을 꾸려가야 하는 숙명적인 기회를 만들려면 제일 높은 타풀라오산 정상에 도전하고 싶었다.

북쪽으로 15km를 능선을 따라 정상 통로를 찾고, 또 이동하면서 주변 광산의 현황을 살피고, 장래 더 좋은 광산을 선택할 안목을 넓히기로 하고, 지질기사와는 작별하고, 보조 2명과 총을 멘 원주민 가이드 1명을 고용했다.

5일째 5부 능선 원시림 터널을 지나다가 50대 초반 일본인 2명을 만났다.

▶ 필리핀 천연기념 나비(Papilio palinurus)

희귀 나비를 채집 연구하는 센다이 대학 곤충학자들이다.

아시아 아열대 지대 나비 중에서 필리핀은 나비 색깔이 유별히 다양하면서 선명하여 국가 천연물로 지정되어, 나비 채집의 허가서를 보여주며 우리 일행 중에 총을 멘 원주민을 힐끗힐끗 쳐다보며 나에게 친절히 설명했다.

나는 탄광에서부터 사용했던 광산 나침반(Clinometer)를 보여주며, 한국 광산기술자로 필리핀의 니켈, 망간, 크롬, 구리 광산의 생산 현황을 관찰하러 왔다가 기념으로 이 산 정상을 정복 중에 만나 반갑다고 했다.

▶ 탄광에서 사용하던 크리노메타

둘 중 나이가 많은 일본인은 어제 정상 부근에서 잤는데, 정상이 통제되어 아쉽게 되었다고 일러 주며 헤어졌다.

해발 1,700m 수목 한계선 소나무 아래에서 하루를 묵었다.

필리핀 아열대 기후 전체에서 사계절 서늘한 기후의 소나무(Pine tree)가 군락을 이룬 지역은 잠바레스 타플라오 산과 북쪽 바기오(Baguio)시뿐이다.

1986년 12월 10일, 인생 처음으로 해발 2,000m 넘는 산 정상에 오른 기분은 백두산에 올라간 감회로 착각했다.

막 정상에서 내려오는데 어떤 백인 서양인 두 명이 정상을 향해 사진을 이리저리 찍고 있었다.

어느 강대국이 비밀히 군사시설하는 현장을 정탐(偵探)하는 소련 사람이라고 일행 현지인이 나에게 말했다.

산 정상 서쪽 정방향으로 남중국해를 건너 베트남 통킹만의 소련 해군기지는 필리핀의 해군기지 수빅만과 마주 보는데, 현재 이 정상에 레이더 기지 건설을 위하여 어떤 큰 나라가 헬리콥터로 현장 답사와 준비작업를 한다고 했다.

▶ 수목한계선(아열대 소나무)에서 본 타플라오산 정상 2,070m

다행히 오늘은 일요일이어서 건설 외국인들은 철수하고 현지인 경비가 있었지만, 팁(Tip)을 주고 통제된 정상(頂上)을 두루 보았다.

남광 토건 시절, 보트피플(Boat people)이 새벽녘에 현장 사무실이 있던 해변 마을에 상륙하면, 구호 단체에서 기별(奇別)이 와 도와주던 동료 한국 사람들은 지금은 공사가 끝나 고향 한국으로 갔다.

사진을 찍던 소련 사람들은 의식적으로 나를 피하고 특수 카메라를 감추는 듯했다.

해발 1,700m 노루목에 크롬광 노두(Out crop)가 여러 군데 있다는 말을 듣고 갔다. 얼마 전에 트렌치(Trench) 한 흔적이 여기저기 아래로 많이 보였다.

멀리 정동 쪽이 탈락(Talac)시다.

엷은 구름 낀 급경사의 처녀 원시림은 깊은 수렁처럼 보였다.

세계적인 크롬 광산 광구 경계를 따라 내려오는데 출입금지(No trespassing) 구역이라는 팻말이 있다.

필리핀에서는 사유지의 경고를 무시하고 침입하면 집이건, 밭이건, 광산이건 정당방위로 무조건 총을 쏘는 경우가 빈번하다.

며칠을 고용한 광부도 총 들고 경호와 방어 목적으로 따라다닌다.

왕복 8일간 밀림에서 멧돼지, 사슴을 생존을 위해 도살했지만, 밤송이처럼 나무에 앉은 원숭이는 절대 총을 안 쏜다.

여정(旅程)에 부정(Bad luck)을 탄다는 지방 풍습이다.

대충, 지역의 광산 지질조사를 쉬엄쉬엄하고는 마닐라로 돌아가기 전, 마신록(Masinloc) 시장을 방문했다.

3년 전 남광토건 공사 때, 마을 농구 경기장바닥 콘크리트를 무상으로 시공해준 인연이 다시 만날 구실이 되었다.

시장 에도라(Jesu Edora)는 시장이 되기 전에는 구역 내에 있는 기차길이 부설된 크롬 광산에 필리핀 MIT(Mapua institute of technology)를 나온 광산 기술자였다.

노동 조합장에 추대되기 전 뜻하는 바가 있어 30세 때 시장에 출마하여 68%의 지지를 얻어 1981년 도내에서 제일 젊은 시장이 되었다.

이 나라는 일찍이 지방 자치 제도가 정착된 순순한 자유민주주의 제도 덕에 동네 통장(Barrio captain)까지 선거로 뽑는데, 투표 기표 용지에 본인 도장 대신, 성년식(Debut 남자 21세, 여자 18세) 때 등록된 본인 서명(Signature)을 한다. 원래 제도적으로 일자무식이 없는 국가이다.

심지어 집에 고용되어 일하는 어린 식모까지도 외국 연속극(Soap opera)을 TV로 보고는 뭘 아는지 깔깔거린다.

처음에는 의아하여 내용을 이해하는가 물었다.

소리 높여 Of course라고 당당하게 대답했다.

외국어를 어떻게 배우기에 실생활에 써먹을 수 있나. 여러 갈래로 관찰했다.

첫째는 모두 일요일마다 가는 성당에서 애든, 어른이든 영어 성경책을 읽는다. 세상에서 제일 잘 편집된 문법이나 어휘가 완벽한 Best seller을 자주 읽다가 습관이 되었다.

그러나 원래 토종 방언이 많아, 수도 마닐라에서 사용하는 방언을 표준어 타갈로(Tagalo)를 국어로 수년 전에 지정하고 "한나라 한 개의 언어"(Isang ban sa, isang de wa)이라는 캠페인을 하고 있다.

그렇지만, 관공서, 매스컴 등은 아직 식민지 영어가 공용어였다.

오랜만에 에도라 시장과 인사를 하고 직장 생활을 걷어치우고 원자재 광물을 취급하는 장사를 필리핀과 한국을 오가며 막 시작했다고 알렸다. 이 지방 토박이 시장은 집 안에도 크롬광구를 가졌으니 자주 만나자고 약속했다.

카므스 마닐라 사무실에서 협조로 답사한 소감을 말했다.

생각했던 것보다 정부로부터 장기적으로 빌린 광구가 자유형이 아닌 단위형(單位型)으로 명확한 경계로 이미 밀림이 벌채되어 조사가 쉬웠다.

또 넓어 장래성이 좋으며 더 좋은 노두를 찾도록 계속 협조 지원을 부탁하고 노두 샘플과 막장 샘플 중에 하나만 한국으로 가져가기로 했다.

국내에서 지인으로부터 소개 받은 L.A.에 사는 손위인 정대현(Paul jung)박사가 마닐라 세라톤(Sheraton)호텔에서 만나자고 전화가 왔다.

해외에서는 큰 호텔에 묶으면 우선 만나기가 안심이 된다.

또한, 정식 부부라면 믿음이 더 간다.

너나 나나 고국 떠나 신원 확인이 힘들어 난감할 때가 있다.

이곳 직장에 있을 때는, 어디 가나 현지 교민(僑民)을 만나도 절대 명함은 돌리지 말고, 때에 따라 조심하라고 교육받았다.

과거에 인물 좋은 친구 하나가 일본에 출장 가서, 돌린 명함이 조총련 거쳐 돌고 돌아 국내 사법 동네에 초대받아 곤욕을 치렀다.

사람 팔자 시간 문제라더니, 언제부터 남들이 기피하고 서로 인정 안 하는 필리핀 교민이 되었다.

정박사는 미국을 기점으로 대만, 필리핀를 오가며, 해외 출국이 통제된 한국인을 위하여, 조기유학, 학술 교환, 이민 초청비자, 세미나 협찬, 대학교 및 대학원 편입학과 학위 취득 섭외 지원하는 전형적인 학교에 대한 전반을 관장하는 국제 브로커이다.

껍질 벗긴 노랗게 잘 익은 파인애플을 들고 호텔로 찾아갔다.

정박사는 당분간은 서울에 주재하며, 필리핀 중심으로 몇몇 마닐라 대학에 관련하는 현지인 누구 누구 이름을 거론하며, 지정한 어떤 국가의 학생들을 위하여 초청서류, 치의대 편입학 서류 구비, 세미나 일정, 여권 체류 연장 등 현지 학교와 변경 협의하는 업무를 서울과 연결하는 심부름을 제의받았다.

한국에는 돈이 있어도 대학 가기가 힘든 점을 이용하는 정박사 아이디어가 좋고 나쁘고를 떠나서 수입은 꽤 좋은 것처럼 보였다.

관련 대학 현지 인간들 찾아다니는 연락병 업무는 좋았다.

그러나, 현지에서 만들어지는 학사(學事)서류에는 개입하지 않기를 원했다.

정박사는 5일 동안 같이 지내면서, 나의 부족한 점을 짚고, 타향 외국에서 이방인이 현지인들과 어울려 살려면은, 영어를 어려움 없이 말하는 것은 물론, 글을 쓸 줄 알아야 되니, 현지 대학교 교직원을 소개하여 주었다.

매일 저녁이면 심심하던 차에 공적으로 소통하는(Public communication, Speech power) 1년 과정을 야간(夜間)으로 숙소에 가까운 대학에 등록하였다.

1986년 12월 29일 독립하여 처음 귀국했다.

크롬 샘플과 간단한 카므스 광산의 현황과 현장 답사 사진 몇 장을 붙인 파일을 들고 약속한 여의도 고욱희 회장을 방문했다.

고회장은 1924년생으로 왜정 때 부친이 경기도 개풍(開豊)군수를 지내서 어릴 때부터 호의호식(好衣好食)하며 공립학교와 국립대학을 다니며 영어영문과를 전공한 실력가로 여기저기 좋은 직장을 끝으로, 포항에 큰 회사 임명 사장인 손아래 처남 덕으로 큰 용광로를 보수(補修)하는 지금에 작은 회사에서 포항 영업 담당 회장 직함으로 사무실까지 편의를 받고, 포항에 왔다 갔다 하다가, 크롬 소식을 듣고 광물에는 어둡지만, 기회가 좋아 크롬을 찾고 있던 중에 나를 만나 서로 신뢰를 쌓고 있었다.

이렇게 빨리 샘플을 보니 고맙다고 좋아하며 같이 사업을 하자고 했다.

이정수 씨는 필리핀을 맡으시오,

포항에는 내가 맡을 테니, 일본 애들 빼고, 한국에서는 나밖에 누구도 이 사업을 못한다고 또 자신을 과시했다.

회장님, 생각보다 벌써 필리핀에 한국인들이 크롬에 관심을 갖기 시작한 것 같습니다.

부디 시장(Market)관리를 잘 하셔야 될 것으로 생각됩니다.

염려 말고 포항에는 눈짓도 하지 마시오. 개(妻男)가 있는 한 문제없을 거요.

고회장 말투에 어떻게 됐든 간에 순간 기분이 좋았다.

1987년 정초를 지나서, 명동 중앙우체국에 가서 필리핀 카므스 사장 앞으로 텔렉스(Telex)를 쳤다.

새해 인사 겸, 한국에 크롬 실수요자 대리인이 될 고회장이 당신이 준 샘플에 매우 만족하며, 답사 사진과 현황에 큰 관심을 가져 기쁘다.

고회장과 함께 서울에서 하루가 멀다 고회장 사무실에 가서, 식사도 같이 하며 서로를 익혔다.

광교 무슨 빌딩 3층에 으리으리한 큰 사무실을 차지한 정박사에게 전화를 걸고 한국 학생들 편입학과 학위 사업 업무를 보고하러 찾아 갔다.

외국에서 흘러 들어온 종교가 아니고, 우리나라 순수한 토종 종교 교주(敎主)가 마련해준 사무실을 자랑했다.

고회장의 초라한 사무실과는 너무 대조적이어서, 느닷없이 고회장 의 빽(권력)을 자랑했다.

정박사는 한번 모시고 나와 식사를 같이 하자고 말하며, 빽줄 사업 은 위태로워!

花無十日紅 기억하지. 이 말은 진리와 비슷해, 정박사가 웃으며 말 했다.

며칠 뜸했던 고회장이 사무실로 불렀다.

샘플을 포항에 보냈으니 일주일 후면 성분 분석 결과가 나온다고 일러주며, 재차 여러 얘기를 물었다.

늙어 노인 되면 했던 말을 또 하나 싶었다. 대답은 늘 똑같다.

정박사가 미국으로 출국한다고 연락이 와서, 김포공항에 나갔다.

11살 먹은 어린이와 손잡고 있었다.

토종(土種) 교주 아들을 미국에서 교육받기 위해, 부모를 대신하여 직접 데리고 간다고 배웅 나온 사람들의 말을 옆에서 들었다.

포항에서 열흘이 지나서 샘플을 다시 5kg 이상 제출하라는 명령을 받았다.

무소식이 희소식이라고, 첫 샘플에 대하여는 아무 말이 없었다.

광물은 공산품과 달리, 시료(試料)를 채취하는 사람마다 성분이 다를 수 있다.

품질이 좋은 광석을 골라 채취할 수 있고, 질이 나쁜 광석을 손으로 집을 수도 있는 재주가 기술자다.

부득히 합격을 위하여는 쌓여 있는 광석 중에 골라 채취하고, 차후 생산은 합격품에 맞추는 것이 배운 기술이며 실무요령이다.

남대문 시장 건어물 장(張)사장이 준 건(乾)해산물 국내 반입 요령을 가지고, 1987년 1월 28일 마닐라로 출국했다.

다음 날 고려인삼차 선물을 들고 먼저 카므스 사무실에 갔다.

1차 샘플의 양이 적었지만 긍정적인 평가를 받아, 마지막이면서 주문을 결정할 2차 샘플을 5kg 이상 빠른 시일 내에 보내기로 하고 왔다고 했다.

지금부터 기후적으로 건기가 되어서 빨리 좋은 소식 주문(Order)이 왔으면, 생산에 박차를 가하겠다고 서로 다짐하고, 현장에 같이 가기로 약속했다.

4륜구동 현장 짚차를 카므스가 직접 몰고 굽이굽이 돌고 냇가를 5개 건너 채광 현장에 갔다.

옛날 강원도 영월, 정선(旌善) 비행기재(嶺)는 모퉁이를 돌 때마다 아래를 내려다보면 까마득하여 어지러워 비행기 타는 기분이라 했다.

여기 가파른 언덕배기를 올라갈 때는 천당 가는 길목에 있는 기분
이 들었다.

카므스(Luis camus)는 기계 전문가이면서 필리핀 차 경주 선수로 쿠
알라룸푸루에 자주 갔다.
그리고 고공 침투 낙하산을 부부가 같이 했다고 정평이 나 있는 다
혈질 스페인 순혈통으로 눈알이 파랗고 머리털이 갈색인 그는 자주 말
했다,
필리핀 토종 피가 섞인 혼혈이 아니라 100% 스페인 사람처럼 직선
적으로 말하며 또 행세를 했다. 그런데 부인은 50% 독일 혼혈이라 합
리적으로 말을 하면서 낙천적인 모습이 달리 보였다.

옛날 60년대 서울 시내버스에 차장이 있을 때, 나는 입석(立席)버스
차장이 아니고 이래 봬도 좌석(座席)버스 차장이라고 으스대던 모습과
상통하다.
막장 광부들 말에, 동네 수캐가 모이면 뭐(연장) 자랑한다는 말과
같이, 모자라는 사람일수록 차별, 우열을 논하고 싶어 하는 저질(低質)
심리는 여기도 식민지 백성 근성이 있어 한국과 똑같다.

샘플을 채광하는 산에서 직접 싣고 내려오면서 생각했다.
어쨌든, 장기적으로 생산은 하더라도 산 아래로 운반 이동이 힘든
상황은 광산업 조건에 부합되지 않았다. 장래 예감이 좋지는 않았지
만, 아직 더운 거 차가운 거를 논할 때가 아니다.
항공우편으로 샘플 5kg를 고회장 앞으로 보냈다.

▶ 싼와니코

남대문 건어물 장(張)사장이 주문한 물건을 확인하러 타클로반 (Tacloban)시에 1시간 비행기 타고 갔다.

작년까지 있었던 사마섬에 인접한 중부지방의 상업 중심지로 사마 섬을 잇는 S형 싼와니코(San wanico) 교량은 국가적으로 자랑하는 아 름다운 관광지는 마르코스 부인 이멜다가 성장한 곳이기도 하다.

거기서 잡화상을 하는 강지일을 만났다.

가족과 떨어져 해외 공사판 십장으로 오랫동안 혼자 살다 보니,

고향에 있는 부인은 돈을 모으는 재미에 처음에는 서로 금실이 좋 았다.

집도 늘리고 논밭도 크게 장만하여 살 만할 때, 친구들 따라간 어두 컴컴한 카바레에 빙빙 돌아가는 오색 전등에 부인은 혼이 나가버려 그 냥 결단이 났다.

넋이 나갔던 강재일십장은 정신 차리고 국내 본처를 깨끗이 정리하

고, 현지 여자와 다시 결혼할 때 대부(God father)를 서 주었다.

남대문 장 사장이 준 목록을 점검하며 구체적으로 준비하라고 이르고
는 강씨와 부인도 같이 직접 건어물 취급하는 현지인 어부 집에 갔다.

전에도 말린 전복, 해삼, 제비집 합쳐 20kg 보따리를 만들어, 십장
휴가 편에 서울로 보내 맛보기로 팔았었다. 그런 인연이 남대문 장사
장이다.

본격적인 우기 전에 컨테이너 선적하기로 합의하고, 착수금(着手金)
일부와 수시로 강씨가 어촌 상황을 점검하여 유선상으로 보고하게 했다.

이 참에 먼 곳 리에테(Leyte)섬에 와서 인연이 있었던 곳을 다시 찾았다.

1942년 일본군이 처음으로 필리핀을 공략했던 곳, 마닐라만 입구에
있는 맥아더 요새 골리히도(Corregidor)섬을 버리고 "나는 다시 돌아
온다"(I shall return)는 유명한 말을 맥아더는 남기고 호주로 퇴각하였
다가 2년 후 리에테 상륙작전(Leyte landing)으로 다시 필리핀 일부를
탈환하였다.

맥아더의 리에테(Leyte)섬 수복 후, 일본은 해상에서 자랑하는 전함
무사시(武藏)로 반격 4일 만에 미군의 공습으로 리에테 앞바다에 무사
시를 격침시킴으로써 태평양 전쟁의 승패를 가름하는 계기로 연달아,
1945년 4월 1일 오끼나와 상륙으로, 최후로 버티는 전함 야마토(大和)
를 4월 7일 또 침몰시켜, 일본은 본토로 퇴각을 시작으로 침략 전쟁은
종말을 맞았다.

▶ 필리핀 상륙(1944년)하는 맥아더 동상

1984년 10월 20일, 상륙작전 40주년 기념식에 우연히 참석했다. 회사 볼일로 타클로반시에 갔다가 행사 소식을 알고 구경을 갔다, 귀빈이 가득한 행사장 경비들이 착각하고 나를 통과 입장시켰다.

낚싯대 같은 안테나에 운전수가 있는 은색깔의 새차 도요다 SUV 안에는 카메라 35-140mm 줌 렌즈(Soligor zoom)를 들고 앉은 나를 외국 기자로 분명히 오인했다.

안으로 들어가 차에서 내려, 바다를 향하여 경사진 좌석 맨 앞에는 마르코스 내외, 양편에는 얼굴로 보아 선진국 외교사절, 나와 비슷한 카메라를 가진 많은 기자들과 어울려 마르코스 내외를 2미터까지 접근하여 렌즈를 당겨 찍었다.

▶ 1984년 10월 20일, 필리핀 대통령 마르코스 내외

　식이 끝나 연회장으로 걸어가는 이멜다를 지척에서 보니, 피부까지
절세미인이었다.

　1979년 10.26으로 횡사한 박정희 대통령을 문상(問喪) 왔을 때보다
는 분위기가 달라서 그런지, 현지 대통령 부인 모습이 더 젊어 보였다.

　더 잊혀지지 않는 일화는, 옆에서 잡담하는 경호원에게 이멜다(1st
Lady)는 정말 미인이라고 했다. 듣고 있던 경호원이 아직 월경(Still
menstruration)이 있다고 솔선해서 말하여, 또, 몇 살인가 물었다.

　꼭 55세라고 말하는 필리핀 사람들은 아직 천국처럼 자유가 너무
많다.

외국인들이 통제를 뚫고 나와서, 현찰만 있으면 백 년을 살아도 아무 규제가 없는 곳이라는 말이 있는 필리핀 국가, 아직도 이름이 없는 무인도에 사는 필리핀 로빈 훗(Robin Hood)이 건재하다는 국가, 물론 정글에도….

오죽하면 태평양 전쟁이 끝이 난 줄 모르고 작은 섬 정글 속에서 몇 십 년을 혼자 숨어 지내며, 자투자활(自鬪自活)의 명령을 따랐던 일본 군인이며, 아직도 이름 없는 무인도가 많이 있다.

▶ 원주민 망얀족

더욱이 흥미로운 일은, 민도로(Mindoro)섬 북동 쪽에 있는 해발 2,600m 할콘산(Halcon)에서 오래전 어느 인류학자가 발견한 꼬리가 달린 인간, 원주민 망얀족(Mangyan)은 실지로 꼬리가 7-15cm쯤 되어 포유류에서 진화되었다고 믿는 소문을 확인(1984년)하러 관광객 틈에 끼어 갔던 추억은 지금도 새롭기만 하다.

▶ 필리핀 망얀족(Taking photo in 1925)

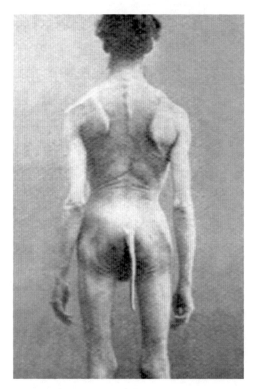

▶ 꼬리가 있는 고대 러시아부족

선진국에서는 인간의 존재를 자연의 **진화론**과 신의 **창조물**로 생각하고 믿는 것이 반반(半半)이 된다고 한다.

포항에서 알려준 샘플 화학 성분 분석 결과를 고회장이 전화로 불러주어 받아 적었다.

철분(FeO)과 알미늄(Al_2O_3)의 분석치(値)가 마닐라 캐나다 시험실(McPar)과 차이가 있지만 크롬 성분은 합격 범위에 속했다.

고회장은 마닐라 분석 성적표를 불신했다.

원인은 FeO와 Fe_2O_3의 수치가 달라, 원자(原子), 분자(分子) 치환 계산법을 몰라 숫자만 보고 큰 걱정을 했다.

엎어치나 둘러치나 넘어지기는 마찬가지인데, 유선상으로 복잡한 설명을 뒤로하고, 포항에 맞게 생산할 수 있다고 장담했다.

카므스를 만나 현장 생산 능력에 맞게 한국의 주문을 받고자 하니, 우기(雨期) 전까지 몇 톤을 생산할 수 있는가 물었다.

현장소장하고 상의하고는 적어도 500톤은 문제가 없다고 큰소리 쳤다.

이곳 건설 공사판에서 필리핀 사람들의 계획, 실천의 경험을 미국, 불란서, 한국 사람의 판단은 현지 필리핀인의 결과 100을 장담하면 불란서나 미국인은 50%, 한국인은 70%로 본 경험으로 볼 때, 생산 300톤이면 무난하지 않을까 싶었다.

뒷배경이 좋고 필리핀의 생산자도 잡은 고회장은, 이번 주문으로 오랫동안 납품할 수 있는 길을 개척하는 심정을 같이 공유하지 않고, 자기만의 무용담이 점점 커지는 기분이 들어, 모두 투명하게 하고 싶은 나의 마음으로 너무 일찍 말을 했다.

회장님, 한국에서 포항에 접근할 수 있는 빽 가진 사람이 누구가 또 있겠습니까,

거기 한국은 걱정 마시고, 필리핀에 한번 발길을 하십시오.

카므스하고도 인사하고 산에는 못 가셔도 현장을 보셔야 이 사업 장기전을 하실 거 아니겠습니까. 날짜를 잡아 짧게 왔다 가십시오.

이곳에 불편 없게 제가 할게요.

1987년 3월 25일 마닐라 공항에 나가 고회장을 모시고, 내가 사는 마카티, 비토크로스(Vito cruz)에 독신 아파트(Studio)로 갔다. 깨끗한 내 방을 비우고, 부엌 옆에 접는 침대에서 나는 묵었다. 실지로 회장님은 무슨 사업에 관여하였다가 낭패를 보고, 서대문 비탈진 은평동 집이 은행에 들어간 것을 빼기 위해 크롬에 손을 댔는데, 살림을 맡은 아들이 관심이 많다고 자랑하며, 내게 부담을 주었다.

다음 날 카므스 사무실에서 7월 중에 300톤을 선적하기로 간략한 계약서에 고회장은 서명하고 나는 입회 증인으로 서명했다.

숙소로 돌아와 고회장은 취급하는 건어물 사업이 어떤가 물으며, 광산 이야기를 회피하는 눈치가 필리핀 크롬 생산 회사를 이미 잘 아는 양 말을 하며, 건어물 장사가 장래가 있다고 서울 가면, 일조하겠다고 터무니없이 딴 방향으로 관심과 대화를 몰고 가는 느낌이 왔다.

떠나는 날 차 안에서 나의 대우 문제를 거론하며, 이번 선적의 성공 여부에 따라 다음부터 이익에 1/3을 줄 것이며, 이번은 자기의 제(諸) 경비를 우선 변제하겠다며, 장래는 염려 말라고 일방적으로 내 의향을

묻지도 않고 말했다.

서울에 어느 무역회사가 카므스 회사에 부산 도착 가격으로 신용장을 개설했다.

카므스와의 관계는 톤당 얼마를 카므스가 결제 후 주기로 고회장이 마닐라에 오기 전에 이미 나와 별도 약정되었다.

카므스 회사 비서가 집에서 노는 자기 남편 토니(Tony)의 취직을 부탁 받아, 운전수 겸 허드렛일 하는 조수로 채용하여 현장 갈 때 같이 가고, 심부름도 시켰다.

생산은 얼추 100톤이 되어서 1차 샘플 채취하여 현지 기존 카므스 거래 광물시험소에 보냈다.

그날 오후에 광물시험소 직원이 전화로 내가 생각하는 화학분석치를 당돌하게 물었다.

현지인들은 외국 사람들과의 어떤 거래라도 자기들 본의대로 집행하며, 서류를 고객이 원하는 대로 만드는 버릇이 만연하여 눈을 뜨고도 속는다.

따라서, 다른 샘플을 시험비가 비싼 캐나다 광물시험소에 의뢰하면서 포항과 같이 철분을 FeO에서 Fe_2O_3로 표기를 고쳐, 고회장이 이해가 가도록 부탁했다.

필리핀 7년 동안, 현재 현지인들은 나를 건설 회사에 있다가 현지에 남아 장사를 하는 한국인 토목기술자로 광석 찾아 잠바레스에, 건어물 찾아 사마섬에, 어디를 가나 내가 정통 광산기술자라는 사실은 모른다.

카므스도 그의 잠바레스 종업원 말을 들어 그렇게 인정하고, 한국에서 좋은 크롬광 구매자를 물고 자기를 찾아온 줄 안다.

광산이나 광물에 대해서는 전연 모르고 그들 말을 잘 듣고, 필리핀에 오래 있으려고 협조하는 걸로 나를 알고 있다.

5월 서울 집안에 경사가 있어 귀국하여 일을 마치고,
오랜만에 옛날 몸담았던 대성 서울 본사에 인사하러 찾아갔다.
상사들, 동기들이 반갑게 맞아주어 같이 회포를 풀었다.
해외 나간 후 매년 만나 옛정을 확인하였지만, 이번에는 광산쟁이로 돌아와 큰 집에서 무엇을 얻을 것이 없나 살펴보고, 그들의 반응을 알고 싶었다.

앞으로, 해외에서 광산업자가 된다면, 모든 것을 도와줄 것이고, 옛날에 도움을 받은 영등포 신대방동에 있는 대한 광업 진흥 공사를 또 찾아갔다.
우선 학교 동기들을 만나면서 다른 직원들 모두에게 내 마닐라 연락처를 알려주었다. 공과 사를 가리지 말고 광진(鑛振) 누구나 마닐라에 오면 연락하라고 했다.
앞길을 격려해주는 사람, 걱정하는 사람, 너무 욕심을 부리지 말라는 사람, 몸조심하라고 일러주는 좋은 여러 사람들을 위하여 꼭 뭔가를 보여줘야지,

끝으로 대학 동기들을 만났다.
절반은 적성이 안 맞아 다른 업에 종사하고, 아직도 반은 광산 공기업, 연구소, 학계, 광산현장에 있다.
사실, 동기들은 업에 경쟁자로서 조심스러울 때가 있다.
다들 해외에서 온 나를 격려해주는 측도 있지만, 경쟁자 본성을 드

려내며, 해외에서 광산을 해, 면박(面駁)을 주는 어이없는 친구도 있다.

덕담은 잊어도 되지만, 면박은 잊지 말고, 꼭 꿈을 성취하라는 말로 간직했다.

특히, 실수를 잊으면 되풀이된다고 성현들은 귀가 뚫어지게 말했다.

친구들과 실컷 놀고는, 고회장 사무실에 갔다.

언제 출국한다고 먼저 말하고는, 그간 생산된 현황과 화학 성분 분석표를 보여 주었다.

이번에는 지적한 철(Fe) 성분이 좋다고 말하다가, 전에 할 말을 잊었던 것처럼, 인천에서 학교 나왔어요?

우리 아들 말에 대학졸업 동문 명부에 이름이 없다고 하던데… 뚱딴지 같은 어처구니없는 소리였다.

고회장 아들은 같은 대학 화공과를 나와 대기업 화공분야에서 일한다고 일전에 자랑했었다.

고회장은 내가 건설회사에 있던 연유로 해서 토목과를 나왔거니 생각했다가 뜻밖에 졸업 명단에 이름이 없는 사실을 믿고, 내가 학력에 허튼소리를 했나 싶었는지, 좀 실망한 눈초리로 나를 쳐다보았다.

목소리를 가라앉히고, 회장님, 저는 63학번에, 졸업연도는 70년 2월 24일.

제가 학교 때는 아드님처럼 종합대학이 아니라, 공과대학뿐인 단과대학였습니다.

분명히 광산공학과를 나와 처음 말씀드리지만, 대성 그룹 문경탄광 생산직에서, 거의 10년, 터널 공사로 남광토건으로 옮겼습니다.

토목은 잠깐 외도(外道)를 했을 뿐, 원래 정통 광산쟁이입니다,

그래서 크롬광에 관심이 많습니다.

주객이 전도(顚倒)되듯이 할 말을 다 해버렸다.

한국 조직 사회에서 상사나 연장자 앞에서는 그들 노가리(散播)나 잘 들어야지, 그곳에서 붙어먹을려면, 자기 과거에 자랑을 해서는 절대 안 된다.

그러나, 점점 나를 부정적으로 관찰하는 고회장으로부터 오는 느낌이 있어, 정보과 형사(刑事)로 있는 친구에게 고회장 신원조회를 비공식으로 부탁했다.

사업에 협조 할려는 사람인데, 결과가 긍정적이면 좋겠다고 우스갯소리를 하고, 서울을 떠났다.

토니를 데리고 잠바레스 카므스 현장에 갔다.

생각했던 계획보다 생산이 크게 밑돌아 원인을 따졌다.

지금 6월 초면 200톤은 되야지 120톤이라면 문제인데,

어떻게 내달 7월에 선적할 수 있는가?

소장은 여러 이유를 찾아서 알리바이(Alibi)를 만들었다.

결국은 문제가 없으니 안심하라는 말이었다.

보통 필리피노는 곧잘 No problem 하는 소리를 토목에서 많이 들어 믿어지지가 않았다.

근처, 마신록에 사는 토목 때 현지인 친구 수박을 찾아갔다.

토목공사 끝나고는 중고 냉동차로 먼 바다에서 잡아온 어패류를 마닐라 어시장에 공급하는 업자로 성장하여 읍내에서는 덩치도 제일 크지만, 지명도가 있다.

수박 여동생이 얼마 전, 사업차 필리핀에 자주 오는 일본사람 재취(再娶)로 가, 오빠를 중고(中古) 어선에서부터 냉동차까지 재정적으로 밀어주었다.

한때는 남광이 준 폐자재로 집을 짓고 살았다, 어떻든, 옛날 본인이 올챙이 때를 거론하며, 내 도움을 잊지 않는, 호감이 가는 친구다.

광(鑛)자도 잘모르는 사람이 장차 광산을 한다고, 과거에는 상사(Boss)이었지만, 지금은 친구로 자기를 자주 찾아오는 나를 안쓰러워, 뭐든 물어보면, 아직까지는 여기저기 뛰어다닌다.

끼(食) 때가 되면 참치며, 바닷가재, 왕새우(보통 길이가 25cm)스테이크를 만들어 주어, 나는 와사비(山葵)가루만 지참하면 그만이다.

수박 집에서 자고, 같이 인근 읍(Palauge)에서 광산기술자 오초아(Ochoa)를 소개 받았다. 30초반인 이 사람은 작은 크롬광산 현장 책임자이고, 부인(Josy)은 현장에서 간단하게 시험할 수 있는 화학 분석 기술자다.

카므스 광산에서, 문제가 있으면 서로 잘 지내라고 하며, 나를 부탁하고는 친구 수박은 갔다.

내친 김에 차에 실려 있는 카므스 광석 샘플을 끄집어내어, 그 부인에게 보여주며 물었다. 성분치를 말했는데 놀라운 것이, 소수점 끝자리 수만 약간 차이가 있을 뿐, 앞자리 수는 정확했다.

크롬 광석의 성분 분석을 오래 하다 보니 안목이 남보다 다르고, 마치, 옛날 전매청에 숙련된 여직공들이 잡았다 하면, 담배 개비 20개를 정확히 잡는 형국이다.

전문기술자인 그 부인은 남편보다 4살 연상이다, 이 나라는 연하 남편이 보통이며, 대신 친정 부모를 모신다.

토방에 벌거벗은 그 집 아이들 셋이 코리아노라고 신기하게 쳐다보았다.

▶ 박제 거북이(70x40)

남쪽 섬에 강재일이가 앞으로 보름 후면, 주문한 건어물 건이 완료되니 와서 선적까지 하고 올라가라고 자신 있게 말했다.

한국에서 가져온 마른 오징어 한 축(軸)을 들고 내려갔다.

상어 지느러미 500개, 건해삼 900kg, 건전복 200kg, 말린 거북이(L: 50-90cm) 박제 50개, 토막 친 행운목(D: 1-3인치 L: 1m) 2,000본, 하주(荷主) 서울 장사장에게 먼저 전화를 하고 텔렉스를 쳤다.

10ft 콘테이너에 실었다.

북쪽 선진국 섬사람들은 60년대 초부터 거북이를 잡아 말린 박제를 콘테이너로 가져가 장수한다고 집집이 벽에 걸었다고 이곳 사람들이 한국 풍습이 어떤가 알려 주었다.

삭힌 거북이 알, 거북이 살코기 국(Sinigang soup)은 지방 별미다.

검은색 어른 고무신짝만 한 해삼(Sea cucumber)은 어촌 바닷가에 먹지 않아 버려져 즐비했다.

전복(Abalone)은 심해 다른 어종이 흔하여 좋아하지 않고, 중국 화교들만 먹는 배추 1kg과 전복 1kg보다 값이 엇비슷했다.

좋아하는 외국인이 드나들고부터 가격이 좀 오르지만, 아직도 외딴 섬에 가축 사료로 쓴다.

휴가 때 남대문 길거리 노점에서 관상수로 파는 짧게 토막친 껍질이 초록색 행운목(幸運木)을 수반(水盤)에 놓으면 금방 초록 잎사귀가 커진다.

태평양 연안 심해에 많은 상어는 식민지 시대부터 잡아 내장 기름(스쿠알렘)을 짜고 버렸는데 중국 사람들이 처음에는 지느러미(Fin)를 주어 갔다.

카므스가 신용장을 9월 30일까지 연장(Amendment)을 해달라고 요청했다.

이유는 예년에 비해 이른 우기로 높은 산에서 광석 운반 지연으로 준비의 기간이 더 필요하다 했다. 7월 말 현재 선적할 수 있는 양이 150톤이 넘는다고 했다.

그러나 나의 비중 기준으로 실측(實測)은 140톤이 의심스럽다.

이 지방 매년 오는 장마는 8월에서 9월까지 제일 많이 쏟아져 야외 작업이 안 되었다. 따라서 카므스는 어떻게 잔량 160톤을 생산 장만할지 걱정이 앞선다.

자신 있게 말하는 사람에게 이의를 달면 서로 충돌을 야기할 뿐이다.

나름대로 여러 경로를 통하여 크롬광을 확보하고 있는 인근 영세 업자를 수소문하여, 몇십 톤은 곧 확보하겠는데, 외국인으로서 직접 접촉하는데는, 문제를 현금으로 해결하려고 덤벼들었다.

면전에 앞장서는 것보다, 관심이 없는 사람처럼 뒷전으로 물러나 주변을 조사했다.

얼마 전 친구로부터 소개받은 다른 방향으로 40km 떨어져 있는 C-square광산 소장 오초아(Ochoa)에게 지난번 친절히 대해 준 보답을 하려고 조그만 선물을 들고 집으로 찾아갔다.

외국인이 현지인을 사귀려면 뭐라도 입에 물려 주어야 묻는 말에 대답도 하고 가까워질 수 있다.

옛날 구세주 같은 외국 선교사들도 구제품 헌 옷가지, 우유가루, 연필, 사탕, 과자를 들고 와 사람들 모아놓고 하나님 사업을 시작했듯이, 얼굴이 생판 다른 외국인이 처음부터 맨입으로 나타나 도움을 청해서는 일하기가 쉽지 않고 힘들다.

소금 먹은 놈이 물을 찾는다는 옛말이 있다. 인간은 뭐가 있고 없고를 떠나서 모두 공짜는 좋아한다.

어릴 때 사탕, 과자 얻어먹으러 교회 갔다가, 새로 산 장화가 구멍이 생긴 헌 장화로 바뀌었다.

다른광산 오초아는 집중적인 우기로 당분간 생산 작업을 중지하여, 집에 있다고 묻지도 않는 말을 했다. 회사 현장 구경했으면 청했다.

쾌히 같이 가자고 나섰다, 읍내 집에서 흙길로 15km를 달려 현장에 갔다.

큰 산 이 골짜기 저 골짜기 가는 곳마다 나를 알아보는 현지인들은 몇 년 전 남광토목현장 종업원들이 광산 현장으로 이동하여 자리를 잡고 있었다.

다행히 원수진 사람은 없어 쉽게 접근했다.

다시 찾는 잠바레스는 급하면 도와줄 수 있는 친구도 있어 현지에서는 고향처럼 늘 친근했다.

대화 중에 카므스 광산 부사장 만란싱(Manlansing) 지질쟁이가 왔다 갔다고 일러 주었다.

전에는 일본 사람도 심심치 않게 오더니 작년부터 뜸하다 했다.

돌아보니 당장 선적할 수 있는 크롬 광석이 200톤이 눈에 띄었다.

소장 말로는 산원(山元)에 800톤 넘게 홉바(Hopper)에 있다고 말하여, 거리가 얼마인가 물었다, 방금 우리가 온 길처럼 길이 사납지 않아 아무 때나 실어 내려올 수 있다고 말했다.

돌아오는 길에 C-square광산 마닐라 사무실이 어디인가 물었다.

케손(Quezon)시 대로변에 있다고 알려주며, 부사장 레바티케(Libatique)는 매주 왔는데, 요즘은 한 달이 넘었다고 말했다.

8월 중순인데 비는 계속 오고, 태풍이 잦아 현장 다녀온 지도 열흘이 지났다.

서울 고회장은 하루가 멀다 전화를 하며 안달이 났다. 사업 망치는 타령만 했다.

우선 150톤이라도 먼저 선적하고, 나중 150톤을 선적하자고 카므스한테 이야기했더니, 펄펄 뛰며 같이 한다고, 조금 기다리라고 말했다.

알고 보니, 모자라는 150톤 정도를 인근 씨스퀘어(C-square)광산에서 빌린다는 구상이었다. 부사장 만란싱이 인근 광산 광석이라고 보여주며, 타협이 되면 같이 샘플 하러 가자고 약속했다.

선적 조건에 품질 캐나다 검사자(Mcphar)확인 서명 없이는 은행 네고(Nego)가 안 되며, 서울 대표 주재원 내 서명도 첨부하기로, 카므스와 서로 약정이 되어 있다.

서로 협상이 잘되어 150톤에 대한 선금 50%를, 이동 운반 전에 지불하고, 선적 후 30일 이내 완불하기로 했다고 연락 받고 현장에 같이 갔다.

한번 다녀온 광산에 소장 오초아가 기다리고 있었다.

서로 아는 척도 없이 3자(者)가 똑같은 샘플을 뜨고는, 만란싱 부사장하고 마닐라에 돌아왔다.

급행료를 배로 지불하고 5일 안에 결과를 알수 있도록, 캐나다 시험실에 종합 화학분석을 의뢰했다.

Camus 사무실에서 향후 계획을 논의하고 있는데, 모자라는 광석을 매도한 씨스퀘어(C-Square)광산 부사장이 수금(收金)하러 온 것 같다.

사무실 분위기가 서로 거리를 두고자기들 끼리 이야기하며, 나하고 그쪽과 상면 없도록 노력하는 눈치가 역력했다.

그러나, 카므스가 자금을 준비하느라 잠깐 자리를 빈 틈에, 처음 보는 광산 부사장 리바티케 씨가 먼저 아는 척하며, 현장 오쪼아가 나를 구매자(Buyer) 현지 대표라고 일러주어 잘 알고 있으니, 자기 회사에 한번 놀러 오라며 명함을 주었다.

광석 이동 운반이 잘 되어 최종 물량 확인 하러 현장에 갔다.

석양에 비친 양쪽 광석 무더기의 색갈이 구분되었다.

카므스 광석은 진한 검은색에 굳기가 약간 적다.

씨스퀘어 광석은 진한 검정 회색빛으로 굳기가 좋고, 신선한 면이 특징인 반면, 카므스 광석은 맥석 분진이 점점이 산포(散佈)되어 있다. 인부들이 삽 작업으로 두 광석을 잘 섞어 300톤 한 무더기로 만들었다.

1987년 9월 30일, 사업 첫번 선적 크롬광 300톤 수출 허가를 받아, 10월 14일 15개 20ft 콘테이너는 부산을 향해 마닐라 항을 떠났다.

예상외로, 크롬 공급자와 수요자를 빨리 만나서, 꼭 1년 만에 거래가 순조롭게 성사되었지만, Camus의 생산 조건과 서울 고회장의 애매한 성격은 포항 관계 관리가 불안했다.

어떻든, 무궁한 실수요자를 위하여는 질 좋은 크롬광의 광황을 많이 확보하여 경쟁적으로 선택할 수 있도록 조사 자료 준비와 현장 확인이 필요했다.

첫째 Camus 광산은 지표 조사는 끝나, 불확실하게 소량을 생산, 선적으로 급한 불은 껐지만, 장래를 어떻게 이끌어 갈지 숙제를 안고, 2차적으로 소문 없이 C-square 광산의 협조아래, 소장 오초아와 함께 광구 조사를 했고, 가행 중인 노블레스 채광장의 넓은 3구역(lode) 터널과 상부 지표에 연결되어 있는 노두(Outcrop) 확인까지 체험했다.

이 광산의 광구(鑛區)넓이는 카므스에 6배가 넘으며, 경계가 접경으로 해발 400-900미터 안에 있으며 양쪽 모두 잠바레스 산맥 크롬 벨트(Belt) 지역에 있다.

15년 전 일본회사가 진입 도로를 완성하고 생산 시작 단계에 법적 분쟁으로 철수할 때 모든 기술적인 자료를 가져갔고, 흔적을 없애 버려, 땅속 상황은 확실치 않지만, 현재는 수요에 따라 간헐적으로 운영

되었다.

소장 오초아 말에 의하면, 광산 사장 부부가 변호사로 법률 분쟁에 휘말린 광산을 쉽게 획득해서 광산업에 대한 상식이 없어 답답할 때가 많다고 고충을 털어놓았다.

그러나, 카므스 광산에 1명의 지질기사가 전부 관활하는 것에 비하면, 여기는 부사장 포함 기술자가 제법 4명이 있었다.

그리고 생산 체계가 잘 되었고, 생산된 크롬광 재고가 800톤이 있다.

서울 고회장 전화가 왔다. 계속해서 생산은 잘 되는가 물으며, 물건 도착이 늦었는데 품질을 걱정했다. 샘플과 같은 물건이기 때문에 아무 문제가 없다고 자신 있게 말했다.

우선은 이번 거래가 끝나면 현지에서 구입하여 혼합 선적한 사실을 보고할 계획으로 함구하고 있었다,

그런데 카므스 현장에 잔량이 없는데 속여 200톤 넘어 있다는 보고를 텔렉스로 확인했다고 고회장이 현장 사정도 모르고 먼저 말했다.

고회장은 영어를 잘해 텔렉스 공문 기안을 즐거워했다.

필리핀 사람들은 숫자를 부풀려 말하기를 무척 좋아하는 민족이다.

11월 초에 아침에 현지에서 예고없이 한국사람의 전화가 왔다.

서울 광업진흥공사에 다니는 마닐라에 출장 온 정민수라는 사람이었다.

어떻게 전화 번호를 알았는가 물었다.

상사인 황규식 씨가 찾아 만나 보라고 해서 연락했다.

동기 황규식 이름을 들으니 갑자기 마음이 약해져, 호텔로 찾아가

무조건 대접을 했다.

동남아시아 지하자원이 많은 인도네시아, 필리핀으로 해외 광물 개발을 국가적으로 컨설팅 하러 출장 온 기술자들이었다.

국가의 지원 프로그램을 설명하며, 결론은 현지에 사는 교민은 정부 보조지원 대상에서 제외되어 있으니, 개발할 광종이 확실하면, 관련 자료를 가지고 국내에 들어와 연결 현지광산회사를 탐광할 국가 보조금을 대행하는 단순한 회사를 설립하든가 힘이 들면 해외자원 개발 자격이 있는 대기업과 접촉 합작으로 할 수 있는 기회를 만들고, 또한 기술과 행정적인 지원을 하겠다는 의향이었다.

자고(自古) 이래로 광산업은 국가 지원이 없이는 힘들고 불가능한 사실을 국내에서 경험했고, 더구나 해외 남의 나라에서는 위험성까지 있다.

마음먹은 크롬광 사업은 국가의 힘을 빌려서라도 우선은 혼자 직접 하고 정 힘들다면, 기술력이 축적되어 있는 자원 사업 하는 대성(大成)에라도 접촉하고 싶었다.

이번 300톤 선적에 대한 내 몫(Commission)을 찾아가라고 카므스 비서가 전화했다

포항에 입고된 크롬광 300톤은 아무 말 없이 처리되어, 은행에서 정산되어 서로 약정한 나의 커미션을 개인수표로 다음 날 받아 PNB(Philippine national bank) 오티가스 지점 창구에 현찰을 요구했다.

은행 지점 직원이 잠시 머뭇거리더니, 예금 잔고가 없어 카므스의 개인수표가 부도(Bouncing check)이니 전화기를 내밀며 전화하여 확인하라고 말했다.

당황하여 은행 직원 말을 믿고, 카므스에 전화로 알렸더니, 착오가 생겼으니 사무실로 오라고 말했다.

사무실 카므스 방에 혼자 있는 책상 앞에 앉아, 어떻게 된 일인가 물었다.

눈길을 주지 않고, 책상을 쳐다보며 의미심장한 목소리로, 이번 300톤 선적은 나의 역할(Role)이 없었다고 카므스가 고개를 들며 잘라 말했다.

나는 순간 그의 말의 저의를 몰라 생산은 너의 책임이고, 서울의 고 회장을 통하여 수출이 마무리되어서 약정에 의한 너로부터 받은 수표가 말썽을 피웠는데 무슨 뚱딴지같은 소리를 하는가?

그러면 누가 고회장을 너에게 소개하였냐?

반문하면서, 그런 이유로 Unpaid 하려는 소리를 하지 말라고 내가 말했다.

그가 갑자기 성질을 내며 몹시 성난 얼굴을 하며, 네가 뭔데 나의 사무실에서 해라 하지 마라 하는가 나의 말꼬리를 잡으며, 자기 책상 위에 권총이 든 크러치 백(Clutch bag)을 쳐다보며 말했다.

외국인들이 필리핀에서 현지인과 어쩌다 언쟁으로, 필리핀 사람이 여기는 나의 땅이야(This is my land) 하면 끝장으로 간주하고, 물러나야지 모르고, 정당성을 고집하면, 정당방위로 총(銃)을 쏜다는 어느 외국 상인의 경험담을 읽은 기억이 났다.

불현듯, 명언대로 떠날 바엔 우선 안전하게, 나쁜 여운을 남기고 싶지 않아야, 타향에 더 발을 붙일 수 있기에 큰 맘을 먹고 대답했다.

카므스 씨, 나는 돈은 안 받고 떠나면 되지만, 개인적으로 너를 존경한다.

그동안 고맙다 하며 일어서서 악수를 청했다.

다행히 얼굴를 들지 않고 책상을 보며 손을 내밀어 그의 손을 마지막으로 잡아 주고는 사무실을 떠났다.

독방에 돌아와 꼬박 이틀을 아무것도 안 먹고 앉아서 지냈다.

첫날에는 분하다가, 생각이 바뀌기 시작하여 틀림없는 사람이 어쩌다 실수를 했나 지난 일을 따져 보았고, 둘째 날은 마닐라 올 준비하는 가족 걱정이 앞서 용기도 얻을 겸 서울 집에 전화를 걸어 일이 안 풀려, 잠깐 들어갔다 나올 일이 생겼다고 했다.

사람 누구나 잘하는 쪽으로 마음이 기운다는 말이 있다.

카므스와 거래하는 동안 기술적으로 인근 영세광산을 기웃거리고, 두어 번 손짓을 받았지만 카므스와 계약 의리상으로 한 번도 다른 사무실에는 안 갔다.

먼저 강하게 눈손짓을 받았던 C-square광산의 소장과 부사장 얼굴이 떠올랐다. 마닐라 사무실 부사장 레바티게에게 전화를 걸었다.

내 전화를 처음 받고는 먼저 만나자고 운전수를 보내 데리러 온다고 주소를 물었다.

카므스한테 발로 채인 신세지만 해방된 기분으로 갔다.

사장 파클도(Paculdo)를 처음 서로 인사를 했다.

카므스 광산보다 규모가 크고 장래가 있는 그 광산사람들은 나를 큰 Buyer 쪽 사람으로 착각하고, 사실은 만나고 싶었다고 말문을 열면서, 이번 포항 선적 300톤 중에 정확히 185톤은 자기들이 협조하였다며, 자기들 크롬광산 자랑을 하면서 카므스 광산은 광황이 나쁘며, 품질이 나쁘다고 흠을 보며, 또 추가로 매입한다고 구두로 전갈을 받았는데, 앞으로는 더 이상 크롬광을 인근 다른 광산에 팔지 않고 직접 외국으로 수출할 포부를 밝히면서 부산을 떨었다.

결국에 가서는 좋은 조건으로 직접 거래를 하면 좋겠다고, 분위기를 잡으며 그날 점심 대접까지 받고 전화위복이 되어 숙소로 돌아왔다.

미수금(未收金)된 카므스 커미션은 일 년 아파트 집세로 계상했던 자금 계획이 펑크가 났다.

이 계기로 앞으로는 현지인과는 금전 거래를 피하고, 크롬 시장 쪽에서 돈을 받든가, 사전 공제하기로 다짐했다.

보조 겸 운전수 토니가 나를 떠나겠다고 인사를 하며, 퇴근길에 자기 부인이 할 말이 있어 나를 찾아오겠다고 말해, 고용 계약은 없었지만 퇴직금 조로 한 달 치 봉급을 더 주었다.

카므스 비서인 운전수 부인 말은 카므스는 내 커미션을 지급할 계획으로 수표 발행을 하였는데 서울 고회장 지시로 지불 정지가 되었다는 논리를 펴면서, 그동안 서울에서 지시한 내용은 상호 오간 텔렉스를 나에게 보여주지 말고, 이번 선적으로 나와 모든 관계가 끝이며, 나를 가리켜 호랑이 새끼 키우는 격이 되었다는 표현을 쓴 문장의 텔렉스 복사를 보여 주며 말했다,

끝으로 필리핀을 절대 오해하지 말라고 끝을 맺었다,

나는 필리핀에 손을 떼고, 내 전문 분야로 가려고 곧 출국한다고 말했다.

그 여자 말이 사실이라면, 여기저기에서 회피하는 인물이 되었지만, 분명히 부정할 수 없는 경험은 여러 작은 크롬광산의 사정을 면밀히

파악했고, 인근 큰 광산의 횡포로 작은 광산은 세계 시장 확보에 눈이 어둡다는 현실을 한국에 가서 개척하고 싶은 마음은 여전했다.

이 사업에 관건은 공급자는 있는데, 실수요자(Buyer) 왕(王)을 찾고, 품질은 그 입맛에 맞게 배운 공식으로 어떻게 조리를 하면 된다.

지난 300톤 광석을 현장에서 컨테이너에 상차할 때 조금씩 추가로 더 실어 확실히 310톤은 틀림없는데, 아직까지 서울 고회장은 일언 반구도 없고, 자주 오던 전화도 없다.

서울 남대문 장사장이 언제 귀국하는지 세 번째 전화가 왔다.

보낸 건어물 등은 모두 통관하여 소비를 끝냈는데, 장식용 거북이 박제는 아직 세관 창고에서 내가 찾아오기만 기다린다고 했다.

현지 필리핀 세관 브로커 말로는 현지나 외국에서는 거북이를 식용, 가축 사료, 애완용, 장식용으로 취급하고, 외국으로 지금까지 수출하였는데, 용도상 문제가 발생할 수 있다고 연락이 왔다.

토끼와 거북이 우화로, 거북이를 신성시하는 한국 풍습에 따라, 너무 가볍게 취급하는 것보다, 수입 목적을 실험실 연구용으로 용도 변경하기로 했다.

C-square 광산 부사장 리바티게는 12월 1일부터 광산을 재가동하기로 사장이 결정해서 현장에 가는데 같이 가자고 연락이 왔다.

대충 광산을 보았지만 정식으로 현장 숙소에서 잠을 자기는 처음이었다.

5일을 지내며, 광산 전반에 대하여 사진을 첨부해서 현황 파일 2부를 만들어 사장에게 1부를 주고, 서울 가서 최종 Buyer 측에 직접 제출한다고 설명했다.

지금까지는 필리핀에 공급이 불확실하였는데 이번 너의 광산조사로 향후 공급 물량 확보에 자신을 가져 중간 수입 납품하는 무역회사를 거치지 않고 별도로 직접 접촉할 내 계획도 언급했다.

부부가 변호사인 사장은 아주 애처가로 부인을 사무실에서도 보스(Boss)라고 부른다. 그래서 그런지 마닐라 직원뿐 아니라 현장에도 부인을 더 무서워한다.

사장 부부는 내가 구입하는 크롬양이 모자라 카프스와 여러 곳에 다리를 걸치고 있는 줄 알고, 자기 측이 모든 면에서 우세하다고 자랑하며, 직원을 포함 대접과 나에 대한 기대가 컸다.

광석(鑛石) 장사는 허탕을 치고, 12월 23일 귀국했다.

평소 아쉬울 때만 찾는 정보과 친구를 불러냈다.

고회장은 공금 횡령죄 전과(前科)가 있었다.

해방 되고 국립대학 영어를 전공하고 50년대 말 선진국에 한국회사 해외 뉴욕지점 책임자로 있다가 내리막길을 걷기 시작하여, 이 회사 저 회사로 비탈길에서 전전하다 말년 충무로 고급 호텔 영업 상무로 있으면서 회사 돈을 불법으로 먹은 죄를 짓고, 감옥에서 만기 출소하여, 최근에는 서대문 언덕배기에 있는 집을 근저당 하여 벌인 사업까지 사기를 당하여, 놀고 있다가 포항 큰 회사 월급사장으로 있는 부인 남동생이 밀어주어 크롬광을 알고 찾던 중에 필리핀 교민이라는 나를 만났다.

이번 경험에서 누구나 자기를 속이는 사람은 올바른 사람을 못 보고, 못 믿어 자기와 같이 남을 속이는 사람을 믿는 말에서, 유유상종(類類相從)이라고 끼리끼리 만난다는 말이 태동한 동기를 알았다.

결국 굴러온 돌을 차버린 비극이다.

예고도 없이, 여의도 고회장 사무실에 직원이 허락하여 들어갔다.

책상에 앉아 아침신문을 보다 말고, 언제 귀국했는가 물었다.

사무실 문을 안에서 걸어 잠갔다.

책상 앞에 서 있는 자세로, 야, 인간아, 모든 일을 순리대로 해야지, 배운 놈이 무슨 짓이냐. 호랑이 새끼 키우는 짝이라고, 너 말 잘했다.

쌍, 개새끼 영어를 그렇게 써먹어, 당초 너는 돈이 없어, 파트너 생각 없었어, 니 큰 가방(빽) 구경 잘했다. 무슨 오해라며 진정하라는 말만 했다.

책상 위에 유리 재떨이를 집어 들어, 해골을 때리는 시늉을 하며, 콘크리트 바닥에 내려쳐 박살내고 영원히 헤어졌다.

치명상을 주고 싶었다. 그러나 힘없이 늙어서, 내 쌈 상대가 아니었다.

어릴 때 집안 형이나 동네 형들한테 많이 맞고 자랐다.

동네 형들이 때리면 너 늙고, 나 젊을 때 보자고 욕을 하고 도망치곤 해서, 지금도 달리기는 어딜 가나 일등이다.

탄광, 건설 현장에서 아랫사람과 약한 사람하고는 언쟁이나 시비를 절대 안 했다.

그러나 탄광에서 모멸감을 준 윗사람, 상사에 다시는 그런 짓을 못

하도록 손찌검한 사람은 혼자밖에 없다.

　국내 건설 현장에서도 직상사를 문을 걸어 잠그고 언쟁을 벌여, 사생결단 직전까지 갔었다.

　본래, 나보다 나은 사람하고 경쟁이나 쌈을 해야 한다.

　어릴 때 쌈에서 힘이 부치면 부짓갱이가 부러지도록 해라고 배웠다.

　아직까지 싸움을 걸지는 않았다, 패한 적도 없다.

　옛말에 애를 못 낳으면 뭐로 벌충해서라도 한번 연(緣)을 맺은 서방(書房)에 필요한 사람이 되어야 한다는 중국 생활속담이 있다.

　반드시 크롬광에 필요한 사람이 꼭 되고 말겠다고 다짐했다.

02
준비된 우연

매년 정초에는 회사에 높은 사람들이 현장 지방 출장을 안 간다.

1988년 1월 5일, 아무도 기다리지 않는, 광화문 이마 빌딩, 대성 본사, 광업부에 새해 인사 겸 해외자원개발에 대한 홍보와 그들의 관심을 시험하러 찾아갔다.

두루 인사를 하고, 옛날 기술이 탁월한 직상사였던, 탄광소장이 지금은 진급하여 본사 윤한욱부사장이 불러 방에서 이야기를 듣고 있었다.

기업주인 김문근사장이 때마침 지나가시다, 나를 보고는 자네 왔나 하시며, 나도 좀 보세, 얼른 윤부사장 방을 나와 사장 방으로 갔다.

그래 아직도 거기에 있나 하시며, 그럼 뭐 하는가 물으셨다.

사실은 과거 친했던 대성 직원들을 통하고 동원하여, 필리핀 광물개발을 회사에 간접적으로 건의을 했다고 알고 있는데, 아직 상달(上達)은 안 되고 차일피일하던 때에, 마냥 기다릴 수만 없어, 실지로 어느 선(線)까지 선전이 됐고, 또 내 술을 얻어먹고 장담했던 진위(眞僞)를 파악하여 시간이 길어지면, 다른 대안을 마련하고 싶었다.

또한, 일부 말단 직원들은 내가 해외에서 빈둥거리다, 복직하러 나타나는가 걱정스럽게 보는 눈치가 빤했다.

세계적인 민주화 바람으로 국내 광업계 탄광에서도 시끄러워 주인들이 사업을 접어 버리고 해외로 진출을 꾀한다는 소문도 있었다.

정이 많은 기업주 김문근사장은, 지금은 아무 관계가 없는 사람의 말을 끝까지 듣고는 하시는 말씀이 자네도 잘 알지 않나, 우리 대성이 전에 석회석을 포항에 납품 할려고, 경제부총리 했던 태아무게씨를 고문으로 영입하지 않았나.
자네 이야기대로 그 광물이 포항에 꼭 필요하다면,
자네처럼 해서는 그 높은 곳에 절대 납품 못 하네,

사장님, 어떤 좋은 방도가 있으십니까.

자네, 내가 알기로는 해외에서 들어오는 광물은, 국내에서 섭외(涉外)하는 것이 아니라, 일본 오사카에 있는 김 누구라는 사람을 찾아가서, 그 사람 하자는 대로 하면 되네.
포항 힘이 센 사람이 아직 젊은 막내 동생에게 일임했지.
사장님 고맙습니다, 명심하겠습니다. 인사를 하고는, 누구도 만나지 않고 곧바로 집으로 돌아왔다.

10년 전 몸담았던 대성그룹에 광업오너가 우연치 않게 직접 따로 불러 나의 필리핀 생활을 관심 있게 듣다가 생각지도 않게 면전에서 올바른 조언은 누구도 믿기질 않는 나만의 행운이며 우연이었다.

그러고 나서 마음이 들떠 있는 어느 날,
1988년 1월 중순, 저녁 밤늦게 교통부, 모(某) 청장으로 있는 집안 형님이 생전 처음 반포집으로 전화가 왔다.

할려고 하는 일 그만하고 취직이나 해, 이 사람아,

아직 행동이 빠른 45살,

국내에서 심부름하면 먹고 살아갈 텐데…

왜 고생이야. 고맙습니다, 염려 마십시오.

지금 서광(曙光)이 보입니다.

직장 그만두고, 2년 가까이 월급이라는 돈 봉투는 없었다.

필리핀 건어물 거간(居間)과 정박사 그곳 대학 학석박사 브로커 심부름으로 현지 생활 경비를 충당하며 광산업의 기반을 쌓고 이었다.

외국 취업 나가 송금해서 번 돈 목돈 들고 귀국하면 유혹이 많고, 굴속 막장에서 번 돈 햇빛을 보면 녹아 버려 남은 것은 헌 장화 짝만 남는 다는 말과 같이, 사업 참 좋지요, 잘만 되면, 이런 비아냥 속에 사업한답시고 하다가, 옛날 원점으로 돌아가는 게 정코스라는 말이 유행했다.

시대적으로 많은 사람들이 해외 돈은 쉽게 벌고, 쉽게 목돈으로 알고 있다.

술과 안주(按酒)가 없는 중동 사우디와는 다른 필리핀으로 출장이나, 근무지라면 국내에 부인들은 반가워하지 않았다.

필리핀 성인남자들은 부인으로부터 200미터만 떨어져 있으면 싱글(Single)이다는 말이 있다.

또한 남자들이 문제를 컨트럴하는 한, 그것은 문제가 될 수 없다는 말들은 현지 여자들의 맘이 상당히 좋다는 말을 비유한 농담이며, 진짜다.

한문으로 편안할 安자는 집안 지붕(宀) 아래 애를 낳는 여자(女) 한 사람일 때 편안하다는 문자 유래(有來)가 있다.

45년 해방되고 부친이 홀로 먼저 월남하고부터는, 밥상에 오손도손 부모와 같이 앉은 기억이 없다.

남자는 한평생 한 여자하고만 살아야 한다고 이런 규범을 스스로에게 부과해 놓은 애초 동물은 인간밖에 없다.

그러나 인간의 일부는 숨어서 몰래 또는 남들이 알게 자기들이 정해 놓은 틀 밖에 살고 있다.

따라서 남자는 가족하고 멀리 있을 때 사람다워야, 돈도 잘 벌고, 돈이 마디다고 했다.

광산, 토목건설, 국토 방위, 생선 잡는 원양 배, 짐배, 장기 출장 등 가정하고 일시적으로 떨어진 올바른 삶에서 정상적인 자식이 자연히 생긴다는 말에 경험으로 공감한다..

인연을 잘 만들려면, 처음 잡은 끈을 놓지 말고 성의를 보이라는 말처럼, 예감이 좋아 필리핀 C-square 부사장에게 국제 전화를 했다.

생각보다 빨리 포항 쪽의 정확한 정보를 입수하여 일본에 주재하며 해외 크롬광 구매를 결정하는 대표의 비밀로 위임받은 실세를 소개 받아, 일본에 갈 준비를 하고 있다, 성사 결과를 빨리 전하겠으니 기다리라고 말했다.

걱정이 되는 여권을 들고, 일본 대사관 여권과에 가기 전에, 먼저 여의도 여행사에 다니는 친구를 찾아갔다.

상용(商用)여권이 아닌 필리핀에서 달러($)를 벌어들인 취업여권이 이렇게 푸대접 받기는 처음이었다. 재직 증명서에 필리핀 서울 대사관 공증을 받고서, 왜 일본을 가서, 어디에 누구를 만나고, 언제 돌아오는지 인터뷰 서류를 보았다.

필리핀에 뚜렷한 적(籍)도 없는 꿈을 잡는 백수(白手)가 오죽하면 자네를 찾아왔겠나 일갈을 했다. 수단을 동원하여 5일간 방문 비자를 만들어라, 필요한 서류를 구비하기로 하고 여권을 주고 나왔다.

오사카에서 만날 포항 실세를 위하여, 필리핀 C-square 광산에 대한 현황 사진을 붙여 배경 설명을 하고 풍부한 광황과 현재 재고가 1,000톤 되어 있어 언제나 선적을 할 수 있는 여건이 조성되어 있고, 지난 10월에 시험용으로 300톤을 포항에 납품하여 합격판정을 받은 화학 분석 성적표를 첨부하여 근사하게 브리핑 파일(File)을 준비했다.

여행사에서 좋은 묘안이 있다고 연락이 왔다. 장기전으로 끌려가는 느낌이 들었다.

필리핀에 들어가서 현지 재직증명서를 마닐라 한국 대사관에서 공증하고, 현지 일본대사관에 방문 비자를 신청하면 쉽다고, 일본 대사관 한국 직원이 특별히 알려줬다고 말했다.

사실, 취업 끝에 국내에서 반납하지 않고 불법으로 소지하고 있는 해외취업 여권이 이렇게 애를 먹일 줄은 몰랐다. 해외에서 오죽하면

품을 팔아 벌어먹은 사람을 보이지 않게 하층(下層) 패거리 취급하는 느낌이 왔다.

크롬광 사업을 위해서는 일본에 꼭 가야 할 비자취득 수속절차가 복잡한 아주 김이 빠진 소리를 듣고서, 여권을 챙겨 들고 여행사를 나왔다.

증권거래소 버스 정류장 가는 대로 건널목 중간에서 서로 마주 보고 오고 있는 5년 전 1983년 필리핀 사마섬 서일건설 현장, 관리과장 김래영를 우연히 만났다. 반가워 손를 잡고 다방으로 옮겨 앉았다.

성수대교 인근 성수역 근방에 빈터를 빌려 폐자재 수집 거래한다고 했다.

소식을 들어서 필리핀에 계속 있는 줄 알았는데, 뭐가 잘 안 돼냐고 물었다.

그간 벌여 온 자초지종을 말하는 중간에, 생각지도 않는 포항 힘이 센 사람의 막냇동생 김 누구를 잘 안다고 내 말문을 막았다. 뿐만 아니라, 그 집안 5형제 이름을 꿰뚫고 있었다.

김래영이는 원래 한양공대, 토목과를 나왔는데 부인이 늘 떨어져 사는 토목쟁이 직업를 싫어해 일찍이 전공 토목을 포기하고 관리 계통으로 전전하다 새로 생긴 서일 건설, 필리핀 사마섬 현장 관리과장으로 부임했지만, 영어가 숙달치 않아 외부와 소통이 힘들어, 개별적으로 현지인 가정교사를 채용 지원했다.

남자의 삶은 결혼하고부터는 혼자의 힘으로 살아가는 것이 아니라, 배필(配匹)과 호흡이 맞아야 나중에 성공 도달을 좌우한다고 했다.

부부 사이에 누구든 팔베개 없이는 밤잠을 못 이루는 사람이라면

친구 래영이처럼 현명한 결정이 옳다고 본다,

특히 광산, 군인, 원양 뱃사람 등에는 회자(膾炙)되는 실례가 된다.

불행하게 서일 건설 부도로 래영이는 조기에 귀국 대상이었지만, 심성(心性)이 좋고 노력하여, 귀국시키지 않고 계속 잡고 있었지만 그의 양심은 이미 쓰러져 버린 회사를 떠나 자진 귀국했다.

짧은 기간을 잊을 수가 없던 추억에서 뜻밖에 그의 의리는 나를 바싹 다가앉게 만들었다.

본디 귀공자처럼 생긴 김래영이는 공군참모총장 당번병으로 제대하자, 참모총장 추천으로 신승기업 건설회사에 입사하여, 1980년 국보위 결정으로 신승기업이 공중 분해될 때까지 관리부 자재과에 근무 했다.

신승기업은 국내 군시설 공사를 전담하다. 중동 건설 붐으로 요르단 공사로 기반을 잡은 장충동에 높은 자체 사옥까지 있는 탄탄한 중견 건설회사 김시종 오너회장이 일본 오사카에 있는 김 누구 씨의 셋째 형이다.

김래영은 말단 자재과 직원으로 김시종회장을 멀리 보았을 뿐인데, 회장 동생 김씨가 일본으로 가기 전, 자기 형을 보러 회사에 자주 와 얼굴을 기억하는데, 옛날 김래영이 상사였던 사람이 말년에 김시종회장 비서실장을 했기 때문에 아직 연락이 되는 곳에 가서 만나면, 형제들 소식을 자세히 알 수 있다 하여 택시를 잡아 타고, 강남 대로변에 우덕빌딩 레미콘협회 박이사를 같이 찾아갔다.

지하 다방으로 내려온 박이사는 친절한 인상으로, 간단히 김래영이 이야기를 듣고는, 첫마디가 참 잘됐다.

김 누구의 셋째 형 김시종 회장이 미국 생활 8년을 접고 귀국해서 강남 국기원 옆 빌딩에 사무실을 차린 지 며칠 안 되었으니 당장 가자고 일어나 다 같이 조금 걸어가서 김회장을 만났다.

김시종 회장은 1931년생으로, 공군본부 길 건너 대방동 공군 시설대대장을 예편하고 신승기업㈜을 창업하여 건설 회사가 번창하던 때, 윤필용(정치적) 사건에 연류되어, 1980년 회사가 공중 분해되어서 미국으로 피신하여 지내다 8년 만에 귀국하여, 옛날 억울하게 없어진 신승기업 회생을 위하여 막 준비를 끝낸 즈음, 나를 만났다.

박이사를 따라 사무실에 가서, 박이사의 간단한 설명과 소개가 되었다.

박이사와 김래영이는 먼저 실례한다고 자리를 비웠다.

김회장은 서 있는 나를 쳐다보고는 필리핀에서 언제 왔어요 물었다.

나도 8년 만에 국내에 돌아왔지만, 해외 오래 있던 사람을 국내에서는 모두 믿지 않는다고 말했다. 바빠서 지금 곧 나가야 되니, 할 이야기가 있으면 내일 오전 10시에 사무실로 다시 오라고 말했다.

다음 날, 대성에서 준 정보를 꼭 한 달 만에 찾아, 2월 5일 준비한 광산 파일을 들고 고층 빌딩 사무실에서 여비서가 확인을 하고, 안내되어 김시종 회장을 다시 만났다.

표정은 근엄하지만, 눈꼬리가 약간 쳐진 쌀쌀한 기분이 들었다.

동생 김 누구를 전에부터 알고 있는가 물었다.

그러면, 어떻게 동생을 알았으며, 왜 만날려고 하는가 또한 무슨 이유로 만나려고 하는가 되물었다. 대답 중에 대성 탄광 오너 김문근사장이 제가 구상 중인 필리핀 광물을 포항에 납품하려면, 국내에서는 섭외가 불가능하니, 일본 오사카에 김 누구 씨를 꼭 찾아가야 된다고 알려주어 우연히 레미콘협회 박이사와 김영래를 만나 여기서 회장님은 뵙게 되었다고 했다, 대성 김문근사장을 직접 거명(巨名)하며, 잘 아는 양 대번에 긴장을 풀고 부드러운 표정으로, 이야기 꼬리를 길게 끌고 갔다.

나의 이름을 한문으로 생년월일까지 탁상 메모지에 쓰라고 했다.
자기 동생은 내가 여기서 전화하면 되니, 일본에 갈 필요가 없다.
가져온 파일은 놓고 가서 전화하면 다시 오라고 하여 사무실에서 나왔다.

옛날 신승기업에 근무했던 임직원들이 추렴(出斂)하여 임시 단체를 만들어, 오너였던 회장을 모시고 없어진 건설회사 재건에 연일 출근하여 자료를 수집하고, 매일 교대로 점심 시간이면 회장을 대접했다.
일주일 후에 비서가 오라고 전화가 왔다.

처음보다는 관계가 상당히 솔직했다. 포항 힘이 센 형한테 직접 물어보면 되고, 오사카에 있는 동생 김 누구에게는 전화를 안 하고, 자주 오는 역삼동 동생 친구한테 서울에 오면 여기 오라고 일렀다며, 그날은 김회장을 옛날 모신 박전무라는 사람이 점심을 산다니까 같이 가자고 말했다.
사양하니 박전무가 잡아끌어 압구정동 손국시집에 동행했다.

반주(飯酒)로 맥주를 마시며, 박전무가 필리핀은 시민 혁명 후, 개판 천국으로 되는데, 사업이 되겠는가 걱정했다.

본래 상(上)개판에서 하는 사업이 광산업이라고 설득했다.

서양사람들은 질서가 있고 규제가 심한 선진국보다, 어지러운 후진국 아프리카를 좋아하는 형국을 모르는 사람이다.

대만사람 치공(齒工)의 필리핀 치과대학 편입학 서류와 어느 지방 전문대학의 석박사 논문을 필리핀으로 빠른 시일 내에 가져가라는 정(Paul jung)박사 심부름 연락이 왔다.

김회장을 찾아가 다른 일로 내일 마닐라에 한 달가량 다녀오겠다고 인사했다.

이 사업은 검토해서 내가 할 테니, 걱정 말고 다녀오시오, 김회장이 일본동생은 잘 먹고 잘 사는데… 하며 혼잣말을 했다.

김시종회장은 가진 재산 다 빼앗기고, 과천 조그만 아파트 셋집에 산다는 소문을 들었다.

사금(砂金)광 업자 이철령이를 데리고 마닐라에 갔다.

이 사람은 스페인 라스팔마스에서 고기 잡는 원양 어부였는데, 부상을 당해 현지에서 하선(下船)하여 놀다가 선원여권을 훔쳐 아프리카에서 떠돌다 사금광에 빠져 번 돈으로 반포 지하 상가 몇 채를 샀다고 자랑했다.

원래 고향은 평택 쑥고개 출신으로 그의 모친이 평생을 포주(抱主)였다고, 자기는 매사에 화끈하게 말과 행동이 같다고 묻지 않는 말을 하곤 했다, 반포주공아파트 위아래 층에 살았다.

광산 중에 금광은 현금하고 제일 가까워, 손 타기 쉬워 후진국에서는 생명을 내놓고 하는 사업이다,

차라리 치안이 철저한 독재국가가 낫다고 말하는 사람이 많이 있다.

필리핀에는 사금(砂金)보다 산금(山金)이 다바오(Davao)지역에 많이 분포되어 있어, 동행한 반포 아프리카 금광업자를 잘 아는 현지인에게 소개시켰다.

그들이 떠난 곳은 필리핀 남쪽으로 독재 통치가 무너지고, 금광개발 민주화 바람으로 벌써 난(難) 개발이 시작되었다는 현지 광업계 신문을 보았다.

C-square에 가서 서울에서 진행되는 상황을 설명했다.

사장 파클도는 이번 기회에 확실하게 시장을 개척하라며, 말로는 지원도 해줄 의향이 있다고 은근히 재력을 과시했다.

이(異) 민족은 실리(實利)를 따라 움직이는 패거리에 불과하며, 약속을 밥 먹듯 바꾼다고 누구는 간파했다.

작년 말, 내가 마닐라를 떠난 후, 카므스는 어떤 한국사람을 끌고 와, 한국 시장을 독점했다면서 장기 공급 계약을 하자고 하루가 멀다 하고 오더니, 정문을 차단하고부터는 소식이 없다며, 부사장 레바티케가 현장을 같이 가자고 했다.

지난 300톤 납품에서, 카므스 광석이 포항 공장에서, 1차 분쇄 과정에 문제가 발생한 것은, 광석 굳기가 약해 쉽게 부서져(Friable) 2차 입도(粒度) 형성이 어려워 감액 처분을 받았다고, 카므스회사를 퇴직한 직원이 알려 왔다.

선적 때부터 예측했던 사실을 확인했고, C-square 광석이 굳기가 좋지만, 또 다른 문제점도 있는 것을 사전에 알고 있었다.

기술의 원리는 같아도, 사람마다 응용하는 방식이 같을 수가 없다. 그래서, 정점에 반드시 사람다운 인간이 있어야 한다.

아직까지 밀고 나가는 계획대로 변함이 없는 필리핀을 확인하고 1988년 3월 20일에 귀국했다.

그동안 사방 백방으로 조사했지만, 크롬광석을 포항에 납품하기는 김시종회장이 제일 안성맞춤이다.

사회적이나 정치적으로 영향력이 있는 실세 예비역 장성인 친형이 회사 최대 주주인 회사회장, 막냇동생이 외국 공급자들의 구문(口文) 관리뿐만 아니라 판권을 치외법권 외국에서 가졌다. 임명직 사장은 때가 될 때마다 교체되는 불안한 자리를 믿고 장기 공급의 계획은 불안하다.

기다리는 김시종 회장, 강남 사무실에 갔다.

나름대로 조사를 하면서, 기관을 동원하여 나의 신원조회도 끝마치고, 나하고 서로를 믿고 나눌 말만 여유 있는 분위기였다.

김회장 말은, 전문가가 아니어서 파일을 봐도 모르겠다고 운을 뗸 후, 필리핀 광산이 사진과 같은 가물었다.

결론으로 그걸 어떻게 믿을 수 있나.

직접 가서 눈으로 확인하면 된다고 자신 있게 말했다.

해외 생활에 진저리가 나 해외는 못 간다고 했다.

그러면 믿는 사람을 보내면 되지 않습니까.

기다렸다는 듯이, 2명을 보내야 하겠는데, 경비는 누가 감당하오, 물론 왕복 항공권, 호텔 체재비 모든 경비를 제가 책임을 져야죠, 간 김에 마닐라 술도 먹고 일주일이면 족하겠습니다.

그러면, 5일로 잡고 출국 준비를 하세요.

비행기사고

출발 4월 20일 왕복 비행기표 2장을 건네 주고, 4일 먼저 마닐라행 대한항공을 탔다.

일주일에 두세 편 뜨는 비행기에는 한국사람은 거의 없고 미국에서 오는 서울을 그냥 거쳐가는 필리핀 사람들이 대부분이지만, 좌석은 늘 텅텅 비었다. 앞쪽 우측 비상구 둘째 줄 창가 통로 쪽에 혼자 앉아, 좌측으로 제주도 한라산 상공을 통과한다는 조종사 안내 방송을 듣고 창문으로 내려보고, 얼마 있다가, 우측으로 대만 옥산 상공을 지난다는 멘트가 나오면서 점심 기내식을 나누어 주어 식판을 받아서 스푼을 드는 순간, 비행기가 아무 사전 방송도 없이 갑자기 밑으로 내려 가라앉는데 앞에 스텐레스 식판이 날아 경사진 천장을 치고, 널부러져 기내가 아수라장이 되었다.

또 다시 밑으로 끝도 없이 내려 갔다,

이번에는 항문 미주알이 빠지는 기분에 두팔로 팔걸리를 세게 잡았다, 승객들의 아우성이 지옥이다, 기분이 붕 뜨는 듯하더니

또다시 연달아 빠르게 세 번째는 통째로 내려가는 느낌에, 순간 나도 모르게 어, 어 소리를 내며, 이것이 마지막 죽는 과정인가 싶어 눈을 감았다 눈을 떴다.

순간 승무원이 비상구 공간에 넘어 자빠져 사타구니 팬티가 보였다.

사람 살리라는 신음 소리가 뒤쪽, 옆쪽에서 들렸다.

순간을 지나 둘러보았다, 건너편에 앉은 뚱뚱한 서양 아줌마 눈이 뒤집혀 있었다. 갑작스럽게 술렁거렸던 기내가 평온을 찾았다. 이런 난리통에 다들 점심을 굶었다.

청소하는 남자승무원에 조금 전 최고 떨어진(Turbulence) 높이가 얼마인가 물었다.

대략 400피트가 되는데 본인도 처음이라고 고개를 설레설레 저었다.

다른 사람들도 나 같은 경우가 있는지 조사는 안 해 보았지만, 신체 검사인지, 운명시험인지 고비마다 호된 홍역을 치른 조화(遭禍), 결혼하고 1년 지나, 1974년 탄광에서 오밤중에 버스가 곤두박질 사고에서 무사히, 1980년 필리핀에 처음 와서 5일 만에 술 먹고 탄 승용차가 몇 바퀴 뒤집혀 또 무사히, 사업한답시고 2년에 일이 될 성싶을 때 지상 10,000미터 상공에서 험한 꼴은 나만 넘어야 할 문지방(문턱)인가, 어떻든 다행히 멀쩡하게 살았으니 너 일을 앞으로 해도 좋다는 신호를 받은 합격통지서 같았다.

1971년 27살 때 안동 예비사단, 직장 예비군 훈련 가서, 17미터 뛰어내리는 낙하 시범을 자원하여 처음 했다.
교량 공사 높이가 20미터에 걸친 좁은 콘크리트 PC빔의 길이 45미터 위를 걸어 다녔다.
또 1985년 호주 다윈(Darwin)에 휴가 가서 높이 27미터 번지(Bunji) 점프 동아줄을 발목에 매지 않고 가슴에 매고 뛰어내렸다.
앞을 보고 있으면 공포증이 없고, 차분해진다, 안 보면 더하다.
집채 같은 파도를 정면으로 보면 멀미가 없다.
안전한 선실이 더 무섭고 멀미를 한다.
편안하게 누워서 생각하는 것보다 서서 움직이며 하는 생각이 자신감이 크다는 말은, 나폴레옹이 뒷 짐지고 왔다 갔다 하는 모습에서 볼 수 있다.

학생 때 하고 싶었던 낙하산 메고 하강 못한 후회를 늘 간직했다.
어떠한 일이 힘들고, 위험한 것은 대충으로 할 때와 온 힘을 쏟을 때가 훨씬 다르다.

처음으로 공중전(空中戰)을 하고, 서울 김회장의 현지 광산 확인 특명을 받은 2명이 4일 뒤에 와서 합류하여 같이 C-square에 가서, 부사장 레바티케와 함께 회사에서 내준 차편으로 현장에 갔다.

도착하자마자 일행 중 영어를 잘하는 사람이, 지금부터는 영어를 사용하고 현지 말은 절대 하지 마십시오, 나중에 오해 소지가 있으니까.

두 사람 중 한 사람은 내 표정을 보고, 다른 사람은 필리핀 부사장 얼굴과 입을 주시하며 혹시 짜고 치는 투전(鬪錢) 판을 감시하듯, 파일 사진을 현장과 현물을 대조하며, 철저히 짚고 넘어가 안심(安心)이 되었다.

질문에 대답도 필리핀 사람과 나 사이에 의문이 다행히 없었다.

무슨 수사기관이 범죄 사실을 조사하는 방식으로 이틀 동안 현장 이곳저곳 광석이 쌓인 상태까지 확인하는 동안, 너무 더워 두 젊은 사람 중에 한 사람이 상의를 벗고 맨살로 돌아다니다, 더위를 먹고, 열병이 생겨, 시골 병원에서 하루를 보내고 마닐라에 돌아왔다.

마지막 날 저녁에는 마닐라 술로 대접을 인상에 남게 했다.

사업은 사업이고 아직 젊으니까 용기를 잃고 싶지 않았다.

김회장 측의 두 사람이 마닐라를 떠나는 모습을 확인하고, 숙소에서 쉬고 있는데 반포 집사람이 전화가 왔다, 이철령 씨 부인 말에 남편이 현지에서 사고를 당해 다바오 근처 시골(Mati) 병원에 있다고 도와달라는 급한 부탁이다.

C-square에 찾아가서 대처할 도움을 받아, 비행기로 다바오시에 갔다.

우선 소개받은 경찰서에 가서 경찰 한 명을 고용 대동하고 시골 병원에 갔다.

이철령이 사지(四肢)는 멀쩡한데 왼쪽 눈을 붕대로 많이 동여맸다.

사건의 발단은 한국사람 필리핀 시민과 금 광산의 구역 분쟁이 처음에는 작은 시비가 큰 시비로 번져, 필리핀시민의 현지인 부인 일행의 곡괭이에 눈을 크게 다쳐, 의도적인 공격을 부주의한 연장 사용으로 둔갑되어 판결이 지연되어, 발이 묶였다.

월남전 도망병이 필리핀으로 밀항하여 현지 여자와 살다 현지국적을 취득한 한국 사람은 나타나지 않고, 눈알을 다친 반포 부자는 현지 시골에서 단시간 내에 돈이 많은 한국사람으로 소문은 났지만, 사면초가였다.

필리핀 시골사람은 아프리카 시골사람처럼 순박하지 않다. 단지 돈이 모자랄 뿐이다.

C-square 사장부인 마닐라 대법원 변호사가 전화로 우선, 큰 병원에 후송하도록 조치했다.

눈이 복잡하여 다친 눈은 완전히 실명됐고, 치료 시기를 놓쳐 다른 눈도 시력이 50% 이하로 떨어져 여행 금지로 판정되어, 주위에서 간병인과 변호사를 임시 알선하고 마닐라 한국대사관에 전화보고하였다.

광산업은 단김에 빼는 쇠뿔이 아니다,

행동의 범위가 넓고 기복이 심해 체력과 인내가 필요하다.

한 국가를 금의 질(質)인 금반지로 환산하면, 한국은 24금, 필리핀 18금, 아프리카는 10금의 마님이 낀 반지값은 차이가 많이 난다.

▶ 1988년, 마닐라 케손시청 화재

현지 광산 진위(眞僞) 수사는 사진과 현장은 똑같고, 속 내막은 모르겠지만, 현지 광산 업자는 겉으로는 능력이 충분합니다, 김회장은 보고를 받았다.

5월 20일 귀국하자마자, 김시종 회장을 맞았다.

당신이 계속 생산을 책임만 진다면, 납품은 문제없으니, 서로 법적으로 약정하기로 하고 회사를 만듭시다.

먼저 회사를 운영 할 수 있는 전주(錢主)를 찾아, 필리핀 담당, 납품담당, 자금담당 3자가 똑같이 30%씩 갖기로 구상하고, 돈줄을 찾아 나섰지만, 한 가지 조건을 김회장은 나에게 사전 제시했다.

필리핀담당은 자금을 융통하면 권력이 쏠려 차단했다.

실지로 사업 형태가 무역 오파업은 현찰보다, 은행거래에 신용에 흠이 없고, 담보 물건이 충분하면 된다.

김회장은 돈만 있으면 아무나 좋다. 그쪽에서 여러 사람이 나타나 어울렸다.

그동안 밑바닥 사람의 행태는 잘 알겠는데, 돈을 무기로 삼는 사람들은 거의 돈을 만능으로 만들었던 위력(威力)이 동업(同業)을 망친다고 혹자가 말했다.

건국 이래 큰 행사를 앞둔 서울은 온통 올림픽 축제 분위기인데, 한쪽에서는 한 달을 넘게 이 사람 저 사람 접촉을 헤맸다, 나중에는 나도 지쳤다.

김회장도 싫은 사람이 없다.

김회장은 벌써 포항 오너 형을 만났다, 첫마디가 필리핀 객지 사람 믿기가 힘드니 조심하라는 충고를 들었지만, 거절 소리가 없는 가운데, 원점으로 다시 돌아가 나의 행동거지(擧止)에 정이 들어, 김회장이 맘이 변하여 내 쪽의 투자에 말을 했다.

나는 한국 기반으로 크롬광산이 잘 된다면 동남아로 진출하려는 맘을 가지고 죽도록 필리핀만 사수하면 된다.

오늘은 오랜만에 나타난 옛날 신승기업, 자금이사였던 채일식 씨가 점심을 대접한다고, 밥집에 같이 갔다.

이야기를 한참 듣고 있더니, 서초구 신사동 주유소 뒤쪽 개인 주택에 사는 자기 손아래 동서를 소개할 테니, 당장 저녁에 만나자고 했다.

만나 보니 동갑(同甲)에 말이 적고, 행동이 느리고 생활이 검소한 것이 우선 나와 상반되어, 만났던 여럿 중에는 제일 났다.

다음 날 둘만이 따로 만나 필리핀 소식으로 꽃을 피우는데, 그동안 호주 이민 수속을 포기하고 믿어 볼까요? 송사장은 반문했다.

이 사업은 셋이서 합심하여 밀고 나가면, 꼭 성공이라고 장담했다.

첫째, 크롬광 사용하는 국내 유일한 업체 주인의 친동생이 납품하고, 둘째, 광산기술자가 필리핀에서 품질이 보장되는 생산을 책임지고,

셋째는 회사 재무에 밝은 사람이 본인의 자금운영을 직접 맡을 자리가 앞에 기다리는 절호의 기회는 흔하지 않은 현실을 누구보다 그는 잘 알고 있었다.

사장이 될 송씨는 동업 결정을 해 버렸다.

송정기 씨는 1943년생 울산 토박이로 부산상고를 나와, 옛날 영등포 도림동에 있던 연탄공장 경리를 거쳐 고향 울산 현대조선, 거의 20년을 주물 하청 회사 전무로 어음 와리깡(割間)으로 돈을 크게 벌었다. 고향 울산시내에 나대지(裸垈地)와 경기도 양주에 넓은 임야 그리고 강남 신사동에 단독주택을 소유한 담보 물건이 튼튼하다고 그를 소개한 사람이 말했지만 사실이 그렇다.

그리고 그의 장기는 자금운영과 경리 장부 대변, 차변에는 아주 도사다.

내 또래가 혼자 힘으로 벌써 많은 재산을 형성한 사람을 처음 만나 기분이 좋았다.

급물살을 타 회사 정관을 만들고, 다들 오다 가다 만난 생판(生板) 모르는 사람이 의기투합하여 조그만 회사를 만들지라도 서로 방어 목적으로 약정을 했다.

김시종(金詩宗)

1. 회장으로 호칭한다.
2. 1차 발주 500톤 판매 못한 책임.
3. 향후 제품 납품에 대한 책임.

4. 국내 장기 납품계약 체결 책임.

5. 회사 이익에 기여하는 납품 단가 조절책임.

이정수(李政秀)

1. 호칭을 전무이사라 한다.

2. 제품의 품질 및 수량 확보책임.

3. 제품의 선적 못한 책임.

4. 1차분 500톤 선적 책임.

5. 국외 제품 장기 공급 계약 체결 책임.

6. 회사이익에 기여하는 구입단가 조절 책임.

송정기(宋正基)

1. 대표이사 사장 이라 한다.

2. 출자금 전부 충당 및 운영 책임.

3. 가수금의 상환은 판매 대전으로 한다.

4. 출자금을 초과하여 회사에 입금 시는 그 주주 앞으로 일시 가수금 회계 처리.

5. 업무는 조직에 의거 품의를 받고, 임원의 합의에 집행한다.

6. 회사 명의로 취급되는 수익사무의 수익은 업무 규정에 따라 처리.

자금주 영입에 기여한 공로가 인정되어 송사장 자칭 동서(同壻) 채일식 씨는 상임 감사로 했다.

약정 불이행 및 고의적이거나 계획적인 배신 행위는 주주에 대한 손해 배상 책임과 민형사의 책임을 같이 진다.

이상 연대 서명 약정을 끝냈다.

별도, 구두 약정으로 이정수는 포항 회사 공장 방문 출입은 불가(不

可)하며, 회장만이 포항 지역 관할권을 가진다.

그러나 적당한 시기에 필리핀을 모두 같이 방문하여 한국 시장 독점 판매 계약을 체결한다.

순수한 동업은 서로 경계하며 힘을 뭉쳐 높은 탑을 쌓는 기업의 한 형태이며, 각자 맡은 업무 구역을 지키고 공격하여 득점을 따는 농구 경기의 지역 방어(Zone defence)전법과 비슷하다.

03
페이퍼 컴퍼니

회사명을 주식회사 **한비물산**(韓比物産: Hanphi Trading, Inc.)으로 정하고, 서울 서초구 반포동 영동 시장 맞은편에 있는 로얄제과 빌딩 5층에 첫 살림을 차렸다.

1988년 10월 5일, 무역 오퍼업 허가가 났다.

김회장이 포항 찾아가 창업 신고하고 시범적으로 필리핀 크롬광석 구매 의향을 확인하고 돌아왔다.

포항과 필리핀을 위하여 창업 아주머니들이 마련한 시루떡에 돼지 머리를 놓고 사업 성공을 빌었다.

그리고, 다음 날부터는 필리핀 몫으로 관심이 집중되어 우선 마닐라 C-square회사에 전화하여 크롬광을 수입 납품하는 동업 회사 창업을 알렸다.

또한 서울에서 맡은 내 책임을 알려주고, 10월 중에 포항에서 물량만 확정되면 신용장 개설하고 달려간다고 말했다.

회사 구성인원에 대하여 간단하게 이름과 역할 설명을 첨부하여 텔렉스를 쳤다.

이틀이 멀다 하고 부사장 레바티케 전화가 오니, 서울 사무실 분위가 사뭇 좋아졌다.

포항공장 기술 생산담당 김 전무가 김시종회장 한테 직접 전화가 왔다.

물량 500톤을 준비가 되는 대로 납품 하는데, 광석 강도(强度)가 좋은 것을 먼저 선별하여 가져오고, 회사가 요청할 때 마다 소량으로 납품하여 6개월 동안 시험하면서 완제품까지 생산하여 기존 제품과 비교 분석이 필요하므로 품질이 균일 하도록 강조 했다.

김회장이 생각보다 빠르게 납품 물량을 따오니, 송정기사장이 약정과 다른 요구를 했다.

필리핀 담당 외에는 크롬광석이 어떻게 생겼는지 눈으로 본 사실이 없으므로, 누가 돌덩이를 실어서 가져와도 몰라 혹시 속을 위험이 있으므로, 자기 혼자 신용장 개설 자금을 투자할 수 없다.

말인즉, 물건 선적하러 현지에 가서 돌(石)을 선적 후 필리핀과 짜고 은행에서 돈 빼어 도망을 의심했다.

돈 한 푼 내지 않고 한비물산에 앉아 있는 두 사람을 노골적으로 불신했다.

김회장이 발끈하며, 송사장! 이 사업 없던 일로 해, 당신 돈 얼마 뿌렸다고 개수작(酬酢)이야 하며, 사무실을 나가 버렸다.

후진국에서 불량품 선적하고 선적 서류를 구비하여 은행에서 수출 특혜로 돈을 먼저 빼먹는 사건이 왕왕(往往) 있는 것을 경리 전문 송사장은 잘 알고 있었다.

평소 회장, 사장, 감사 세 사람이 한통속으로 나를 빼고 두 패거리 였는데, 갑자기, 세 패거리가 되었다.

필리핀 없어도, 김회장 없어도 사업 성사가 불가능한 판에, 배짱도 아니고 아주 단순한 해결책을 놓고, 서로 신뢰할 수 있는 행동을 하면 되었다.

다음 날 송사장과 따로 마주 앉아, 일차로 수입금액의 반을 내가 대고, 나머지 반은 사장이 대고 신용장을 열면, 물린 돈 때문에 해외에서 내가 허튼짓을 하겠소.

포항에서 약속한 대로 6개월 안에 수금과 동시에 내 돈은 즉시 돌려주시오.

구두 합의하고, 아무 약정 없이 송사장 통장에 거금을 입금을 시켰다.

그리고 1988년 10월 12일 500톤 구매를 한비물산 엔지니어 이정수 여권에 등록된 사인(Signature) 없이는 선적 후 은행 네고(NEGO)가 불가하다는 특별 조항을 기입한 신용장을 마닐라 국제은행(Citi)에 개설 하고, 품질을 관리를 위해 필리핀으로 출국했다.

세월과 세상살이는 무상(無常)하다.

내가 지난 2월 포항 대문(大門)을 두드린 후, 마닐라 카무스와 고욱 희회장 영감은 크롬광 조달과 납품 길이 막히고, 그의 손아래 처남의 든든했던 백도 기한이 지나 다른 곳으로 전보(轉補)되었다.

C-square 광산 회사는 창사(創社) 이래 L/C(신용장)을 처음 구경했다.

필리핀 풍습은 약속을 밥을 먹듯 하는 버릇 때문에, 서로 믿지도 않고 기다려 주지도 않는 풍습으로 모든 거래는 선착순(先着順, First come, first serve)이다.

광산회사와 통성명(通姓名)하고 거의 1년여에 내입으로 약속한 구매 오더(Order)를 이행하고 방문하니 모두 나를 믿는 얼굴로 대접이 좋았다.

약속 이행과 행동으로 서로 신뢰를 확인하고 장래를 위하여 품질은 사전에 포항 실수요자의 요구를 적극 수용하기로 간단하게 한비물산 명의로 약정했다.

　　현장에 가서 약 1년 전 300톤 선적하고 남아 있는 잔량을 다시 수선(手選, Hand picking)하고, 20ft 콘테이너 25개 500톤을 일정에 맞게 선적하여 부산으로 출항을 확인했다.

　　바로 귀국하여 송사장과 공사가 한참인 부산 신(新)항만에 갔다.

　　통관하여 우선 넓고 빈 장소가 많은 항만에 가로세로 25X25미터 공간을 확보하여 통관된 크롬 광석을 야적하고, 1차 50톤을 포항에 입고(入庫)했다.

▶ 1989년 1월 부산신항, 첫 500톤 도착

포항에 제철소 건설 이후, 많은 협력 회사의 수입 원자재는 일본 유통(Offer)을 거쳐 납품하거나, 일본 회사가 외국 생산자를 독점하여 직접 납품하는 관계로 실수요자인 한국 회사는 실제로 광석의 생산 원가의 형성 기준이 되는 채광 방식인 터널(Tunnel)채광인지 또는 저렴한 노천(Open Pit)채광도 상관 없이 일방적으로 현지광산과 일본이 정한 가격으로 구입은 물론 현지 광산이 어디에 위치하며, 광황 변화로 생기는 품질을 그대로 따라가는 듯한 느낌을 받았다.

한비물산의 동업 약정에는 김시종회장 외에는 누구도 포항 출입이 견제 됐다.

그러나 필리핀 담당인 나를 포항이 찾은 계기는, 일반인들은 이해 못하는 정광 생산에 필수적인 광석 입도 단위 메시(Mesh) 뜻이나, 계산($\sqrt{2}$) 법을 동업자 중에 다행히 혼자 알기 때문이었다.

더구나 실수요자 포항구매부에서도 독점 공급하는 일본 사람들은 공장이나 사무실에 코빼기도 보이지 않고, 일 년에 고작 일본 새해 달력 정도 보내는, 오만한 일본 납품의 회의를 느낀 나머지, 소통 잘되는 필리핀 동포의 일정한 품질 관리를 처음에는 의심을 가졌다.

국제적으로 한국 사람은 정이 많다고 말한다.

한비물산의 송정기사장은 관리 구매부서 담당, 나는 생산 기술부서 담당, 김회장은 그의 친형과 사장, 임원들 담당으로 서로 덕을 쌓아 자주 휩쓸려 포항시내 오거리, 죽도 시장 카바레, 송도 호텔에 많이 왕래했다.

이런 더러운 정 때문에 서로 감정을 달래며, 필리핀 크롬광이 좀 더 친숙해졌다.

그러던 어느 날 시험용으로 소량씩 입고된 필리핀 광석 500톤 중에서 절반 정도 사용 시험 연구와 제품 생산 중에 문제가 발견되었다고 연락이 왔다.

김회장과 동행하여, 포항 공장장 기술 전무와 마주 앉았다.

포항이 하는 말은, 기술적인 문제가 복잡하여 설명해도 이해가 안 될 테니, 결론으로 필리핀 크롬 장기 사용이 힘드므로, 가져온 500톤은 그냥 사용하고 금액도 지불하겠다.

며칠 전까지 포항 공장 기술자들은 한바물산 크롬이 좋아 염려 말라는 소리를 술상머리에서 들었는데, 높은 김전무는 끝장내는 소리를 공개적이고 사무적으로 약간 거만스러운 김회장 면전에 일침을 놓았다.

분위기는 쌀쌀하지도 않고 그냥 하는 소리 같았다.

과거 학력 있는 많은 공군병사와 건설회사 1000명 넘는 직원을 호령한 김시종 회장은 반응이 달랐다.

영세 납품업자가 전무님이라고도 하지 않고, 대번에 김전무, 광석이 문제가 있다면, 500톤을 포항 바다에 쓸어 버리고, 필리핀 광산공장에서 알맞은 광석을 당장 가져오겠소,

포항 김 전무가 말을 받아서, 김회장님, 그 비싼 물건을 먼 데서 바다 건너 가져왔는데 버려서는 되겠습니까?

좀더 연구 조정하려니 시간이 걸려서…. 전무는 말끝을 흘렸다.

김시종회장이 다른 말을 했다.

우리 한비물산은 이 광석을 위하여, 동력자원부에 지원을 요청했습니다.

한국사람이 국가를 위해 해외에서 전략 광물을 개발한다고, 적극 밀

어준다는 장관 약속을 일전에 받았습니다.

나를 가리키며, 이 사람을 필리핀에 2년 전에 보내 광산을 조사시켜, 겨우 개발 단계에서 생산을 하고 있습니다.

나에게 들은 풍월(風月)을 즉흥적인 시나리오를 만들어 연출하는 김 회장의 과거능력이 크롬광 구매 사용실력자 김전무를 압도했다.

사실은, 포항에서는 장기적으로 사용하던 원료 광물의 공급처 변경에 갑론을박(甲論乙駁)이 많았다.

물론 회사 대주주 오너의 친동생이 어쩌다 필리핀에서만이 생산되는 크롬광을 사용하는 품질과 거의 같아, 한번은 시험 삼아 작년에 다른 루트(고회장)로 300톤과 이번 500톤을 똑같이 사용하였지만, 출처(出處)가 불분명하고 학술 기술적 의문을 한비물산의 현지 책임자 나와 포항 기술자들은 짧은 토론은 이미 서너 번 있었다.

상부에서는 의리상 마지못해 시작을 했고, 가능한 트집을 잡아 장기 공급은 불가능 결론으로 정해 놓고, 처음에는 나를 불러 세웠지만, 한 비물산의 장래 구상과 품질 관리뿐만 아니라, 광황 확보를 국가 동력 자원부의 전략광물로 지정하여, 해외자원개발 지원으로 꼭 달성시킬 나의 강한 의지는 그동안 실무 기술진과의 짧게 쌓은 정 때문에, 공급 불가능이 아니고 점차적으로 행동하기로 결론이 났다.

무엇보다도 김시종 회장의 네임밸류가 한몫 했다.

왕년(往年)에 큰 기업 경영으로 아직은 관계 요로에 많은 응원이 있었다.

옛말에 부자(富者)가 망해도 3년은 간다고 했다.

국내에서는 한비물산이 처음으로 크롬광을 직접 수입하여, 항만 창고에 타설하고 실수요자 요구에 따라 일정량을 수입 납품하고, 판매하는 군소 소매업자이다.

필리핀 광석 조금 가지고 오파 무역업을 시작한 모든 것을 초보로 간주하였다.

그러나 지적한 기술적인 문제점의 개선 방안에 빠른 이해는 물론 현지 광산 생산자와 똑같이 빠른 행동에 포항 기술진은 솔선하여 밀어주었다.

광산주(主) 파클도(Nereo Paculdo)는 부부 변호사이다.

▶ 1989년 12월, 한비물산, C-square 상견례
　왼쪽부터 사장부인, 광산주, 송사장, 김회장

사장 남편은 1933년생으로, 1956년 필리핀 변호사 시험 1256명 중
에 최고점수(Top notch)를 득한, 소문난 사업 변호사로 마닐라 케손
시, 중앙 쿠바오(Cubao) 대로변에 제일 큰 농수산물(Wet market) 유통
시장 Nepa-Q-Mat을 소유 경영하는 사업가이면서 신앙심이 깊고 사회
에 기부를 잘해 생일 때면, 가톨릭 하이메(Jaime) 추기경이 오곤 한다
고 직원들은 자랑했다.

또한, 부인(Gloria)은 1935년생으로 남편과 국립대학 UP 동문으로
학생 때, 여자가 쫓아다녀 결혼한 대법원에 근무한 경력을 이용한 부
동산 경매 물건을 먹는 대법원 마피아그룹으로 소문난 문제 해결 변호
사이다. 또한 별도 부동산 회사를 경영한다.

포항에 1차 납품한 500톤 대금을 어음으로 수금하여, 송사장은 차
입한 수입 대금 중 절반을 약속대로 내 통장에 입금했다.

포항에서는 필리핀의 광황(鑛況)이 좋다면 장기적으로 일본과 공급
전략을 단계적으로 2원화하려는 의도가 엿보였다.

그러기 위하여는 자타가 인정하는 과학적인 조사가 필요하고, 그것
을 근거로 생산 공급 중장기 계획을 작성하여, 김회장의 장기 공급 계
약을 포항으로부터 받는 자료가 모두에게 필요했다.

무엇보다, 필리핀 측에서는 일부 지역에 국가적으로 추정 광량은 파
악되었지만, 개발을 위한 확정광량을 조사한 자료는 없다.

정부지원 조사 기회를 만들어 광황이 좋으면 합작 개발 계획을 세
웠다.

막상 유관 국가 기관에 접촉을 하였으나, 회사가 작고, 처음 들어본

회사이름이라 그런지 반응이 시큰둥하였다.

할 수 없어 남의 힘을 빌리기로 마음을 먹고 광업계에 발이 넓은 종로 청진동 뒷골목에 많이 있는 광무소 중에 한성 광업기술사(技術士) 사무소를 찾아갔다.

소장인 한태수 광산기술사는 옛날 대성 본사 기획부장으로 직상사였는데, 뜻하는 바가 있어 충북 영동에서 금광을 동업으로 하다 가산을 탕진하고, 술로 세월을 죽이는 거의 폐인(廢人)을 그의 친한 친구가 설득하여, 기술사 사무실을 개업하여 기반을 잡았다.

1980년 9월 말경 남광토건 수유리 지하철 4호선 공사과장 시절, 어느 늦은 여름 주제비 꼴이 초라한 한태수 씨가 어느 친구랑 나를 찾아 현장에 왔다.

서로 헤어진 지가 꼭 6년 만에 뵈니 너무 모습이 변하여 기력이 없어 보였다.

가까운 식당으로 모셔 앉았지만 식사는 않고, 술잔을 들고 눈물만 흘렸다.

옛날 모시고 관철동, 다동 격식 있는 술집에 가면, "에덴의 동쪽" 제임스 딘이라고 별명이 붙은 개성이 있는 얼굴에 멋쟁이었다.

무슨 할 말이 있는 느낌이 들어 같이 온 친구에게 대신 말씀을 하라고 용기를 주었다.

그때서야 마음을 잡고, 사실은 옆에 친구가 사무실을 얻고 기술사 사무실을 같이 차릴 계획인데 집기를 살 돈이 모자라니, 돈을 차용(借用)하자는 이야기였다.

예산은 삼십만 원인데 되겠는가 나에게 물었다.

즉시 사무실에 가서 거의 월급 전부 370,000원을 가불했다.

그리고 한 달 후에 필리핀지사로 영전했다.

세상에는 공짜 없다고 말한다.

그때로부터 9년 만에 만난 한태수소장은 혼신을 다하여, 과천 동력자원부 해외정책과장 한현서기관, 함종칠 광산기좌를 소개시켜 주었다.

해외자원 개발 지원법령 규정에서 회사 자격 기준이 자본금 5억 이상 대기업에 해당되는 규정의 문턱이 상당히 높아, 자본금 5천만짜리 오파 무역업은 불가능했다.

그러나, 국가 지원이 가능한 근거 서류가 되는 포항 삼화화성㈜의 필리핀 크롬광의 구매 실적과 장기 구매 의향서 등 여러 서류를 참조하여 필요성을 설명했다.

국내 대기업은 큰 사업에만 집중하여, 동남아시아는 눈이 어두워, 해외 작은 광종을 파악하기는 크기와 수량의 한계에 부딪혀 실제로 힘든 개발보다 광물을 수입에 의존하는 경향이 있었다.

처음으로 자격 미달의 회사가 해외자원 개발을 시도하는 크롬광 개발에 대하여는 긍정적인 생각뿐이었다.

그래서, 일부 광업계에서는 믿을 수 있고, 자격이 있는 대기업에 넘기거나, 합작을 도모하라는 조언이 많았다.

그렇지만, 동력자원부 해외정책과장 한현 씨와 함종칠, 임성래 기좌는 큰 국내 실수자가 있고 장래가 보장되는 전략광물을 발견하여,

한국인으로서는 처음 개발하고자 하는 사람의 작은 회사를 특별 규

정을 만들고, 안 되면 상부와 협의하여 실행 규정을 개정해서라도 지원하는 정책이 정말로 국가 정책이라며, 우선 동력자원부 산하기관인 대한광업진흥공사의 현지 광산 조사 보고서를 참조하여 지원하겠다고 용기를 주었다.

1989년 4월 18일, 동력자원부에 해외자원 개발 계획을 신고했다.

위기와 많은 어려움이 있었지만, 왕년(往年)에 광업인으로서 많은 친분을 쌓았고 도움을 받았던 인연으로 대한광업진흥공사는 한국과 장차 합작개발계획인 필리핀 C-square 광산의 탐광 지원 여부를 현지에 지질팀을 보내 1차로 확인 조사하였다.

많은 광물이 해외에서 전량 수입하고 있었지만, 일부 자격이 있는 대기업은 아직 합작 개발은 없고 국가의 해외자원개발법에 의거 지원으로 융자매광(融資買鑛) 방식의 직접 수입하거나 투자개발을 모색하고 있을 뿐이었다.

중소기업들이 자격 문제로 해외 유통망을 거쳐 공급 받고 있는 실정을 파악하고, 해외자원개발의 필요성을 관계 요로에 광종의 수요량에 맞게 현지에서 직접 개발하여 공급 받을 수 있는 자격을 국가 정책으로 구분하여 누구나 쉽게 자원개발의 당위성을 설명했다.

다시 말하면, 수량이 많은 광종은 대기업, 적은 양의 광종은 영세기업도 개발 생산할 수 있는, 한비물산과 같이 필리핀 크롬광을 일부 개발하여 포항 공기업에 공급하는 실례를 상기시켰다.

15년 넘게 독점(Exclusive)으로 크롬광을 포항 삼화화성㈜에 장기적으로 공급하고 있는 일본 이쇼이와이(日商岩井)상사의 독점 Coto광산은 필리핀 잠바레스 크롬 벨트(Belt)지역에 C-square광산 북쪽 35km에 지점에 위치한, 1930년대 후반 미국 식민지시대 미국인이 개발된 내화용 크롬 광산에서 해안까지 28km 협궤 철도를 부설 광석운반과 2만급 선박이 접안하는 자동 적하 시설, 광부 복지시설 등 세계에서 내화용 크롬광산으로는 제일 크다.

시장 독점과 현지 군소 생산까지도 정치적으로 행정적 간섭과 개발을 방해하여 주변 많은 광황의 개발을 간접적으로 통제하여, 장기간 수요 시장을 독점 군림하며 터무니없는 가격의 횡포가 심했다.

그러나, C-square는 남다른 사회적 힘이 있고, 법리(法理)가 밝은 사장 부부는 아시아에서 일본 다음으로 크롬광 소비가 많은 한국 시장을 위한 광산 개발 의지를 대기업 벵겟(Benget)그룹인 Coto크롬 광산의 간섭은 물론, 물리적인 훼방은 그 지방에서 처음으로 통하지 않았다.

광산 사장부인 변호사는 큰 광산의 약점을 잡아 이번 기회에 소송 기간 동안 광산 생산 일시 폐업을 시켜 점차 폐광을 시키겠다고 호언하는 호전성이 있는 허리통이 굵은 여자다.

큰 광산은 왕년(往年)에는 필리핀 크롬광업계에서는 안하무인(眼下無人)으로 광산주 누나가 유명하고 힘센 이멜다였다가 민주혁명으로 마르코스와 바다 건너 피신하여서 지금은 이빨이 빠진 호랑이로 숨을 죽이고 있는 형편에 C-square 광산을 무서워했다.

1989년 10월, C-square 크롬 정광 푸러스 10메슈(plus 10 mesh) 1500톤과 마이너스 10메슈(Minus 10Mesh) 150톤, **총 1,650톤 첫 구매 오더를** 포항 삼화화성으로부터 받았다.

　그동안 소량(500톤, 200톤) 컨테이너 시험용에서 처음으로 일본회사처럼 벌크(Bulk) 화물을 선임(船賃)이 저렴한 용선(Charter vessel)하여 포항으로 직접 공급할 수 있는 본격적인 구매의 길이 드디어 터져 한비물산 창업 1년 만에 포항과 정식으로 거래가 시작되었다.

　또한 필리핀 광산은 물량에 축하파티를 했다고 연락하며 나를 기다렸다.

　그 무렵, 일본 크롬광 독점납품업자는, 한비물산의 출현을 모르고, 광산의 심부 개발 이유로 가격을 20% 인상 요청을 포항에서 공문을 접수했다는 믿을 만한 소문이 돌았다.

　따라서, 이번 선적은 중요하며, 장래에 좋은 기회가 되었다.

　즉시, 포항 11월 말 전에 도착으로 한비물산은 제일은행 발행 신용장을 C&F 조건으로 C-square에 개설했다.

　생산과 품질 관리를 위하여 필리핀에 갔다.

　예상외로, 채광장 터널 광황(Mother Lode)이 좋아져 광석(Lumpy ore)생산을 배로 늘려 선광 물량이 충분했다.

　선적 물량 확보와 품질은 현지 검사 결과 좋아, 판매자 C-square는 포항 도착 용선(Charter vessel)을 현지 선사와 계약하고, 화물을 광산 선광장에서 25km 떨어진 마시록(Masinloc)사설 부두에 임시 저장하고 용선 M/V Christine gay호에 1,500톤 벌크(Bulk) 선적과 150톤은 1톤 빽에 넣어 벌크 위에 선적하고 출항을 확인하고 귀국했다.

▶ 마닐라에서 바지선 도착

▶ 1차 바지선 화물상차

▶ 1989년 11월, 사업 최초 벌크(1,700톤)선적,
모선적화작업

1986년 10월 광산사업을 시작하여, 나로서는 드디어 50% 불안한 성공이었다.

첫 번째 <u>선적 300톤(1987년 10월)</u>, 카므스광산 크롬광

두 번째 <u>500톤(1988년 11월)</u>은 창업 한비물산이 C-square광석 수입

세 번째 <u>200톤(1989년 7월)</u>은 입도 및 품질 최종 시험용으로 납품

<u>하였고,</u>

세 번은 모두 수량 미달로 인하여 선임이 비싼 컨테이너를 이용하였지만, 꼭 3년 만에 생산조건과 품질이 합격하여 정식으로 <u>광석벌크 1,700톤은 선임이 50% 저렴한 용선(傭船)</u>을 이용하였다.

포항에 선적 완료와 선박 도착 예정일 11월 말경을 알려주고 포항 통관사에 세관 통관업무를 일임하고 공장 입고 수송은 공장 단골업자에 맡기기로 했다.

일주일 후, 국내 선박 대리점 동화선박에서 연락이 왔다, 필리핀 출발 포항 도착 선박이 대만 근처에서 엔진 고장으로 대만 순시선에 예인되어 카오싱 항구에 입항 예정이다.

배를 용선 계약한 C-square에서는 까맣게 모르고 곧 포항에 도착하려니 소식을 기다리는 중이었다.

며칠 후면 수리하여 항해를 계속할 예정이라고 선사는 장담했다.

열흘이 지나서 연락이 다시 왔다. 항해하던 선박이 장거리 항해 불능으로 판정을 받아 마닐라로 되돌아간다. C-square는 배가 마닐라로 돌아오면 즉시 하역하여 항해가 빠른 정기 컨테이너선으로 변경하여 보낸다고 연락이 왔다.

포항에서는 불가항력으로 인정하고 처음에는 조용했다, 열흘이 지나 포항 회사 전체가 타격을 입을 사건이라며, 갑자기 내일모레 아침 9시까지 적어도 10톤이 도착 안 되면 공장의 일괄공정이 전부 멈추게 되고, 한비물산은 앞으로 거래는 끝이라고 최정관 구매과장이 오후에 전화를 했다.

심각한 상황의 중간에서, 할 수 있는 일은 한 가지로 절박하여, 즉시 C-square사장과 직접 통화를 했다.

포항 사정을 말하고, 우선 광산 현장에 남아 있는 선적과 같은 크롬광 10톤을 당장 트럭으로 마닐라로 실어 와 항공편으로 내일 오전에 보내면 당일 통관하면, 우리 사업은 계속 할 수 있다고 말했다.

그날 즉시 현장에서 10톤을 트럭에 실어 보내어, 전 직원이 50kg씩 포대에 담아, 미리 예약한 UAL(United air line)에 다음 날 정오에 실어 보냈다고 송장 번호와 연락이 왔다.

오후에 김포 공항에 갔다.

대학동창이 운영하는 우진 항공화물(Air Forwarding) 직원과 항공사 UAL 사무실에 가서 송장과 적재 유무를 재확인하고, 오후 4시 30분에 도착하는 화물을 실은 여객기를 기다리며, 김포세관 도착화물과 계장을 만났다.

오늘 중으로 화물을 인출하기는 규정상 불가능하고, 내일 아침으로 출고가 가능했다.

급박한 사정을 외면하는 말단 계장을 뒤로하고, 다시 높은 과장을 만나, 돌과 같은 광석을 비행기로 운반하는 목적은 시간이 급박하게 만든 선박사고 전후를 설명하고, 포항에 내일 아침 9시까지 입고가 안 되면, 공장 일괄공정 기계가 전체 스톱으로, 국가기간산업에 막대한 피해를 준다고 큰 포항 회사를 들먹였다.

설명을 다 듣고 난 과장은, 문제가 복잡하고 중요한 사건인 것을 인지하고, 같이 세관장을 만나자고 일어섰다.

무슨 회의 때문에 막 퇴근하려는 세관장은 과장 보고를 듣고, 오죽하면 돌을 비행기로 실어 오겠는가 동정을 보이며, 항공화물은 1kg당 2달러 전체 $20,000 10톤 화물 값이 돌 같은 광석보다 몇 배 비싸네 하며 말했다.

규정상 항공화물은 당일 반출이 안 되고, 창고에 하루를 타설하였다가 다음 날 출고하는 규정을 세관장은 중요한 광물이 국가적으로 긴박하다면, 즉시 반출하라고 과장에게 지시하고 나갔다.

여객기는 정시 조금 지나 오후 4시 50분에 착륙했다.

과장이 창고계장을 불러 관우회 인부들 저녁 10시까지 특별 야근을 지시했다. 일찍 저녁을 든든히 하라고 거들었다.

남부 터미널에서 화물 트럭 Forwarding 하는 친구에게 미리 부탁하여 오늘 저녁 화물 10톤 포항 가는 트럭 운전수 2명을 붙여 보내라고 했다.

저녁 8시부터 창고에 입고된 크롬광석 50kg 포대 자루를 카고 트럭에 실었다.

밤 10시 출발하는 트럭 운전수에게 졸지 말고 교대로 하며 내일 아침 8시에 포항시 청림동에 있는 삼화화성 정문에서 만나자고 당부했다. 포항과 약속한 다음 날 아침 7시 포항 가는 첫 비행기를 타고, 포항에 내려 택시를 잡아타고 포항 공장 가는 노상에서 저녁 카고 트럭을 보고 반가워 손을 내저었다.

정문에서 정각 9시에 최정관 구매과장에게 구내 전화를 했다.
정문이라고 말했다. 믿지 않았다. 정문 경비 반장이 보고했다.

보름 후 C-square는 컨테이너 85개를 부산으로 보냈다.
용선한 고장을 일으킨 문제의 선박을 마닐라항으로 끌고 와 화물을 내려서 다시 컨테이너에 담아 빠르게 처리했다.
12월 30일 1,690톤을 발 빠르게 납품을 완료하여 신뢰를 인정받음과 동시에 내년(1990년)부터는 전체 물량의 30%(4,000톤)를 배정받았다.

▶ 1990년, C-square 사장

1990년 1차, 정규적으로 될 것 같은 납품 통보를 받고 정광 10메슈 (plus 10 mesh) 2,000톤 3월 말 선적 신용장을 C-square에 개설했다.

필리핀과 한국의 화물 수량이 최소 2,000톤 이하가 되면 용선 (Charter vessel)하기가 힘들다.

왜냐하면 작은 배가 필리핀과 대만 해협의 격랑을 넘기 힘들어 배수 톤수가 큰 배가 진입하기 때문에 화물량을 많이 요구 최소한 2,000톤을 요구하고 또한 톤당 선임도 내려간다.

그러나, 아시아 독점 판매권을 가진 일본 납품업자는 필리핀 Coto광산의 크롬을 광산부두 최대 선적 용량 20,000톤을 선임 톤당 가격을 싸게 수입하여, 일본에 저장하였다가, 정기적으로 신용장을 받고는 포항에는 1,500톤씩 선임이 저렴한 연안 화물선을 이용하여 납품했다.

일본 업자는 이래저래 싸게 구매하여 포항에 아주 비싸게 독점 납품을 15년 넘게 해오다 복병(伏兵)을 만난 꼴이 되었다.

그러나 한비물산은 아직 신용 관계로, 크롬광을 직접 수입하여, 국내 거래(內資) 방식으로 납품 입고하고 기술검수, 연구소 분석, 구매부 판정, 경리 기표(記票) 후, 15일 내로 3개월 어음을 받기로 했다.

1차 2,000톤 납품을 끝내고, 향후 거래 신용을 쌓기 위하여, 한비물산 경비 부담으로 기술기획부 박훈근 차장과 구매과 최정관 과장을 1990년 5월에 현지 C-square광산을 일주일 동안 실사 목적과 홍보 차원으로 초청했다.

그들은 고(高)지대 채광장 터널과 선광장의 구조를 점검하고, 품질 향상에 대한 실수요자의 요구를 현지 기술자와 협의하고 염기성 내화 크롬광의 특성에서 화학적 성분과 물리적 성질의 조화되는 과정을 현지 기술자에게 설명을 했다.

복잡한 화학적 구조와 물성(Physical) 때문에 내화용(Refractory) 크롬 精鑛은 야금용(Metallurgical)으로 용융(Smelting)하는 크롬보다 가격이 3배가 넘는다.

출장 온 포항 직원들은 현장에서 25km 떨어진 해안 Oyon지역에 자체 부두 건설을 위하여 구입한 5헥타(1만5천 평) 부지를 답사하고, 사장 Paculdo 부부의 초청으로 장기 공급할 역량을 과시하는 마닐라에 다른 사업장도 참고로 방문했고, 체류하는 동안 장래 관계를 돈독하기 위하여 융숭한 대접을 받았다.

마지막 날은 업무를 떠나, 필리핀의 역사를 가늠할 수 있는 2차대전 이전에 동서양에 건설된 2개의 군사 요새 중에서 아시아에만 유일하게 남아 있는 1931년 건설된 마닐라 만(Bay) 입구 가운데 위치한 맥아더 요새 고리히도(Corregidor)섬에 갔다.

고리히도라는 말의 뜻은 스페인 말로 Check point(위병소)인데, 서양에는 지중해 그리스 에게해에 케로스섬 절벽에 독일 나치가 건설한 나바론(Navaron) 요새는 전쟁 패망으로 없어졌지만, 필리핀 맥아더 사령부가 있던 요새는 태평양 전쟁 승전국으로 아직도 건재하여 세계적으로 역사의 요새로 선진국 사람들 특히 미국, 일본 사람이 많이 방문하는 이름난 곳이다.

마닐라 만 내륙 중앙에 위치한 마닐라시는 아시아에서 정서쪽으로 위치한 석양(夕陽) 풍경이 아름다워 1980년 초까지 국제 흑백사진전이 매년 개최되었다.

▶ 1990년, 마닐라 석양

　또한, 마닐라 리잘(Rizal)공원은 아시아에서 처음으로 서양식 공원이 조성됐고, 공원 중앙에 독립 영웅 호세 리잘(Jose Rizal) 동상은, 스위스 바젤시 웰리암 텔 동상을 조각한 세계적인 유명한 조각가 리차드 키스링(Richard Kissling)이 Motto Stella(Guiding Star)라는 뜻으로 높이가 42피트, 당시 거금 4백2십만 달러를 들여 1913년에 만든 작품이다.

　어느 퇴역한 한국해군 제독이 1956년 초급 장교 때, 마닐라 견학을 갔다. 낙후되고 전후 폐허가 된 고국과 비교하니 너무 달라, 아시아에서 계획된 도시의 도로망, 정돈된 공원과 나중에는 사미겔(Samigel)맥주 공장을 견학하고는 언제 고국은 이렇게 될까 잠이 안 왔다.
　30년이 지난 퇴역 기념으로 너무 인상이 좋았던 마닐라를 다시 찾았다. 깜작 놀랐다, 어떻게 30년 동안 조금도 변하지 않고, 주변은 지

저분했다.

▶ 1990년, 마닐라 호텔

애미 애비 잘 못 만나 고생하는 자식들 형국이 되어 버린 현실에, 퇴역 군인은 너무 실망했다.

어느 조직, 가정이나, 회사나, 국가나 두목이 할 탓이다.

조선왕조 말년에 백성이나, 북한 인민들 회자(膾炙)되는 말이다.

포항 삼화화성 직원들의 필리핀 출장 복명(復命) 결과가 좋아, 내년 (1991년)부터 크롬 정광 공급 할당 30%에서 상향되어 50% 이상으로 획기적으로 변경되었다.

내가 공을 들여 일군 필리핀광산은 누가 보아도 정말 손색이 없었다.

이런 것을 百聞不如一見에 비유되는 말이다.

또한 1990년도 2차 공급은 특별히 격상하여 3,000톤 주문을 받았다.

한비물산이 부담한 포항직원의 지난 5월의 출장 제경비를 낮은 선임(船賃)으로 벌충하여 주는 배려였다. 물론 현지 생산이 풀가동하여 원광 매입이 잘되고 정광생산이 순조로운 현황을 실지로 목격하였기 때문이다.

필리핀 북부에 진입하는 빈 화물선은 대만과 필리핀 사이 해협은 태평양의 강한 해류가 남중국해로 이동하는 좁은 길목(Bashi & Balintang channel)에 파도가 높아 배수톤이 최소 4,000톤급 이상의 용선료가 보통 $25,000 이상인데 이번 3,000톤(선임 $8/톤) 물량은 종전에 1,500톤($17/톤)과 2,000톤($12/톤)에 비하면 선임으로 많은 차이로 편의를 받았다.

선임이 저렴한 남쪽에서 올라오는 합동(Consolidation)화물 선박은 많지만, 깨끗이 선광된 정광 벌크의 적하 화물간에 이 물질 혼입이 염려되어 통상 회피했다.

한비물산은 10월 말 도착 2,000톤 신용장을 필리핀에 금번도 3번째 개설했다.

포항은 생각보다 빠르게 크롬광 공급을 기존 일본회사와 분기별로 교대 납품 기회를 주었다.

1990년도 세계 원광석 채광 생산 원가는 품셈기준 아프리카 톤당 $5(山元)이다.

산원에서 소운반하여 선광 처리비와 제 경비를 합산하면 광산 출고가(價) 톤당 $30에 선임(船賃) $15/톤 포함 회사 이윤 합쳐 포항 도착 150% 순(純)가격이 $150/톤(일본업자 납품가 $240/톤)으로 광석공급이 문제일 뿐, 정해진 시간에 획기적으로 원활한 원광석 확보 물량으로 처음 선광장은 매일 2교대 야간에도 생산을 했다.

그러나, 문제는 많았다. 일시적인 현상으로 광석 수급 책임자인 나는 걱정이 앞섰다. 덕대 업자는 눈에 보이는 광체만 채광하고, 변호사 광산주는 한번 파 놓은 굴에서 인건비와 화약만 대주면 크롬이 저절로 나오는 줄 알고 있을 뿐이지, 더 골 때리는 것은 현장 직원들이 비디오 촬영으로 보고를 하곤 해서, 굴속에 크롬 색깔과 같은 까만 모암(母岩)인 반려암(Gabbro)이나 두나이트(Dunite)를 전부 크롬으로 오인하고 있다.

별도 기업 굴진(企業掘進) 개발이라는 광황 확보를 이해하지 못했다.
지금 현황으로 내후년이 걱정이다.

한비물산을 믿는 포항은 납품 물량을 늘려 준다고 했기 때문이다.
또한, 동업자 김회장, 송사장은 물량에만 신경 쓰고, 동업 약정서대로 내가 필리핀에 있는 한 선적에는 아무런 문제가 없다고 자랑까지 해댔다.

1991년도 1차 2,000톤 납품 통보를 받았다, 작년은 7,000톤 납품했고, 금년은 8,000톤을 예상하고 있다.
그동안 몇 번 선적 입회하는 동안 터득한 좋은 경험은, 하주(荷主) 측이 벌크(Bulk) 화물 선적 시 꼭 입회하면 회사적으로 이로운 점은 화물을 계약량보다 초과로 적화할 수 있다.
모든 광석류, 곡식류 등 벌크 화물은 수량을 바다에서 출렁이는 배에 정확히 실을 수 없다. 물론 오차 범위 5% 관례 조항은 있지만, 적화(積貨)보고서에는 의례적으로 수량을 맞힐 뿐이다.

　한비물산의 경우 수입한 화물을 일정한 장소 창고에 우선 적치하고 납품 계약 물량만큼 회사에 입고하고 수금하는 내부거래 방식에서는 외국 생산지에서 될수록 초과 선적을 하면, 국내 제비용이 많이 절감 될 뿐 아니라 별도 이익이 발생한다.

　선박의 흘수선(吃水線)을 기준으로 검사하는 육상 공인 검수원(Draft Surveyor)과 선박 측 검사 및 보고서 작성하는 일등항해사(Chief Mate)는 육상(陸上)에서 구경하는 하주(荷主)의 능력에 따라 초과량을 아주 외진 시골이나 후진국일수록 묵인하는 경향이 많다.

　현지 사람들은 에이젠트(Agent)업의 잣대는 성능이 좋은 고무줄이라고 말했다,

　그래서 제조업, 도매업, 중개업, 회사원, 공무원, 전문업 등에 종사하는 사람들 성깔이 제각각인데, 돈을 착실히 벌기는 제조업이 제일이라는 말을 한다.

　입항하는 선박의 선적을 감독하기 위해 잠바레스 현장으로 가는 고속도로를 지나 산페르난도(San Fernando) 근처 국도변 루바오(Lubao)에서 썩은달걀 냄새가 수빅(Subic) 지날 때까지 났다.

　현지인들은 산에서 유황 냄새가 나면 화산폭발 징후가 있는 사실은 누구나 알고 있다. 또는 산짐승이 산에서 내려오거나, 먼저 땅속 벌레가 나오고 뒤따라서 작은 들쥐나 뱀이 동네에 많아지면 지진이 온다고 믿는다.

　그런데 오늘은 포락(Polac)에서 가깝게 보이는 산허리 중턱에서 하얀 수증기 같은 연기가 뿜어 나와 화산 폭발이 가깝다고 인근 사람들

이 대피하는 모습이 보였다.

▶ 1991년 6월 7일, 피나투보 화산 폭발직전

선박은 6월 9일 저녁에 마신록(Masinloc)읍 외항에 입항하여, 자정부터는 바지(Barge)선에 상차를 시작하여 내일 새벽부터 광산 부두에서 2km 떨어진 외항 모선(母船)에 붙여(Along side) 환적(換積)하기로 했다.

10일 하루종일 약 1,000톤을 옮겨 선적하고, 크레인 고장으로 11일 늦게 나머지 700톤가량을 12일 아침 8시에 2번 해치에 선적을 끝내고 선원들이 해치(Hatch) 뚜껑을 닫고 3번 해치에 마지막 물량을 선적하기 위해 모두 쉬고 있을 때, 남동쪽 직선거리 30km에 피나투보(Pinatubo 1,760ML)산 화산 대폭발이 일어났다.

▶ 1991년 6월 12일 정오, 두 번째 대폭발 망원 촬영

시꺼먼 연기와 쇄설물(Pumic rock)이 하늘에 큰 검은 기둥이 서 있는 것처럼 연속적으로 검은 연기를 뿜어내더니 정오쯤에는 폭음과 함께 버섯 구름이 하늘로 솟았다.

나머지 물량 300톤을 서둘러 선적을 완전히 끝낸 오후 늦게부터는 온 천지가 어둡더니 검은 연기 비슷한 재와 크기가 골프공만 한 화산재(Lahar)가 바지선 부근에 집중적으로 떨어지며 해안 육지에는 회색 눈이 내려 초저녁 때처럼 어두워 사람을 분간하기 힘들 정도가 되었다.

회색 화산재는 눈처럼 바람을 타고 선적을 끝낸 인부들이 배 안으로 들어가 볼록 볼록 쌓인 선적된 크롬광을 평편하게 삽질하는 동안 눈(雪)처럼 배 부근 바다에도 내렸다.

화산재의 성분은 90% 이상이 실리카(Silica)로 구성되어 있다,

이 성분은 내화용 크롬광에는 치명적인 불순물이다.

▶ 피나투보 연속 폭발(1991년 6월14일)

화산 폭발은 사흘이 지난 6월 15일까지 간헐적으로 일어나 반경 50km 이상 용암은 없이, 마침 우기(雨期)가 되어 폭우에 섞인 진회색 화산재(Lahar)는 피나투보산 주변 3개 주(州) 잠바레스, 탈락, 팡가시난에 평균 1-2m 높이로 쌓여 주변 환경과 논밭을 무참히 초토화시켰다.

화산 피해는 낮은 지역 광산에 침수와 시설 붕괴로 폐광시키고, 주변 비행장이 화산재로 매몰 폐쇄는 거의 90년(1898-1991년)넘게 이곳에 주둔하고 있는 외국 군대를 철수시키는 이변(異變)이 발생했다.

1986년 2월 시민 혁명으로 마르코스 독재에서 민주화는 이루었지만, 5년 만에 온 천재지변은 앞으로 20년 후에 주변 환경이 복구된다는 과학자들의 예언은 민생을 우울하게 만들었다.

▶ 피나투보 화산재로 매몰된 교회건물

　광산이나 지질 분야에 사람들은 화산, 용암(熔岩)에 관심과 흥미를 갖는다.

　필리핀에는 활화산(活火山)이 몇 개 있는 중에 제일 높고 큰 화산이 빈번한 마욘(Mayon 2,640ML)화산이 터진다는 소문은 10년 전 때마침 부활절 연휴로 남광토건 현장 잠바레스에서 남쪽으로 850km 떨어진 루손섬 최남단 비콜(Bicol) 지방에 곧 터질 화산 용암을 보려고 가

▶ 1981년, 마욘산

족을 데리고 꼬박 이틀 차를 몰아 간 나의 화산에 대한 열정이 아닌 극성(極盛)은 주위에 소문이 났다.

훗날, 화산 활동으로 용암(Magma)이 만들어 준 광물 중에 첫 번째 광물인 크롬광과 무슨 좋은 인연을 맺을 어떤 암시였나 싶다.

▶ 1981년, 마욘산 용암이 없는 화산

그러나 그때는 용암은 없고 헛방귀 뀌듯 누런 연기가 새어 나와 온 산을 덮을 뿐이었다.

그 후 3년이 지나 내가 마지막 토목공사 하던 사마섬에서 시간반 정도 달리면 볼 수 있는 비콜 마욘산 폭발 징후가 있어 내 위치가 누구 눈치를 볼 필요가 없어, 때를 맞추어 슬그머니 혼자 달려갔다.

어쨌든, 많은 화산이 있는 필리핀에서 한번은 꼭 용암을 보고 싶은 욕망은 뭐든 해내고 마는 성미 탓이다.

이 지방 사람들 말에 <u>용암을 보면 잡귀(Bad luck)가 없어지고, 매사에 힘이 나고, 젊은이에게는 연민(Compassion)이 생긴다고 믿는다.</u>
<u>또 현지 중국사람들은 기(氣)를 받아 병마가 없어진다고 말했다.</u>

▶ 1984년 9월 10일, 용암이 있는 화산

▶ 1984년 9월 12일

　활화산은 5일 전 폭발 시시때때로 연일 분출하는 용암이 흘러내리는 장관을 구경하러 외국에서까지 온 학자, 사진사, 관광객이 전망이 좋은 언덕 위에 있는 알바이(Albay) 가든 호텔은 정말 발 디딜 틈 없이 붐볐다.

　평생 운때가 맞아 세 번 화산 활동을 목격하면서 나름대로 느낌은 굉음과 약간의 지진이 있다고 화산이 금방 퍼지는 징조는 아니고 지각을 뚫고 나오는 폭발이 크고 작은 화산이 연결되는데, 너무 크면 피나투보 화산 처럼 화산구(Crater)가 아주 넓게 파여 하늘로 날아가 버려 지하 깊은 용암이 미처 따라 나오지 못하고 지각을 넓게 만든 웅덩이가 된다.

　화산 징후가 길어 폭발하는 힘이 적어 지각을 날려보내지 못하고 누런 연기가 정상 지표에 퍼지는 경우, 화산 징후가 짧고 처음부터 내어 뿜는 연기 먼지가 힘이 있어 직선 공중 똑바로 연속 분출 끝에 지하에서 기압으로 따라 올라온 용암이 분출 지면으로 흐르면서 높은 압력으로 솟구친다.

포항제철 경기가 좋고, 삼화에 수출 물량 증가로 금년 중 두 번 더 발주 예정으로 9월 중에 2,000톤 입고하라는 말을 듣고, 수일 내로 구매 의향서를 받기로 했다.

서울 한비물산 전주(錢主) 송사장은 투자 3년 만에 자기 자본을 거의 회수했을 뿐만이 아니라, C-square 광산도 연달아 포항 주문과 한국정부의 탐광 지원 감사를 대신해서 내가 늘 묵는 셋집에서 벗어나 자기 집 인근에 조그만 수영장이 딸린 부인 명의 단독주택(Bungalow)에 식모와 운전수를 붙여 사무실 겸, 내 가족에 불편이 없도록 무상으로 배려했다.

잠바레스 인근 큰 광산 Coto는 하찮게 여겼던 변호사 광산 크롬이 자기들 단골 고객 한국회사로 수출되는 사실을 알고 있었다.

거목(巨木) 밑에 묘목이나 잔챙이 나무는 그늘 때문에 죽듯이 광산도 같다.

지역 영세광산을 권력과 돈으로 통제하여 오다가, 엉뚱한 이름난 변호사부부가 지역 광산업에 끼어들어 직접적인 훼방은 못하고, 여론으로 C-square 광산을 비방하는 소식은 한국시장 독점권을 가진 일본 종합상사를 통하여 포항에도 부정적으로 전해졌다.

1991년부터 정기적으로 납품하는 포항 단골이 되어 3차 선적 2,100톤 9월 초 선적을 끝내고, 한비물산 김시종회장 집안 초상(初喪)으로 문상하러 귀국했다.

포항 삼화화성㈜ 기업주 회장 김시진 장군이 지병(持病)으로 세상을 떠났다.

한비물산의 버팀목이며 김시종회장의 친형의 장례식장에서 밤을 새우며 여러 사람들과 어울려 많은 이야기를 들었다.

한비물산 장래를 걱정하는 엉뚱하게 시기하는 인간도 있었다.

옛날 6.25사변 직후에는 우선 생존을 위해 나 살기가 바빠 남에게 무심(無心)하던 인심이, 지금은 배가 부르고 살 만하니까 남의 무슨 틈(단점)만 보다가 불행이나 안 되는 일이 있으면 좋아하고 자기의 만족이나 행복을 겉으로 나타내는 사람이 점점 들어나고 있다.

<u>빈곤은 육체는 피곤하지만, 정신은 편안하다는 말이 있어 조화를 이루고 있다.</u>

금년도 마지막 4번째 선적량 준비를 위하여 마닐라로 출국길에 남대문 건어물 장사장과 동행했다.

먼저 리에테섬 타클로반(Tacloban)시 마른 해삼, 마른 전복, 마른 새우, 마른 죽순(竹筍), 제비집(Bird nest)을 수집하고, 새우젓을 담그어 남대문, 대만, 홍콩, 마카오에 보내는 강재일 집에 장사장과 같이 갔다.

1989년부터 한국인 해외 여행 통제가 풀려 손님이 많아진 덕에 강재일은 번듯한 새집을 마르코스 대통령 기념관 맞은편 도로변에 짓고 태극 도안을 곁들인 새로운 간판도 내걸었다.

▶ 마르코스 기념관 (타클로반市)

삐쩍하게 말랐던 강재일이 현지 안사람도 허리통이 굵어졌다.

데리고 시집온 딸은 마닐라 산파(Mid wife)학교에 유학 보냈다고 자랑했다.

그리고 올봄에는 한국에서 강재일이 전처(前妻) 애들이 왔다 갔다고 시시콜콜 보고했다.

1985년 사마섬 토목공사 하면서 내 장래가 불확실하여, 해안가에 흔해빠진 현지인들은 먹지 않는 검정 고무신 같은 해삼을 일본애들이 건조시켜 가져가고, 남은 찌꺼기인 마른 전복, 제비집을 수집하여 마지막 휴가 때 보따리 들고 남대문에서 처음 만나 나에게 힘을 준 장사장과 노가다 판에서 본처(本妻)에 배반당하고 힘을 잃은 강재일이를 믿고 내가 개발한 현지 건어물 거래는 다행히 내가 광산 찾아 떠난 후에, 둘이서 동창이 잘 맞아 사이가 좋아진 강재일이 가족을 보니 감회가 깊었다.

자리가 잡힌 크롬광 사업 때문에, 오늘부터는 나를 찾지 말고 둘이서 잘 해먹으라고 일러주고는 잠바레스 부두 현장에 갔다.

마닐라 마카티(Makati)에 있는 Black Rock Co.사장 지미(Jime)가 집으로 연락이 왔다. 목적은 며칠 전 한국 포항에 다녀왔다고, 내일 오전 10시 인타콘호텔 커피 코너에서 만나 이야기하자는 약속이었다.

Black Rock 회사는 Coto광산의 세계 총판매 미국회사 METALLIA U.S.A., INC.의 필리핀 법인 Agent 회사다. 이 친구는 현지에서 형처럼 사귄 빙코(Vinco)가 작년 초에 소개하여 가끔 술판에서 어울렸다.

빙코는 잠바레스 마신록(Masinloc)시장 에도라(Edora)의 외사촌 손위 형인데, 마카티에 큰 야금용 크롬광산(CROMINCO)회사 경영 CEO이다.

크롬 사업을 시작할 때부터 찾아다닌 지 5년이 되어 친분이 좋아 지금은 현지식으로 형님(Kuya)이라 부른다.

싱가포르 MBA를 마친 중국 25% 혈통이다.

약속 시간에 만났다. 동행한 사람은 미국 뉴워크(Newark)에서 온 유태계 미국인 싸피어(Safier)는 METALLIA 사장이다.

한국 크롬 시장 담당 일본 닛쇼이와이(日商岩井)도 이 사람 휘하 대리점이다.

말인즉, 며칠 전 일행 3명이 포항 삼화화성㈜을 방문했던 이야기를 했다.

말 중간에 포항 방문은 삼화화성에서 초청으로 갔는가? 내가 물었다.

먼저 한국에 가서 일본 서울 대리점 점주(店主)를 만나고 나서, 일방적으로 포항 삼화를 찾아갔다고 했다.

예상외로, 삼화화성은 국가가 지원 개발 육성하는 한비물산의

C-square크롬광을 가급적 거의 전부를 쓰고, 향후 국가 방침에 따를 계획 설명을 듣고는 현실을 확인하고 왔다.

한국 내에 일본 대리점은 계약상 연차적으로 일정량을 소비하여야 되는 한국시장 독점권리가 만료와 함께 금년 하반기부터 상호 계약이 해지(解止)되어, Coto 크롬광은 누구나 한국에 팔 수 있는 조건을 확인 하기 위하여 내 앞에 있는 이 사람들은 포항에 갔지만, 헛수고를 하고 왔다.

내가 Black Rock과 같은 형식으로 C-square의 한국 대리점 역할을 하는 사실을 현지에서 형 같은 Kuya 빙코 입을 통해 잘 알고 있었다.

결론은 내가 그쪽의 크롬광을 맡아 보라는 서로의 의중(意中)이 맞 아떨어졌다.

사실은 학문적으로 체계적인 채광이 아닌 영세 중소 광산의 문제는 급변하는 지하 광황에 대처 방법이 제한적이기 때문에, 그동안 한국정부의 모든 지원을 이끌어 내고 사람들을 선동한 책임이 내 개인의 문제를 스스로 염려하던 차에, 비상 돌파구가 굴러 들어오기 직전 이었다.

부자가 가난한 사람을 비관적으로 보듯이, 큰 광산도 중소영세 광산을 보는 눈은 부정적으로 매-일반이다.

C-square광산 형편에 따라 Coto 크롬광도 같이 팔아 달라는 제안을 받았다.

내심 안 될망정, 굴러온 떡을 노력할 테니 염려 말라고 말했다.

그랬더니, 옆에 있던 Jime가 내일 Coto광산 현장에 가는 경비행기 좌석이 하나 비어 있는데 동행하자고 말했다.

다음 날 8월 2일 아침 8시에 마닐라 국내선 옆 경비행장에 큰 카메라 가방을 메고 갔다. 싸피어, Coto 광산 부사장, 친구 지미, 나 4명이 기상 관제소의 이륙 허가를 기다렸다.

경비행기는 프로펠라가 둘 달린 세스나 6인승에 조종사 두 명, 나란히 앞뒤 두 의자에 연장자 부사장, 바로 뒤에는 싸피어, 옆으로 긴 의자에 두 사람이 나란히 앉았다. 8시 40분에 이륙허가가 떨어져 비행기는 기수를 하늘 높이 올렸다.

흰 엷은 구름 사이를 30여 분 날아가다 조종사가 곧 좌측으로 몇 달 전에 폭발한 피나투보화산 정상 분화구를 멀리 가리키며, 부조종사가 나를 뒤로 돌아보며 사진 찍으라는 시늉을 하자 비행기는 기수를 낮게 잡아 줘 창문을 통해 여러 번 카메라 셔터를 눌렀다.

▶ 1991년 8월 2일 피니투보 화산 폭발 2개월 후 정상
1991년 8월, 피나투보 화산 분화구

경비행기는 잠바레스 산맥 능선 따라 비행하다 해발 700m에 있는 좁은 계곡 광산 전용 비행장에 기수를 돌려 착륙했다.

10시 반에 일행은 작업복을 갈아입고 수갱(Shaft) 엘리베이터를 타고 지하 수직으로 380m 내려가 크롬광채광 막장에 갔다.

▶ 수직(Shaft) 380m 지하 채광막장

1953년에 개광(開鑛)하여 아직도 매장량이 200만 톤의 부광대(富鑛帶)에서 체계적인 채광법으로 막장에는 Rock shovel, loading Conveyor 같은 현대식 기계에 의한 생산은 마음먹은 대로 할 수 있으나, 세계 내화 크롬광 시장을 지배해 오다 근간에 동구권 크롬광이 밀려오기 때문에, 시장이 좁아져 미국, 아시아, 북미 등지로 수출이 국한되어 연간 정광 4만 톤 미만으로(종전 연간 정광 30만 톤) 매년 감소를 거듭하고 있다.

▶ 선광장

여러 경영 어려운 상황에 직면한 Coto광산의 구매 고객 점심 대접을 받고 오후 2시 넘어 마닐라로 돌아갈 경비행기를 탔다.

누구나 노력하여 자리를 잡아 필요한 사람이 되면 저절로 대접을 받는다.

그러나 잡은 자리(Position)를 오래 유지하는 노력이 더 힘들다.

공중전(空中戰)

조종사가 말했다. 돌아가는 항로는 올 때 구경거리가 있는 해안선에서 조금 바꾸어 내륙으로 간다고 말했다. 경비행기는 이륙하여 좁은 V 자 계곡을 빠져나와 좌측으로 방향을 잡았다.

모두 기분이 좋아 담소를 10분간 했을까, 비행기는 흰 뭉게구름에 빠졌다. 구름을 피하기 위해 상승 고도를 잡았지만, 구름은 점점 시커멓고 짙은 구름 속을 헤매는 듯 하더니 뇌성(雷聲)이 멀리서 들리며 굵은 빗방울이 비행기 때리는 소리가 누가 양철집 지붕을 두들기듯 갑자기 비행기가 덜덜덜 떨다가 흔들리기 시작했다.

다들 겁에 질려 눈을 감고 고개를 숙였다. 실눈을 뜨고 조종석을 보니 조종사 앞에 창문 밖은 컴컴한 짙은 구름뿐, 와이퍼(Wiper)가 삑삑 소리를 내고, 조종사는 팔을 길게 뻗어 힘주어 조종간을 잡고 땀으로 세수를 한 것처럼 하고 잔뜩 긴장했다.

옆에 필리핀 친구는 중얼중얼 기도하며 손으로 이마에 십자선을 그었다.

앞에 앉은 미국 친구는 고개를 푹 숙여 무릎에 닿을까 말까 했다.

순간 구름 속에서 길을 잃고 헤매던 비행기가 찌지직 소리에 벼락을 맞았나 크게 떨다가 옆으로 기울어 사정없이 하강했다. 갑자기 쿵 하며 고도를 잡는 진동에 머리를 창문 벽에 두 번 연달아 박았다.

순간 4명은 초주검이 되어 모두 얼굴색이 백지장이 되었다.

정글에 처박혀 실종이 되어서 죽는가 싶더니, 까맣던 구름이 희여지며 구름 사이로 파란 하늘이 조금씩 보이기 시작하자 곧 착륙한다고 부조종사가 얼굴을 돌려 말했다.

미국 친구가 40분간 지옥에 갔다 왔다고 농담했다.

먼저 내린 조종사가 미안하다고 승객마다 인사를 하며 악수를 했다.

인생 두 번째 공중전에서 아주 험한 순간은 사업 거래가 앞으로 잘 될 징조였다.

▶ 1991년 8월, Coto광산 비행장에서

일반 사람들은 산골 탄광에서는 허구(許久)한 날 술만 마시는 줄 안다.

광산에 애들은 아버지 자랑거리가 없다.

철이 없는 애들은 우리 아버지 술 잘 먹어요,

조금 큰 애들은 우리 아버지 맨날 술만 먹어요,

부인들은 남편 술에 질려 입에 술을 대지 않는 점이 좋다.

특히 부모는 장성한 자식이 술을 조금씩 마셔도 많이 마신다고 한다.

제지(製紙)회사에 다니는 친형이 술을 작작 처먹고, 산천(山川)경치가 좋은 시골에서 이걸로 취미를 붙여, 남아 있는 일상(日常)을 바꿔보라고 하며 1977년 일본 연수 갔다 오면서 사온 카메라 아사히펜탁스(Ashai Pentax)를 선물로 주면서 일갈(一喝)했다.

말은 옳지만, 근사한 사진기 들고 탄광에서 왔다 갔다 하며 갈구치면 촌(村)조직사회에서는 보는 눈이 곱지 않다.

그래서 조심스럽게 지내다, 제 잘난 맛에 사는 필리핀에 와서는 본격적으로 메고 다녔다.

또한 시간이 지나면서 제법 카메라 부품 식구도 늘었다.

▶ 1977 - 1991년

한비물산은 포항에 납품하는 필리핀 크롬광의 공급처를 대한민국 정부 지원 개발 명목으로 1992년부터 가격경쟁으로 독점이 유리하게 되었다.

그 덕분에 나는 실지로 현지 중소광산에 겨우 덕대 하청 구덩이를 한 개 박아 놓아 광석이 나올지 말지 한 것을 큰 광산하는 양(樣)으로 보통사람들은 인식되었다.

1992년부터는 한비물산이 자금 부담이 많은 수입 납품하는 내부거래 방식을 폐지하고, 3년 동안(1989-1991년) 거래 물량공급 실적이 좋아 자금 부담이 없는 외자수입(外資輸入)으로 전환하여 포항이 한비물산 오퍼를 받아 직접 수입하는 방식으로 포항이 크게 편의 결정은 상오 공급신뢰를 쌓은 결과였다.

그러면, 한비물산이 현지광산의 매도가격의 오퍼를 먼저 받고 나서, 이윤을 붙여 포항에 납품할 견적 오퍼가격을 포항에 보내면, 포항은 직접 필리핀 C-square에 신용장을 개설하도록 원칙은 되어 있다.

그러나, 한비물산과 C-square 거래 가격과 한비물산과 포항의 거래 가격 사이에 발생하는 거래 이윤을 현지에 노출되는 것을 방지하기 위해 제3국을 거쳐(Back to Back), 결국에는 제3국에서 거래 차익을 송금 받도록 서로 준비를 하기 위하여, 제3국 정거장 노릇을 하는 회사 물색을 자금주 송사장은 국내는 잘 아는데 외국 쪽이 어두워 내가 나서기로 상호 합의했다.

해외 지사가 있는 대성(大成)을 찾아갔다. 일본이나 미국은 국제적으로 중간 거래수수료가 최소 5%이지만, 자유무역항 홍콩은 2%이므로 대성 홍콩법인을 통하도록 대성 양성주관리 부장이 밀어주어 윗사람 결정으로, 금년 시작 발주 물량부터는, 대성 홍콩이 오퍼가격을 포항에 보내면 포항은 신용장을 홍콩은행 대성으로 개설하고, 대성홍콩은 한비물산과 약정한 금액으로 즉시 필리핀 C-square광산에 종전 한비물산이 개설하듯이 홍콩대성 신용장을 개설, 선적 후에는 C-squares는 선적 서류를 홍콩에 보내면 은행 네고(Nego.)하여, 수수료 2%를 공제한 차액은 서울 한비물산으로 송금하면 끝이다.

대성 홍콩사무소는 나로 하여금 신용이 좋은 국가공기업의 신용장을 취급하여 수수료를 챙기면서 금융과 사업실적을 쌓는 기회였다.

과거에 잘 알고 있는 대성 홍콩직원 박성원과 자주 전화 연락하고 가까운 시일에 홍콩에서 만나자고 약속했다.

1992년 1월 20일, 1차분 정광 -10mesh 포함 2,200톤 3월 말 도착 신용장을 금년부터 자금 사정과 국내은행 거래 수수료가 비싸 수수료가 싼 홍콩은행이 신용장 개설할 예정을 알린 바와 같이 오늘 L/C를 개설했다고 C-square에 통보했다. 이번 거래 변경에서 C-square 측은 아무런 금전 변동은 없고 은행네고(Nego.) 수금 일정이 며칠 지연될 뿐이다.

지난 연말에 광산주 부부와 광산담당 부사장, 현장 소장과 함께 향후 생산 계획 회의 때 금년(1992년)부터는 한비물산 경영상 연간 3번 이상을 납품하여야 한다는 필요성을 강조하였다.

그러나 특별한 증산(增産)에 대한 대책도 없이 막연히 걱정 말라(No Problem)는 말만 하는 광산주 부부는 나와 주객이 전도되어 자기들이 없으면 나쁜 아니라 포항이 곤란해질 것 같은 느낌을 은근히 과시하는 냄새를 맡았다.

결국에 포항은 금년에 8,000톤 이상 전량을 한비물산에 배정했다. 나로서는 대타(代打)로 Coto를 잡았기 때문에 내심 문제가 없을 것 같았다.

그러나, 동업자(송사장)가 잘 알고 있는 우리의 적이었던 일본회사가 한국 판권을 가진 Coto광산과 나의 관계는 아직 일언반구(一言半句)도 안 했다.

국내 유일의 내화용 크롬광 실수요자 삼화화성㈜은 주주인 포항제철 설립부터 현재까지 용광로 내면에 축성하는 많은 종류의 내화벽돌 중에서도 특별한 염기성 크롬질 벽돌을 생산하는 제조 업체로 수급에 차질이 없도록, 국내 영세 해외 크롬광 공급업자에 대한 안정적으로 장기간 조달 의문을 조금은 가지고 조심스럽게 성장을 유도하는 것이 뚜렷했다.

그러나, 옛말에 돈을 벌면 의(義)를 생각하라는 말을 한비물산 구성원들은 옛것으로 잊어버려, 동업자 간 불신(不信)을 불렀다.

모든 일이 시작할 때는 일머리를 잘 몰라 서로 합심하여 일을 성사시키기 위하여 함께 집중하여 일이 처음에는 동업이 잘 되지만, 일단무엇이 이루어지면, 즉 돈을 벌든가 쌓이게 되면 긴장이 해이(解弛)되어 각자 돈을 쓸 생각이 앞서 보이지 않는 사고가 나면서 불신의 싹이된다.

포항 판매 담당 김시종회장이 한국야쿠르트 계열 건설회사 회장으로 자리를 옮겨, 송사장이 김회장 지분 30%를 현시세로 계산하여 주(株)를 인수하여 송사장 지분이 60%가 됐다.

그런데, 인수 자금을 개인 자산으로 처리하지 않고, 회사의 이익 충당준비금으로 아무 협의 없이 일방 처리했다고 떠나는 김회장이 개인적으로 전별회식에서 알려 주었다.

회사(Paper company)를 창업 이후 합심하여 지금껏 크롬광 15,000여 톤을 납품하여, 연말 배당 없이 차기이월 잉여금이 자본금에 몇 배가 넘는 금액 중에서 주주결의 없이 일방적인 처사는, 창업 초기 김회장 조언으로 노량진 경리학원에서 짧게 배운(1개월) 이론하고는 많이 배치(背馳)되었다.

그렇지만, 기차 바퀴(Wheel)와 철길(Rail)이 서로 다른 재질(强,弱) 때문에 미끄러지지 않고 잘 굴러가듯이, 평생 생산 납품할 꿈을 작은 시비로 망치고 싶지 않아 침묵했다.

그러나 창업 동기이면서 존경하는 큰 형님 같았던 김시종회장이 떠난 후에 더구나 전주(錢主) 송사장도 형님 같으면서 본인을 이 사업에 영입하신 분이 없어진 지금이 서로 더 합심할 때를 강조했다.

주말에는 2차 2,000톤 선적 준비하러 출국하려는 이틀 전에, 한화그룹 임원으로 있는 친한 대학동창이 좋은 할 이야기가 있어 급하게 만나자고 연락을 받았다.

필리핀 지사장 김시원과장이 어제 임원 사장단 회의에서 해외주재 지사장들이 각기 사업 계획 발표에서, 필리핀 C-square광산이 포항 상대로 크롬광물을 생산 수출하고 있는데, 광산 자체 부두(Oyon pier)건설 공사에서 부지 매입과 부두 접안 콘크리트작업이 현재 마무리단계에서 적하시설 콘베아를 한국 자회사(Subsidiary) 기계공장에서 제작, 수출하여 설치까지 일괄공사를 하기로 MOU를 맺었으며, 향후 광산에서 생산되는 광석을 포항뿐만 아니라 동남아에 공급 독점권 체결 계획을 한화 본사 회의에서 자신 있게 발표했다.

친구는 현지 사실여부를 파악 겸 앞으로 있을지 모르는 대기업 횡포에 빨리 대처하라고 일러 주었다.

친구의 복창(複窓) 터지는 소리를 듣고 주말에 마닐라에 갔다.

C-square 마닐라 사무실에 심어 놓은 스파이를 집으로 불러 사실을 물었다.

관계 직원에 의하면, 내가 필리핀에 없으면 용케 한국사람들이 이런저런 구상을 가지고, 친절한 사장부부와 접촉을 하려고 연일 오다시피해서 정확히 어떤 건(件)인지 모른다고 답했다.

얼마 전에 결성한 마닐라 한인회를 통하여 한화종합상사 지사장 김과장 개인 신상을 자세히 파악하고, 물론 현주소 집를 직접 답사까지 하고는 그럴듯한 핑계를 대고 전화로 불러냈다.

지리가 밝은 마카티 인타콘 호텔 로비에서 약속 시간에 만났다.

김과장이 얼마 전 서울에서 발표한 계획이 잘 성사가 되면 마닐라 한인들에게는 큰 자랑거리가 된다고 칭찬 비스름히 운(韻)을 뗐다.

그리고, 나는 7년간 크롬광 개발을 위하여 가산까지 탕진하고 생산이 겨우 국가의 도움으로 본궤도에 올라 포항에 납품이 계속될 걸로 알고 있다.

그런데 김과장이 이런 내막을 아는지 모르는지 혼자 거창한 계획을 가지고, 마치 길거리 개새끼가 다른 개와 뭐를 하는데, 옆에 올라 타 덩달아(덩더쿵) 끼어 뭐를 내밀고 있는 것을 알고, 당신 의중을 알고과 당돌히 마주 앉았다.

당신 김과장이 서울 사장단 회의에 발표 다음 날 며칠에 귀사 아무게 사장이 귀띔을 해주어 빨리 대처하라는 소리를 듣고, 당신이 나를 몰라보고 무조건 치고 들어온다면, 나는 일찍 죽을 기회가 온 것을 알고, 우선 김과장을 만나서 김과장이 손을 떼든가, 무법천지(無法天地)로 치닳는 마닐라에서 어린 두 딸들하고 부인까지 단란한 가족 네 명이 단단히 각오를 하고 오늘 내 목숨과 바꾸는 것을 당장 결정하려고 당신을 여기에 불러냈으니, 지금의 결과가 서로 행복했으면 한다.

점잖게 말했다.

어떻게 정확한 회사 기밀을 누가 알려주었는지 놀라는 기색으로 지사장 김과장은 금세 꼬리를 바싹 내렸다.

사실 C-square 사장은 아직 모르고 현지 잡배(雜輩)들과 어울리는 광산회사 농산물담당 부사장이 당신을 데리고 왔던 기억이 있다고 현지 직원들이 나에게 말했다.

국가도 아닌 일반 회사 일로 해외에서 당신 목숨을 바치는 일은 동작동 국군묘지에 묻힐 수 없다고 설득했다.

없던 일로 하겠다고 사과하고는 자리에서 없어졌다.

김과장에 대한 느낌은 이성(理性)이 있는 지성인이었다.

그리고 미친개처럼 목숨을 내놓고 덤비는 적은 정신을 바싹 차려야 한다.

그런대로 광산 일은 자리를 잡은 것 같은데 아직 기초가 덜 되었는지 별 오잡(誤雜) 것이 골을 때린다.

포항에서 큰 편의를 준 홍콩을 통하여 1차와 2차 4,000여 톤 선적을 끝냈다.

한비물산은 은행 수수료와 어음 할인으로의 손실은 홍콩 수수료보다 많아 금전적 이익뿐만 아니라 서울 사무실에는 모두 시간적 여유가 많았다.

그러나 전주인 송사장은 거래가 투명해져 장부 갖고 씨름할 필요가 없는 대신 영수증이 없는 기밀비가 늘 분명치가 않았다.

선적 후에 잠깐 서울 사무실에 들어왔다가 다시 현지로 나오곤 하니 거의 서울에 없고, 더구나 소문 없이 하는 하청 광산을 비울 수가 없어 동업에 회의(懷疑)를 품게 되었다.

3차 발주 2,100톤 선적할 이번 배는 선장과 선원이 거의 한국인 중에 흰 백바지에 백구두를 신은 선장이 특별히 하주(荷主)를 만나고 싶다고 육상 현지 검사원이 귀띔하여 혼자 있는 선장 선실에 갔다.

60초반으로 뵈는 선장은 대뜸 이곳에서 소문이 난 야생 풀입(Herbal) 성욕 최음제(催淫劑) 구입을 부탁하며, 6개월 만에 부산 부인한테 가니 꼭 필요하다며, 선장 눈치가 주기 싫은 $100을 내밀었다.

돈을 받으면 선적 서류 손질이 뻔하다는 이야기를 들었던 기억이 있어 필리핀에 오는 사람은 기념으로 사가는 진짜를 구입하여 선물할 테니 염려 말라고 하고는 돈을 받지 않았다.

밀림 1,000고지 이상에서 채취하는 변종 고사리과에 속하는 쯔아이

(Tsuai)는 옛날 우리가 썼던 돼지 접(임신) 붙일 때 쓰던 하얀 알약 홍분제 요헴빈의 원료 약초였는데

이것 때문에 밀림 원주민 애들이 한 움막에 칠팔 명은 보통이고 일 년에 두 아이를 낳는 원주민이 있다.

작년까지 외국군대가 주둔했던 수빅(Subic)만에는 가짜가 판을 쳤다.

초기 광산조사를 밀림으로 다녀보면 많은 나무 가운데 유난히 어느 한 나무에만 원숭이가 마치 밤송이처럼 소복히 앉아 움직이는데 다른 나무에는 안 간다.

이런 나무 근방에는 사람에게 좋다는 야생 약초가 있어, 그것을 먹고 번성하여 떼지어 있다고 현지인들이 말했다.

원숭이 생김새가 아열대 포유류 중에 인간과 멀리서 보면 비슷한 점이 약초와도 인연이 같은가 생각된다.

또한 크고 늙은 원숭이가 태초 식물인 기다란 고사리를 입에 물고 있으면 곧 고려장으로 간다는 신호로 알고 원주민 사냥꾼은 포획을 피한다고 말했다.

금년도 벌서 6,000여 톤을 선적하고, 마치 손을 안 대고 코를 푸는 격으로 본전 없이 거래가 순조롭게 되어 기분 좋게 귀국하여 출근을 했다.

강남 영동시장 맞은편에 있는 로얄빌딩 5층 사무실에는 낯이 설은 내 또래 사람이 새 책상을 놓고 앉아 있었다.

송사장이 소개했다.

새로 온 이주황 상무라며 인사를 했다. 간단한 설명은 있었지만, 무슨 소리인지 귀에 안 들어와, 대꾸를 했다.

송사장, 그렇다면 내가 온 다음에 상의를 해야 되는 것 아니오,

이제는 회장도 없고 둘밖에 없는데, 이 처사가 무슨 짓거리요,

미안하게 됐다고 말을 하며, 한통속인 자칭 동서 채일식 감사가 좀 일이 잘못되었다고 처음으로 내 편을 들면서, 나의 이해를 구했다.

그동안 회사가 취급해온 서류가 거의 영어로 되었으니, 말이 적은 송사장은 내용을 묻지도 않고, 마치 장님(盲人)이 석유값 내듯이, 회사 영문 서류 결제란에 메꾸라(めくら, 盲) 도장을 찍다 보니, 영어가 능통한 가까운 사람이 필요했을 것이다.

이주황상무는 송사장하고 부산 상고(1962년) 동창이지만, 집안 형편이 좋아 상급학교 영어영문과를 나와 경남 사천 공군 비행장에서 조종사 영어교관을 하다 대위로 옷을 벗고 국제상사, 연합철강 해외파트 경험이 많은데 또 다른 회사 해외지점에 있다가 귀국하여 그만두고 친구 섬유(Textile)회사에 대표이사로 영입된 지 5개월쯤에 과거 납품 하자에 걸려 회사 도산과 함께, 해외에서 번 돈으로 구입한 강남 대치동 아파트에서 숟가락만 들고 쫓겨난 후, 과천 교도소 생활을 좀 경험한 아주 선한 신사다.

자기를 알고 영입해준 친구를 아무 탈 없이 회사의 재난을 짊어져 준 거짓말 같은 사람이다.

뺑뺑이(사교 춤)와 골프가 수준(Single)급에 바둑이 단급으로 술상머리 매너 좋고, 영어, 일어가 쓰기와 말하기가 유창하며, 내 이야기만 듣고는 담배 한 개비 물고 곧장 백지에 먹지(Carbon paper)를 끼어 IBM전동 타이프에 꽂아 직접 쳐 국제 계약서 4장짜리를 오타 없이 한 번에 만들어 버리는 보기 드문 실력파이다.

한 가지 흠이라면 허구한 날 담배 꼬나물고 백수 친구 불러 바둑 몰두다.

어쨌든 내 말을 잘 들어 미운 정이 없어졌다.

사람 용서하는 법을 배우러 처음으로 어느 종교에 몰입하는 이상무를 보면서, 세상살이 방식은 교과서에는 아직 없다.

진짜 책이 나올 때까지는 당분간은 자기 생긴 대로 살까 망설여진다.

금년도 처음으로 연말에 사업시작 8,000톤/년 발주를 받았지만, 또한 포항에서는 내년(1993년)부터는 상황을 봐서 전량 공급을 할 태세를 갖추라는 구두 연락을 받은 사실을 이야기하며 서울사무실은 분위기가 좋아졌다.

내가 기다렸던 기회가 왔다 싶어 Coto 광산 물량도 언급할 겸, 먼저 화제를 바꾸어 이주황상무가 개발할 Item은 시간이 걸리고 준비 시간이 많으니, 내가 하던 국내 업무 해외 서신 서류 관리를 맡고, 늘어나는 물량을 준비하기 위해 필리핀에 장기적으로 체류하며 기술자 본연의 일에 집중할 필요가 있으니, 서로의 발전 능력을 낭비해서 되겠는가 역설하며, 지금부터는 거래차익 이익에서 내 몫 30%(**톤당 $13**)를 거래 때마다 홍콩에서 자동 공제하여 생산 증산에 직접 개발로 장기적인 사업에 기여하겠다고 통보하며 말을 끝냈다.

결국 쥐꼬리만 한 월급과 언제 있을지 모르는 배당금은 모두 포기하고 객지에서 오늘내일 생존에 매진하기로 작정했다 그러나 혹시 타향에서 병(病)이라도 생기면 고국에서 고칠 작정으로 내 커미션만큼 월급으로 계상하여 국내 의료보험료 납부를 송사장에 일임시키는 대신 커미션 $1/톤을 삭제했다.

상장(上場)이 안 된 주식회사는 대표이사 도장을 가지고 맘대로 하는 사장를 견제할 수 없다.

사실은 포항에 버팀목이었던 포항 삼화화성㈜ 김시진회장 서거와 김시종회장 이직할 때 서울과 포항에서는 다시 헤쳐 모이자고 나한테 충동(衝動)질하는 어떤 인간들이 있었다.

상고(商高)를 나와 오랜 경리 전문가 송사장 이하 다른 사람들은 해외자원개발 법령이나 매장량에는 관심도 없고 현지광산 굴(坑)속이 어떻게 생겼는지도 모른다.

다행히 옛날 대성(大成)이 가르쳐 준 대로 어름어름 갈 뿐인 나를 포항은 물론 국내외에서도 크롬광 실세(實勢)라고 인정했다.

누구보다 크롬광 상식도 있지만, 포항의 기술과 환경에 적응을 잘하는 데는 마시는 술도 빼어 놓을 수가 없다.

해외에서 원자재, 광물을 개발할 계획이나 우연히 접촉이 되면, 돈과 현지 소통도 중요하지만,

첫째, 광석을 직접 보고 파악하여 지식은 없어도 정확한 상식을 가져야 한다. 대부분 광석은 땅속에서 나와 곧바로 상품이 되는 경우는 매우 드물다.

국가 관련 연구기관에서 평하는 것을 참고로 하고, 하려는 사업은 본인이 알아서 하라는 가이드라인에 불과하다.

온 천지 땅속에는 광물이 많다. 어떻게 찾아, 주물러서 상품으로 만들면 돈이 되는 시초인데, 어디서 누가 살려고 하는 불모지를 개척하는 것이 제일 중요한 관건이다.

둘째, 첫 상품(Sample)이 된 광석을 똑같이 생산할 수 있는 연속성이 있어야 한다. 후진국일수록 연속성이 없는 많은 광석이 굴러 다닌다.

본연의 구역(Zone)을 철저히 지키고 협조를 잘 하여 앞으로 포항에 독립적인 자세를 보이고 싶었다.

1986년 막연히 시작한 해외 광산업은 꼭 5년 만에 독자적인 **거래업자(Free lancer)가 되었다.**
한비물산은 걱정할 필요가 없이, 굴러올 거액으로 내가 개발 생산에 박차를 가하여 장차 명실상부한 하청이 아닌 직영광산을 차려 포항과 필리핀에만 집중하면 된다.

현지에서는 더 바빠지는 것은 고사하고 물량 확보가 점점 불확실해지는 것이 중소 광산에 문제이다.
따라서 중간 이윤이 많은 C-square광산은 아껴가며, 작년에 약속한 Coto광산 물량을 미리 확보할 욕심으로, 총판매 독점회사 미국 Mettalia Inc.에 현재 포항과 구매 협의 하고 있다고 알렸다.
조만간 연간 적어도 한 선적 Lot 2,000톤 구매 의향서를 포항의 답을 기다리는 공문을 미국에 보냈다.
중간 이윤이 1/2 정도 되는 Coto 광산 물량을 지금 직접 거래해도 내 몫은 같게 마닐라 Black Rock과 합의하고 별도 Kick back 약정을 미리 해놓았다.

1992년도 입고 물량 8,000여 톤은

<u>C-square   8,000여 톤</u>

커미션 $12/ 톤당 처음으로 순수입이 $100,000가 되었다.

가치로는 국내 반포 소형 주공APT 값이 $70,000(60,000,000원)으로 큰 자본의 기틀이 마련하는 독립 전기를 맞아, 본격적으로 현지 덕대광산에 매진하게 되었다.

우선 중고 콤프레셔(Airman 250 cfm)와 로더식 삽날 불도저(D6)를 각각 한 대를 장만했다.

독립하고 첫 선적을 끝내고, 연말에 홀가분하게 대만에서 자리를 잡았다고 놀러 오라던 1950년대 영등포 새말 단짝 친구 민영길이 집에는 1983년 남광 휴가 때 잠깐 만나 고궁박물관 처음 구경하고는 헤어져 가끔 생각나면 서신은 교환했다.

이번에는 나도 자리를 잡았다고 자랑도 할 겸, 입성을 깨끗이 입고 뭐를 좀 들고 갔다.

대만 사람들은 가족끼리 본토와 무역업을 집 안방에서 했다.

옷도 갈아입지 않고, 반바지에 부인은 경리 출납하고, 친구 영길이는 창고담당에 영업도 하고, 장인쟁이는 창고 옆에서 뭘 가공하고, 장모는 부엌일과 청소하며 차(茶) 배달까지 하며 모두 소탈하게 제(諸)경비를 아낀다.

대만이나 홍콩 무역 오파상은 사무실에 우리처럼 양탄자를 깔지 않고 대신 스립퍼를 신고 생활한다. 일상에서 허례허식을 볼 수 없다. 또 한 가지는 남의 눈을 의식하지 않고 자기 방식대로 사는 듯한 느낌이 왔다.

친구 영길이 왈, 대만은 국가는 빚이 없이 돈이 많아 부강하고, 국민은 가난하여 저절로 검소하게 생활하는 것이 어느 나라와는 정반대로 본인도 처음에는 의식적으로 가난하게 산는 것이 꽤 불편했었다고 술회했다.

대북에 고궁박물관을 보니 중화(中華)사람들 천성을 이해할 것 같다. 박물관은 옛날을 상기시키는 곳으로 중국은 그 때를 향해 달려간다고 연일 많은 인파가 모였다.

누구는 책에서 박물관과 기념관이 많을수록 좋고, 국가가 발전하려면 늘 관객이 많아야 한다고 했다.

민영길이는 원래 중국 산동성에서 태어나 영등포 새말 같은 동네에 살면서 영등포 경찰서 뒤 화교학교를 다녔다.

지금 부인은 영등포 양남동 뚝방 밑에서 중국 전족(纏足)을 한 할머니, 부모가 양배추, 부추, 홍당무 밭농사를 짓다가, 한국정부가 60년대에 내 쫓아내 대만으로 갔다.

영길이와 화교학교 같이 다닌 인연으로 서로 편지질하다가, 중국어를 전문으로 배운다고 대북에 1971년에 갔다가 거기에 주저앉아 애둘 낳고 부인하고 산다.

영길이가 좋아하는 배갈을 한잔하면 잘 부른다는 안동가수 김상진이가 부른 **고향이 좋아** 정이 들면 타향도 좋아를 저녁때 같이 부르고 대만을 떠났다.

04

한국정부 필리핀 크롬광 개발지원

천신만고(千辛萬苦)하여 연결한 크롬광 수요처인 포항에 장기간 안정적으로 원활히 공급할 수 있게 하기 위하여 국내에 설립한(1988년) 한비물산㈜은 필리핀크롬광을 직접 수입하여 포항에 납품하는 단순한 무역업체로 당분간 기반를 쌓아 향후 수요공급의 중계무역(Forwading)업으로 전환하면서, 국가의 해외자원개발 지원(Subsidy)을 받을 수 있는 역할까지 대행(Paper company)하여 필리핀 대상 광산의 광황(鑛況)을 우선 파악하고 상호 신뢰를 쌓아 합작개발로 양질의 광량을 확보하여 공급 다변화 목적으로 개발 계획을 수립하여 정부로부터 사업허가를 득하였다.

1. 대상광산 : 필리핀 **C-square** 광산회사.
   광 종 : 크롬광(Chromite)
   주소 : Region III 잠바레스 팔라위읍 담페이
   광구 : 17 광구(Claim)
   면적 : 2,025헥타르(6백만 평)
   광산주: Nereo S. Paculdo

2. 추진경위

1989.4	한비물산㈜ 해외자원개발계획신고

1989.4   한비물산㈜ 해외자원개발계획신고

1989.5   한비물산㈜과 C-square광산 공동탐사권 약정 및
         합작개발 계획 약정

1989.9   한국정부(동력자원부) 현지 광산조사 실시

1990.2   동력자원부지원 대행기관 광업진흥공사
         1차 현지 탐광시추 관리감독

1991.3   한비물산㈜ 해외자원개발 정부사업허가취득
         지원기간 1990년 - 1992년(3년)

3. 사업 내역

해외자원조사사업 허가서

허가번호 제 46 호

1) 사 업 명	C-Square 크롬광산 조사사업		
사업자	2) 주 소	서울특별시 서초구 잠포동 737-18	
	3) 상호(대표)	(주)한비물산	
상대자	4) 국 명	필리핀	
	5) 주 소	121 Ermin Gracia St. Cubao, Metro Manila, Philippines	
	6) 상 호	C-Square Consolidated Mines	
	7) 대 표	Nereo J. Paculdo	
사업개요	8) 사업장위치	Salaza Palauig, Zambales Philippines	
	9) 대상면적	Zambales 지역 2,025ha (17광구)	
	10) 개발형태	조사사업	
	11) 대상자원	크 롬	
	12) 사업기간	1991.4 ~ 1993.4	
	13) 투자비율	100%	
	14) 허가금액		
	15) 기 타	가. 주요 계약내용 및 사업계획을 변경하고자 할 때에는 당부에 사전 보고 할 것. 나. 해외자원개발사업법령을 준수하고 동법 시행령 제24조의 규정에 의한 보고를 엄수하고 매분기별로 사업추진상황을 상세히 보고할 것.	

해외자원개발사업법 제5조의 규정에 의거 위와 같이 허가합니다.

1991. 3. 28.

동 력 자 원 부 장

1차, 지원(1989년) 동력자원부   <u>탐광시추, 2,450meter(시추공 16공)</u>

2차, 지원(1990년)   <u>탐광시추 3,000meter(시추공 19공)</u>

3차, 지원(1991년)   <u>탐광시추 2,200meter(시추공 13공)</u>

<u>총 7,650meter ($130/ m) : 포항제철 장기공급 보증으로 무상지원</u>

합계   시추 : 48공   코아상자 : 847상자

시추 결과의 코아는 15년 보관 의무를 가진 C-square는 코아 847상자를 마닐라 광업성에 트럭으로 운송하여 장기 보관을 위임했다.

▶ Boring Site, Core Box

4. 결 론

광산업은 일반 제조 사업과 달리 국가의 지원 없이는 상업적이 아닌 지하 기초 조사는 물론 탐광을 위한 갱도 굴착은 상상할 수 없다.

따라서 국가는 외국의 저리 융자로 지원하는 국내 광산의 시추와 KOMEP 굴진은 개발을 위하여 이미 오랫동안 지원했다.

지난 국내 대성 문경 탄광에서 경험을 바탕으로 해외에서 현지인과 합작으로 개발의 기반을 닦을 수 있었던 것은 광산공학을 기반으로 관청을 드나들며 많은 인맥과 실무를 쌓은 결과이었다.

시추 탐광 결과 지금처럼 연 10,000톤(1990년)을 계속 납품할 수 있다면, 앞으로 30년간 포항에 공급할 수 있는 가채(可採)광량 310,000톤을 확보한 수확을 얻었다.

또한 크롬광의 Cr_2O_3 평균 품위는 23~28%으로 선광이 필수적이다.

결론적으로 한국정부가 지원 시행한 대상광산 C-square에 대한 탐광조사 결과를 토대로 지질구조, 광체하부 발달상태 및 품위 변화 등 주요사항은 개발하고자 하는 지역의 광체 심부광황을 파악함으로써 효율적인 합작광산사업 추진을 위한 중요한 기초자료가 되었다.

따라서, 광업진흥공사의 보고서를 누구나 이해할 수 있게 자료와 사진을 간단히 종합 정리하여 포항에 광량확보 결과를 공문으로 먼저 발송하고 귀국하여 포항에 직접 가서 기술직에 국가가 필리핀 크롬광 장기간 확보를 위한 3년 지원 시행한 탐광사업에서 많은 성과를 설명을 하였다.

05
C-square광산 덕대하청

서울 한비물산과 나는 별도로 탐광시추 결과에 따라 C-square 측과 미개발(Uncle Lode)지역에서 다각적으로 생산을 극대화하는 목적으로 원광석 채광 합작 덕대(德大)하청 내부거래계약을 했다.

▶ 1993년 6월, 최초 독자 광산개발(덕대하청)

1992년 10월에 시작한 C-square 광산 덕대하청 갱도는 1년 넘었는데 처음 6개월쯤 입구에서 50m에서 상부에서 확인한 노두의 연결이 되는 것으로 알고 주향 따라 연층 갱도는 좋아지지 않고 지역적으로 단층이 심한 구조로 알고 초기에는 막장 하단에 Dyke 층이 협재하더니 점점 상부로 올라와 막장에 다른 맥석과 섞여, 옛날 탄광에서 저질 탄(炭)을 똥탄이라고 불렀듯이 납품 최저 C급 이하 광석으로 원청광산 소장 이하 직원들에 면목이 없었다.

금년(1993년)부터는 그동안 신경을 쓴 경험을 90년 탐광 시추에서부터 50여 m 하부에 착맥까지 막장에서 갱구(坑口)까지 52m 거리를 실측하고 Transit 측량으로 직접 전시후시(後示)하여 평면도와 능선 측면도를 제도하고, 시추 Core의 주향, 경사(Dip)를 조사하고 막장에서 첫 착맥(着脈)과 비교 검토하였다.

분명히 표토 시추의 착맥과 막장 광석은 다른 것으로 결론을 내리고 어떤 문제로 이런 결과가 발생할 수 있는 예외를 집중 조사하였다.

먼저 굴착한 막장 암석 분포 상태와 시추코아(Core) 주상도를 비교하여 별도 막장 암석 주상도에서 암석의 강도와 코아 강도의 변화 그래프를 그려 보았다.

갱도 입구 표토를 지나 모암이 시작되는데 반려암 변성 Sacssonite를 지나 감람암(Peridotite)와 두나이트에서 하반 반려암 경계에서 착맥이 시작되며 잠깐 품질이 좋아지는 듯하다가 저질 크롬광으로 계속 속을 썩였다.

이런 막장 구덩이에 구렁이 알과 같은 돈을 쏟아 분 데는 나름대로 생각이 있었다.

표토 노두가 좋아 두 곳를 트렌치(Trench) 해서 눈여겨보았다가, 90년 말 1차 탐광 시추 때 100m 뚫어 40m부터 65m 두께가 20m가 넘어 부광대를 확인하고, 1992년 개발을 위해 진입 도로 500m를 직접 시공했다.

이 지역 지질은 대양판이 기존 지각을 밀어올려 큰 습곡작용으로 후에 융기되면서 많은 단층에 찢겨져 연속성이 거의 없는 광상(鑛床)의 형태는 포디폼 알파이(Alpine) 중에 부광지대 끝자락에 있어 렌즈 모양으로 광체가 있다가 없어지는 듯 커지는 포켓 타입도 있다.

따라서 광체가 균일하며 연결이 뚜렷한 것과는 변화가 있어 시추탐광도 현 지질 상태를 참고 하여야 된다고 현지 광업계의 보고서를 보았다.

막장의 경사진 하반 까만색 반려암은 우리의 화강암과 같이 이곳에서는 강도가 크며 조직이 치밀하다.

시추 기록을 보면 코아 빗트(Bit)를 표토에서 강도가 제일 약한 사문암에 맞는 제일 작은 구경(口徑) EX를 처음부터 사용했다.

시추 빗트 로드(Rod)는 특수 탄소강(鋼)으로 연결하여 심부로 내려가다가 강도가 강한 치밀한 반려암을 만나 미끄러지며 로드가 기계의 하부로 미는 압력에 최고 경사 75도 휘어진다.

따라서 시추 주상도의 착맥과 실지 막장의 착맥은 차이가 발생할수 있을 것으로 결론을 내렸다.

현 막장 10여 미터 후방에서 동북 방향으로 Cross cut 굴진을 했다.

예상했던 대로 37m에서 착맥은 주향(Strike)이 정북쪽에서 경사(Dip)는 하부로 먹었다.

이것이야말로 학술적인 실무로 확신 속에 벌어지는 현실에 무덤덤

하였다.

사람들은 광산업을 투기업처럼 망하는 것을 염두에 두고 있지만, 광산공학은 성공을 염두에 두고 배웠고, 그렇게 성공한 대성(大成)그룹을 보았고 그곳에서 실무를 익히고 여러 경험을 했다.

원청광산 C-square는 하청 광석을 3등분 품질로 山元 구매했다.

A급 광석 : 고질 노다지광석,

               선광비절감(Crushed washing Ore) - 톤당 $17, 정광 회수율 : 95%

B급   : 맥석(Gangue mineral)이 혼재하여 중쇄(中碎)하여 1차 비중선광 -

               톤당 $10, 선광 회수율 : 70% Up

C급   : Dyke 혼입이 넓게 분포하며 미분쇄(微粉碎)하여 1차 Jig,

               Tabling 선광 - 톤당$7, 선광 회수율 : 50%

▶ 1994년, 소운반 업자와 함께

광산은 막장이 말해 준다는 말이 실감이 났다.

크롬 광맥을 가로질러 채광 굴진 12m에서 연질 모암 두나이트 (Dunite)가 나와 견고한 상반에서 멈추고, 후방에서 하반 쪽으로 광맥의 연장을 보기 위해 생산에 전념하였다.

월평균 300톤을 우기 전 7월까지 3개월 생산하며 품질을 평균적으로 통계의 결과는 A, B급이 거의 50 : 50이었다.

직영광산 소장은 나의 하청광산 대리인으로 화약, 안전관리자 책임을 서류상으로 등록되어 있다.

우연치 않게 하청 생산을 많이 해야 하는 기회는 C-square 직영 광산 해발 600m 진입 도로가 우기 때, 무분별하게 도벌하여 작년 까지 이상이 없던 고갯마루가 산사태로 인하여 통행이 불가하여 복구까지 3개월은 소운반(小運搬) 지장으로 3,000톤이 모자라게 되었다.

마닐라 변호사 부부는 하청업자를 소집하여 증산 목적으로 회의를 했다.

오늘부터 믿을 것은 하청업자밖에 없다고 솔직히 말하며 자금을 1개월에서 7일 간격으로 지원하겠다고 우선 선수금이 필요한 금액을 말하라고 파격적으로 제안했다.

선수금 좋아하던 한 업자는 작년 말에 받은 돈을 카지노(Casino)에 날리고 약정을 어겨, 사장부인변호사가 이자까지 합쳐 집까지 몰수한 잔인했던 소문 때문에 모두 주저했다.

▶ 1994년, 덕대 광부와 막장에서

　지난 1992년부터는 자동적으로 3개월마다 2,000톤 일년 합계 8,000톤 이상을 정기적으로 몇 년째 선적 납품이 순조로웠다. 다행이 현지 나의 덕대광산 광황이 좋아져 물량 확보는 문제가 없었다.

　특히 홍콩 대성지사(Koworld, Ltd.)에서 포항 신용장 처리와 중간 내 커미션 이상 없이 마닐라로 꼬박꼬박 송금했다. 이러한 사업 형편이 좋은 호기를 맞아 8월 초에 C-square 사장 가족 8명이 서울 관광 겸 거래 협의차 내한했다.

　사전에 천주교 성당 근처 호텔을 주문했다.

　숙박 경비를 제외한 교통 편의만 부탁했다.

　서울 명동에 로얄호텔에 특실 1개, 보통 4개를 예약했다.

　옛날 문경 탄광 서무계장 김성수 로얄호텔 총무이사가 9일간 숙박비 특별히 40%를 할인하여 주었다.

▶ 1993년, C-square 사장

　한비물산은 이틀을 접대했고, 당일로 C-square 사장과 단둘이 포항에 가서 영업 홍상무와 향후 회사계획을 듣고, 크롬광 창고와 생산공정 공장 견학을 끝내고, 필리핀에 출장 갔던 박훈근기술차장, 최정관 구매과장의 식사 대접을 받았다.

　가족들은 용인 민속촌과 기차로 경주 불국사를 거쳐 내가 잘 아는 울산 배농장에 초대받아 다같이 한국의 고유한 농촌 풍경을 맛보며 일박을 하고 항도 부산을 거쳐 돌아온 마지막 날 저녁은 한비물산이 주관 워커힐 쇼를 관람하고 떠났다.

▶ 1993년 현지 광산주 가족

원래 광산업을 하던 사람이 아닌 법을 전공하고 그것으로 대법원 법정에서 어렵지 않게 광업 운영권을 획득하고 동남아시아에서 크롬 광이 필리핀뿐이라는 소문을 믿고 인근 대형 광산처럼 쉽게 큰돈을 벌 욕심으로 광업을 시작하여 생산은 광부 손에 맡기고 시장을 개척 못하고 큰 광산에 헐값으로 수출에 지쳐 5년 만에 휴광(休鑛) 상태에서 코리아노(Korean) 나를 만나 처음에는 의욕적으로 자금을 투자하여 영세 광산 운영에서 5년 만에 중소 광산으로 거듭나, 그동안 전문 기술자를 다수 채용하였다.

현장은 늘 만반의 준비로 지금까지 한 치의 계획에 어긋난 일이 없었다.

그런데 느슨한 마닐라 살림집에서 사용할 목적으로 구입한 새차를 강도(Car-nap) 절취를 당했다.

도요다 세단을 개인적으로 뽑은 지 보름 된 임시넘버(Conduction)를 붙인 차로 케손시 티목(Timog)에 있는 막스(Max)레스토랑에서 가족과 점심 식사를 하고 밖에 나오니 앞 도로변에 세워둔 차량이 운전수와 함께 없어졌다.

운전수는 별도 식사를 끝내고 차량에 돌아와 운전석에 있는 것을 조금 전까지 보았다는 식당 경비의 말이었다.

전화로 확인하니 집에도 없고, 경찰이 와서 현장 조사를 하는 도중, 혹시나 하고 C-square에 전화하였더니 빨리 사무실로 오라는 연락이었다.

다행히 운전수는 살아서 근처 경찰서에 있었다. 경찰이 차량 강탈범(Car-napper)의 공범(Inside job)이라고 내운짱을 구타를 해 입술이 터져 있었다.

운전수 마리오(Mario)는 혼자 점심을 먹고 돌아와 운전석에 앉아 음악을 듣고 있었다.

갑자기 앞좌석에 괴한이 권총을 들이대며, 뒷좌석에 탄 일행 괴한이 운짱 입을 막으며 뒷좌석으로 끌고 가 고개를 들지 못하게 하고 앞의 괴한이 운전하고 안티폴로 쓰레기 하치장에 포박된 운전수를 산 채로 유기하고 차를 몰고 사라진 사건이다.

운전수는 광산 사장이 파견한 아이가 연년생 6명인 30초반에 말이 적고 음악 애호가다. 보통 강도에게 끌려간 운전수는 증거 인멸을 위해 죽여(Salvage) 외곽 도로변 갈대밭에 버리면 우기 장마 전 갈대풀 소지(燒紙)할 때 해골이 많이 발견된다.

필리핀에서 운전수는 창문 열고 차 안에서 대기하면 강도 표적 우선 일순위다.

광산사장 부인이 경찰서에 갇혀 있는 운전수를 무혐의로 석방시키고, 강탈해간 차는 영영 다시 보지 못하고, 광산 부인변호사가 보험회사에 보증을 서주어 차량값 전액을 15일 내 환불받았다.

광산 사장 부인(Groria paculdo)변호사는 남편과 같이 UP를 나온 민다나오섬 다바오시 앞바다에 있는 사말섬(Samal) 주인 맏딸로 50년대 초 운전수가 딸린 전용 자가용을 가진 캠퍼스 여학생으로 유명세를 탔던 인물이다.

욕심이 많은 부인은 빈둥빈둥 한국을 오가는 내 가족에게 자기 고향집에서 대대(代代)로 취급하는 남태평양 천연진주를 소개시켜 주었다. 먼저 보석의 직경을 재는 노기스와 공구를 구입하고 직접 사말섬 진주 양식장(일본 미끼모도 동업)에 가서 천연진주와 비교법을 배우고, 보통 A, B급 직경 8~16mm의 고가 흑백 천연진주는 일본, 선진국에서 가져가고 C급 일부를 집사람은 취급했다.

▶ 필리핀 South sea pearl

한국에서는 온기(溫)가 있는 순금(金)을 좋아하지만, 1990년대에는 찬(冷) 느낌이 있는 진주에는 흥미가 적었다. 여행 해방으로 외국구경을 시작하면서 양식 진주에 관심을 갖기 시작할 무렵, 우선 선물용으로 흑백 천연 진주를 선호하는 마닐라에서 고객은 주로 관광 온 일본 주부들이었다.

2000년 들어서며 한국에서도 서서히 천연 진주(6~12mm) 열기가 있었다.

1994년 초여름에 대성 홍콩 지사 폐쇄를 통보 받고 7월 초에 홍콩에 갔다.

대성 본사 양성주부장이 소개한 홍콩에서 귀금속을 장사하는 한국인 백정현 씨를 만나 신용장 거래를 협의하였다. 재력과 은행 신용도는 좋으나 국내에 믿고 보증할 연고가 큰 회사 법인이 아니고 서울에 어느 돈 많은 개인으로 시원치 않고, 자유항에서 보석 취급은 공산국가의 불법이 개입될 소지가 있어 결정을 미루고, 마침 대성 직원 박성원이가 귀국하지 않고, KIA 법인 Intertrade, Inc.로 전직 결정으로 KIA 지사장을 만나 해외지사 매출고 실적에 보탬이 되는 거래는 대성과 같은 조건으로 KIA본사 보증을 확인하고 7월 4일 김일성이가 죽은 길일

▶ 1993년, Coto광산 자동적하(콘베어)시설

(吉日)에 직접 약정했다.

서울 한비물산 송사장은 크롬광 거래가 포항의 외자수입으로 전환 후 자금이 자동으로 이체되어, 할 일이 줄어들어 사무실 시간이 많이 남아돌고, 이주황 상무도 백방으로 거래 아이템을 찾아보지만 신통치 않던때, 채일식 상임 감사가 좋은 사업 건(件)을 물고 왔다.

채일식 감사는 대구 경북고를 어느 대통령 동기로 지방에서 최고학부를 나와 모여 앉으면 인맥 이야기가 많다.

채감사는 많은 명망 있는 사람들을 알고 지내지만 절대 사리사욕에는 이용하지 않는 뼈대가 강하고 위신 집착하면서 후회하는 결정을 잘 한다.

그러나, 넓은 사무실에서 맥 놓고 시간 보내는 송사장을 보다 못해 학부 후배를 소개시켜주었다. 후배 田사장은 화공과을 전공하고 국책 연구소 연구원으로 재직하면서 불소수지(弗素樹脂) F.R.P에 관심을 갖고 퇴직하여 태프론 공장을 경남 하동 소재 농공단지 내에 2,400평을 분양 받아 공장건물을 완료한 운영자금 곤란을 겪고 있는 즈음에 송사장을 만났다.

또 나처럼 아이디어(뜻) 기술자와 돈이 적기에 만난 케이스가 되었다.

송사장은 한비물산 명의로 투자할 것을 나에게 권유했다. 서울에 늘 있으면 회사 유보 자금으로 투자하고 관리 감독 하겠지만, 세간 (分家)나서 필리핀에 상주하는 사람이니, 그동안 크롬으로 챙긴 개인소득 자금으로 투자하고, 이주황 상무를 이용하라고 제의를 거절

했다.

송사장은 경리 및 자산관리 업무를 정하고 부사장 직함을 받고 운영자금을 투자했다.

일본에서 주문한 임가공 소통(Corresponding)업무는 이상무가 맡았다.

포항 삼화화성주식회사는 날로 번창하여 염기성 내화물 제조 업체로서 아시아는 물론 세계적으로 뻗어 나가기 위해 회사명의를 포철 로재 주식회사(浦鐵爐材)로 변경했다.

Posco Refractories Co.,Ltd.(POSREC), 100% 포항제철 자회사(Sister Co.)가 되었다.

포철로재는 크롬광을 원료로 하는 종합 염기성 내화물 제조뿐만 아니라 각종 로(爐) 설계, 축로시공, 정비, 보수, 신소재 파인 세라믹스, 수마그 생산 등의 뛰어난 기술력과 종합 플랜트를 갖춘 세계최고의 종합 로재료(材料) 전문업체로 다시 태어났다.

필리핀 중산층은 미국을 큰집 드나들 듯이 하는데, 광산 사장은 이번 미국 여행이 두 달 넘게 길어져 만나 의논하기가 힘들다. 부인은 남편 없으면 대법원 근방에 마련한 집에 있다 주말이나 왔다.

꼭 짚고 넘어가야 할 사항을 부사장이나 측근에 애기해보았자 늘 헛일이었다.

최근 금년부터는 광산 회사 사무실이나 현장도 전에처럼 늘어나는 선적 수출에 별로 반응 없이 내부에 무슨 일이 있는데 이방인에게 쉬쉬 하는 분위기가 감지되어, 사장 행방을 자주 묻곤 했지만 모두 표정이 어두웠다.

바깥 소문에 병원 검사(Check up) 받으러 입양딸 의사가 동행했다는 말이 돌았다.

분명히 사업상에도 영향이 있는 일이 벌어지는 느낌이 들어서, 광산 담당 부사장 레바티게(Libatique)에게 사장 신변에 무슨 일이 있는가 물었다.

한국 풍습에 병은 소문을 내라고 한다고 부사장에 말했다. 모르는 것이 약이라고 말문을 닫았다(No news is good news).

5월 말 2차 선적을 2,000톤을 포항에 보내고, 마닐라 사무실에 갔다. 이미 현장에서 들었던 대로 사장 Paculdo는 귀국하여 집에서 쉬고 있지만 당분간 외부 출입을 자제하고, 외부인의 접촉은 부인이나, 변호사 큰딸이 하지만 둘 다 대법원에 출근했다. 둘째 딸도 외국 회계사에다 변호사, 모두 변호사 판이다.

사장부인 변호사는 외출 때 총을 찬 여성 경찰 경호원이 따라다니는 것이 특이했다.

사장 집은 큰 시장 뒤에 3층 건물인데, 아래층이 300여 평 되는데 입구에는 총을 멘 경비 2명이 24시간 출입을 통제하고, 가운데는 소강당을 만들어 매일 오후 4시면 직원들이 모여 간단한 가톨릭 의식을 하고, 사방 창문 둘레에 칸을 막아 사무실로 쓴다. 2층은 경리 회계실, 회의실, 사장실, 체력 단련실, 별도 통로를 만든 사장 침실, 도서관 3층에는 부인 사무실 겸 침실, 자식들 침실, 나머지 공간은 옥상을 만들어 큰 관상수를 심은 산책하는 정원에 여러 색깔 앵무새장에서 훈련된 한 쌍을 3층 입구에 놓아 낯이 설은 사람이 오면 따오(Tao)따오 하고 크게 노래를 불러 초인종 역할을 다른 부호들처럼 한다.

따오는 현지 말로 사람이다.

사장이 앓아누운 불행은 부사장 리바티게(Libatique)의 기회가 되어 무척 바빠졌다.

매일 하청(德人), 운송, 자재 등 많은 업자들이 수금하러 왔다.

현장에는 친동생을 영입하여 선광장 책임자로 앉히고 소장 오초아는 채광 현장 담당으로 역할을 축소했다.

부사장은 광산 기술자로 광업성에 공무원 생활의 경력이 있는 한국전쟁 참전용사다.

1952년 20세 때, 필리핀 참전군인 증원부대를 실은 해군 LST 함정 수병으로 밤에 부산외항에 도착하여 부산을 보니 전기 불빛이 바닷가에서부터 높이 빼곡히 있어, 모두 고층 건물이 많다고 생각했는데, 아침에 본 부두 뒷산 언덕에 전쟁 피난민의 판잣집 첫인상을 배경으로 함상(艦上)에서 찍은 귀한 사진을 보여 주었다.

돈이 굴러 들어올 때는 돈만 보지 말라는 명언이 있다.

강도나 도둑놈(天敵) 동네에 가서 돈 자랑 내색을 조금도 안 했다.

그러나, 소장 오초아는 그의 소견을 진지하게 이해하며 모든 문제를 긍정적으로 풀어 간다고 개인적이며 인간적으로 믿고 따랐다.

하청업자 오막탄(Omactan)이 인근에 토렌티노(Torentino)광구 매입을 소장 오초아를 통하여 권했다.

그동안 생산 문제로 C-squqre 부사장과 소장 오초아는 서로 갈등이 많았다.

　마닐라 부사장은 소장 오초아 퇴직을 좋아했다. 동생을 현장 전부를 맡게 되었다.

　그리고 휘하에 하청 업자가 늘어난 것도 반가워했다. 사장은 장님 직전이고 오른다리 절단 판정을 벌써 받았다는 소문이 사내에 퍼졌다.

　옛날 6.25 전쟁 직후에는 당뇨병(Diabetes)을 부잣병이라 했다. 호의호식하던 숙모가 죽었을 때 집안에서 팔자가 좋아 잘 먹어 부잣병으로 갔다는 기억이 났다,

　나는 까맣게 모르고 있었던 부자(富者)인 Paculdo 사장이 알아왔던 당뇨병이 악화되어 외국 진료도 포기하고 두 눈의 실명이 가까워 사무실 분위기는 더욱 침울해진 기분이 들었지만, 아무 말도 못했고, 포항 선적만 추적했다.

　그간에 의아했던 것들이 규명이 됐다, 6년전 사장 집에서 목격했던, 부부가 2층, 3층에서 늘 각각 떨어져 따로 혼자 자야 되는 무서운 당뇨병의 위력을 알았다.

**　1995년도 계획 8,000톤 중에 마지막 선적은 C-square 광산의 10메슈 이상 2,000톤과 10메슈 이하 200톤, 총 2,200톤을 홍콩 Kia 지사를 거쳐 포철로재(㈜)에 납품했다.**

　광산이나, 토목이나 현장이 제조업에 공장이다. 현장의 소장 임무가 얼마나 중요한 자리이며 회사의 흥망을 가늠한다. 황소 같던 40초반 소장 Ochoa가 떠난 지 반년이 안 되었는데 막장 꼴이 개꼴이 되었다. 선적을 끝내면 적어도 1,000톤이 남아(Balance) 있어야 정상 미만인데, 이번 수출은 선박이 입항하고도 선광 생산하여 겨우 100톤 부족한 채

선적을 끝냈다.

좋은 약(藥)이나 사람(오초아) 효능은 금방 나타났다.

당뇨병는 외부 스트레스를 받으면 당(Sugar)이 나온다고, 이런 사고를 보고 못 하게 마닐라 부사장은 가로막았다. 동생 현장소장은 실권자 형보다 한 살 아래 60초반이다.

필리핀 사람들은 한국사람과 비교하면 강렬한 태양 때문에 체력이 10살은 더 먹었다, 그러면 육체적으로 70살 먹은 소장은 선광장 그늘에 앉아 산 500고지 갱도 십장들 보고만 듣고 십장은 막장 광부 말만 믿었다. 필리핀 노동법은 광산 막장 생산 도급제가 없다. 기능에 따라 일용직이다. 선광장 십장은 밥(원광석)이 없다고 고자질했다.

탄광에서 기술자가 막장에 있으면 탄맥이나 광맥이 저절로 커진다고 선배 상사들은 가르쳤다. 일선 관리자가 앉는 버릇이 있으면 자격이 없을 뿐 아니라 광부나 인부가 긴장이 풀려 일할 의욕을 상실한다.

▶ 1994년, 하청구덩이(坑)를 인수한 소장오초아

토렌티노하청 지역 현장에서 Ochoa가 오라는 연락을 했다. 연층 따라서 남쪽 방향으로 지상에서 51m 지점부터 크롬 폭이 넓어져 3m 넘게 막장에 꽉 찼다.

광산 인생살이 50살에 직접 갱도(坑道)를 박아 예상했던 대로 착맥(着脈)은 첫 번째 계획했던 도박이며, 필리핀 타향에서 첫 모험이었다.

현지식으로 염소를 잡아 피를 뿌리는 고사(Patogo)를 산신(山神)에 두 번째로 지내고, 숙련 되어가는 원주민 광부들이 잡은 염소로 회식(會食)을 하며 사기를 진작시켰다.

갱구(坑口)에 한글로 **포항**이라고 써 붙인 까닭은 Ochoa가 원광주와 개발 계약만 했을 뿐, 일체 뒷돈은 내가 댔고, 250cfm 이동 공기압축기(Airman portable air compressor)와 착암기까지 크롬광 거래 구전(口錢)으로 마련하였다.

▶ 1995년, Portable 공기 압축기

열한 살 아래인 오초아와 지난 9년을 돌이켜보면, 정규광산 기술자로서 체격이 좋고 체력이 좋아 앉아 있는 것을 싫어했다. 부지런하고 말수가 적어, 아무거나 잘 먹고 술을 좋아하지 않는 전형적인 야전(野戰) 형이다.

현장에 냇가에서 같이 목욕하면 내 등을 한국식으로 거리낌 없이 밀어주고, 지질조사 하러 돌아다닐 때, 개울를 만나면, 자기 등을 나에게 내밀어 업혀, 신발을 앓벗게 하는 배려는, 마치 도요토미(豊田秀吉)가 추운 겨울 댓돌 위에 있는 오다노부나가(織田信長) 신발짝을 자기 따뜻한 가슴에 품고 보스를 기다리는 차원 높은 행동이 생각나곤 했다.
약자(弱者)가 강자를 구슬리는 것은, 언젠가 강자가 되려는 짓처럼은 아닌 것으로 믿어 왔다.
아직도 그의 체온이 내 가슴에 남아 있어, 나의 광산 열망의 열기를 보태고 있다.

한편, 서울 한비물산 송사장 개인이 투자한 경남 FRP 하동공장은 시설을 확충하고 인원을 보강하여 田사장은 기술과 영업 담당하고 송사장은 철저한 자금관리와 인건비 지출을 맡고 공장을 가동하였다.

그러나 일본은 불경기가 시작되면서 차일피일하던 일감마저 끊기게 되어, 내수(內需)를 개발하고 영업을 사장 단독으로 함으로써 외부에서 거래하고 업체로부터 수금(收金)을 전용하여 내부 자금 압박을 받음으로 송사장은 급한 대로 신용이 좋은 한비물산 당좌 어음을 발행 (납품 원료대금, 보증보험료, 각종 보험료)이 부도에 직면했다.

대표이사 송사장은 한비물산 지분 60%를 내가 인수하고 회사 운영을 맡으라고 했다.

사장 자리를 좋아했다가 빈손으로 쫓겨나고 꽁밥을 먹은 이주황 상무가 생각났다.

또한, 광황이 소진되고, 당뇨 중병이 걸려 소경이 되고, 곧 한쪽 다리 정강이를 절단(Amputation) 직전에 있는 C-square 광산주는 광산에 흥미를 잃어버려 내일을 예측하기 힘들다.

그러나, 포항에는 아무 일 없을 것으로 전망하고, 이국 땅에 갱도(坑道)를 개설하여 생산 월 800톤이 웃돌아 앞으로 증산 여하에 따라 독자적으로 개성에 맞게 선광장을 건설 현지 법인으로 광산회사를 꼭 설립하여 완전 독립을 쟁취할 최종 계획을 마음에 품고 기분 좋게 귀국했다.

그런데, 안팎으로 두 불행은 겹쳐서, 옛날 탄광사고처럼(禍不單行)

왔다.

어쨌든, 크롬광은 내 손안에 있기 때문에 포항에 내려가 한비물산 사태를 이실직고(以實直告)했다. 국가 기업은 부도난 회사와 거래를 할 수 없다고 비공식 통보했다.

동업자 분쟁으로 회사는 도산했어도, 여수 농공단지에 있던 태프론(Taflon) 공장 부지(敷地) 2,400평을 놓고 宋과 田은 법정 수렁에 빠졌다.

회계 달인(達人) 송사장이 회사를 전횡(專橫)으로 다루지 않았더라도, 그냥 누워서 있어도 필리핀크롬 돈이 자기 평생 굴러 들어오는 것을 마다하는 송사장의 경영체계 관리의 이중성이 문제에 봉착했다.

투명성을 잃어 법적인 곤란을 겪게 되는 진리로서, 선진경영, 상호신뢰, 책임구현으로 균형을 유지하는 것이 사업의 수명(壽名)이다.

아직 선진 되지 않은 어떤 나라는 무조건 돈으로 해결하고, 돈이 으뜸으로 자리를 매김으로써 동업(同業)은 안 된다고 말한다.

돈을 가진 자는 뜻이 좋아서 돈이 좋게 효율적으로 쓰인다고 생각지 않고, 돈 때문에 아이디어가 쓰여진다고 우월을 갖기 시작할 때, 이해가 오해로 바뀌면서 상대를 증오하다가 쌓이고 쌓여 나중에는 죽이고 싶어진다는 악당(惡黨)들이 옛날부터 존재했다.

문제가 싹트기 시작하여 인간관계는 거울 보듯이, 상대도 느낌을 갖게 됨으로써 협조가 대립으로 발전하고, 불신과 오해가 끝을 맺게 되었다.

동업은 결국 그런 것이다 결론을 짓고 알면서 또 되풀이하고 있는 현실은 선진(先進)이란 불가능이며, 오직 돈만이 큰 힘으로 자기 착각에, 균형이 깨지는 실례(實例)를 남기고 송사장은 정든 크롬광을 떠남으로써 실력 있는 이주황상무, 채일식감사는 실업자가 되었다.

포항에서 연락이 왔다. 영구적으로 사용할 필리핀 크롬광 국내반입을 국내 법적으로 창구 역할을 하는 포항이 믿을 수 있는 회사에 대한 나의 의중(意中)을 물었다.

나는 어떤 회사든 국제거래에서 기존과 같은 나의 조건이면 좋다.

송사장은 신용이 좋은 한비물산㈜ 이름으로 몰래 발행한 당좌어음 약 2억 원을 순차적으로 돌아오는 어음대금을 딴 사람이 막아주는 대가로 크롬 납품권을 포기했다.

1988년에 내가 필리핀에서 물고 들어온 크롬광을 포항에 장기적으로 납품하려고 업무 분담을 정하고 3인이 동업으로 설립한 한비물산은 전주 대표이사 개인의 실수로 7년 만에 1995년 10월에 폐업했다.

그리고 송사장은 가짜 동서인 채감사가 믿고 소개한 동업자 全사장과 민사 소송에서 그동안 날려버린 돈을 찾기 위해 새로 많은 자금을 생산공장이 아닌 엉뚱한 법정에 투자하는 사업에 몰입하게 되었다.

나는 지금까지 15년 필리핀에서 법대로 살면서 유능한 변호사부부를 만나 크롬생산 기반을 쌓았다. 그들 변호사부부는 작업장인 법정에서 많은 富(C-square광업운영권, Cubao농수산시장운영권, 부동산)를 축적한 사례를 보았다는 이야기만을 송사장에게 말하며 건투를 빌었다.

포항 배경이 좋은 서울 서초동에 있는 무역회사 영일실업㈜은 필리핀 크롬광의 포항 납품권인 한비물산 명의를 매입하고, 나의 관계는 똑같은 조건(Free lancer)에 한비물산 대타(代打)로서 내일을 위하여 나와 악수를 했다.

내가 배(船)를 옮겨 탄 소문은 포항에 관계자들이 축하하며, 앞으로 30년 넘게 크롬광이 필요하니 필리핀 매장량 관리를 잘하라고 일러주는 관계가 좋아진 기술자도 있었다.

크롬광을 핸들링(Handling)하는 국내외 회사(한비물산, C-square)들이 어순선한 가운데, 그동안 필리핀 크롬광에 도취한 포항은 1996년에는 10,000톤을 예상하며, 2,000톤을 앞으로 예측을 할 수 없는 쇠락한 C-square 광산에 똑같이 홍콩을 경유하는 신용장을 개설했다.

생산된 재고가 턱없이 부족하여 내가 자체 개발한 덕대 생산량 60%를 합쳐서 10메슈 이상, 이하 2,100여 톤을 3월 말 포항도착 예정으로 준비했다.

깊은 와병 중에 있는 광산사장Paculdo는 1~2년 사이에 급격히 쇠락한 현장의 생산 형편을 세상 누구에게도 말 못하는 혼자만이 해결할 과제는 어떤 방법을 강구해서라도 거의 중단된 자기 광산 크롬광을 한국 수요에 끝까지 동참하고 싶은 의욕은 꺼질 수가 없어 보였다.

그러나, 광산은 앉아서 머리로 하는 사업이 절대 아니다. 설사 돈이 있어도 행동이 따라 주지 않으면 어렵고 위험을 물리칠 수 없다.

마치 가을에 나락을 수매(受買)하여 방앗간(선광장)에서 찧드시, 광산도 광석을 선광함으로써 제품 정광은 인간이 필요한 양식이다.

내가 합작으로 일으킨 C-square광산의 변호사 주인이 광산에 무식하고 독선적 사고방식으로 재투자를 전연 하지 않고, 몇 년을 그냥 꽃감 빼어 먹듯이 먹어 광황(鑛況)이 없어져, 채광은 중지하고, 덕대와 하청 광석을 선광만 하는 방앗간으로 전락하였다.

　모든 기계는 닦아주고, 기름 치고, 조여주어야 되는 것이 나의 문제가 되었다.

　궁(窮)하면 어디로 통한다고, 거의 고철이 되버린 선광장을 볼 때마다…

　내 꿈인 독립이 어른거렸다.

06
광산회사 설립

C-square 광산 주변 상황을 여러 방향으로 점검하면서, 나의 독립 계획은 너무 일찍 현실로 왔다.

매일 만나는 소장 Ochoa와 진지하게 타개책을 세우고 분석했다.

하청광산 크롬광은 매입하는 큰집이 있어야 노임도 주고 폭약을 구입하는데 큰집 주인 병세가 위중(危重)하여 광산을 할까 말까 하는 판에, 내 물건을 사라는 말도 못할뿐더러 자금회전이 안 되었다. 마지막으로 헐값에 야금용으로 팔면 하청 유지는 하겠지만, 광석을 직접 조리질 하면 좋은 가격으로 한국시장에 팔면 분명히 돈을 벌 수 있다.

나와 Ochoa 크롬 그리고 다른 크롬을 합치면 지금 당장 원광석 연 8,000톤을 C-square 선광장을 이용하면 정광 5,000톤 만들어, 연(年) 두 번 이상 포항에 팔 수 있는 조심스럽게(Conservative) 계산을 했다.

그러나 문제는 원광석 소운반 거리가 멀어지고(50Km), 더 큰 문제는 형정구역이 C-square와 달라 관(官) 섭외의 경비가 크다.

따라서, 채광장과 될수록 가까운 거리에 자체적으로 선광장 건설을 계획하고 모든 준비에 들어갔다.

제일 중요한 선광장 부지 선정은 주력 채광장에서 제일 가까운 빈

땅을 찾기가 무척 힘들었다.

1. 국도 진입이 가깝고,
2. 소음이나 먼지 등 주민의 불만이 없는 민가와 떨어진,
3. 동력선이 지나고, 공업용수 조달이 쉽고,
4. 우기 장마 때 피해가 없는 주변 땅보다 높은 지대 등 여러 요건
   을 정했다.

다음 날 이다노 변호사 사무실에서 연락이 왔다. 직영광산 아래에
제일 좋은 지역이었지만, 국가 환경부가 원주민 이주지역으로 특별법
으로 정하고 하천 부지를 형질변경 하여 원주민에게 소를 방목하도록
지원했다.

현재는 명색뿐이지 노령(老齡) 원주민 5가구만 사는 準국가 땅이다.

그런데 거주기간 15년이 작년에 지나가 자동적으로 국가가 원주민
에 양도를 했다.

토지 매매가 정당하다는 법령을 확인한 변호사 사무실은 토지 대금
과 약간의 이주비를 지불하도록 우리의 결정을 기다렸다.

주변 논 값으로 계상하여 강변(Bancal river) 상류 둔덕에 자갈 땅
5.5헥타(16,500평)를 $29,500과 이주비 $3,500 총 $35,000으로 확정
하고, 밀림에 있던 원주민은 야행성으로 매복 샤냥했던 습관으로 밤잠
을 안 자는 노인을 야간 경비로 채용하기로 약속하고 서류에 협조를
얻었다.

국가는 소유토지 지상권을 인정하고 10년간 세금 징수 후 소유등기
가 되어 우선 임시로 오초아 명의로 하고 회사 법인 명의로 이전 약정

하고 대금을 지불했다.

선광장 예정지는 남광토건이 16년 전에 건설한 국도에서 동쪽 내륙으로 9km 떨어졌고, 남쪽으로 민가 동네가 5km에 있고 외진 주변은 강바닥보다 3m 높은 동력선이 없는 구릉 황무지에 6척이 넘는 갈대밭이 강변 둔덕에 꽉 차 있다.

동쪽 5km 산으로 올라가면 덕대직영 채광장에서는 이미 생산을 하고 있다.

앞으로 직영으로 채광을 확장하고, 하청 광석 매입과 수급을 안정적으로 하기 위하여는 일반 운송업자의 위탁 수송의 비율을 낮추어 직영 운반도 참여하여 균형을 유지시킬 필요가 있다.

산(山)고지에 경사진 도로를 운행하는 트럭은 평지를 운행하는 일반 트럭이 아니라 전륜(前輪)구동 트럭인데, 얼마전까지 한국에서도 사용했던 군대 트럭(Army truck)을 구입할 수 있는가 강원도 제천에서 철도공사 하청하는 친구 송승철에 연락했다.

오랜만에 친구 얼굴도 볼 겸 충북선 철도공사 때 시공감독과 가끔 놀러 갔던 제천에 갔다. 강원도 벌목장과 광산서 섰던 트럭을 분해하여 고철장에 여러 대(臺)가 있었다.

부위별로 엔진몸체, 차대(Chassises), 적재함 합쳐 전부 세대(3)가 되도록 뭉뚱그려 놓았다.

12~18파운드(lbs) 갱도 낡은 레일도 보였다.

혹시 중고 착암기를 구할 수 있는가 물었다.

직원끼리 대화 중에 대성(大成)석회석을 거론하는 소리를 옆에서 듣고, 밖에 나가 공중 전화로 서울 대성 본사에 전화를 걸었다.

국내에서 제일 큰 대성석회석(연간 400만 톤) 제천 현장소장이 문경탄광 동기 이무웅이라고 일러 주어 무조건 찾아갔다.

17년 만에 처음 반갑게 만난 **이무웅소장**은 경북 의성에서 한양공대 광산공학과를 나와 대성 문경탄광에서 동고동락했던 몸집이 좋고, 선풍기처럼 소리는 없어도 실천하는 유능한 채광기술자였다.

말술을 마셔도 시끄럽지가 않아, 윗사람들이 모두 좋아했다,

이소장은 회사 고참 기술관리자로서 지금은 거래업자를 다루는 입장에 서 있었다.

대성은 국가 시책으로 탄광을 폐광하고, 대신 제철용 석회석을 일찍이 개발 생산하여 포항제철과 내화용석회석을 포철로재에 전부 연간 380만 톤 공급하는 국내 굴지의 석회석 광산 회사로 변신했다.

탄광 폐광 철수할 때 이동한 모든 장비와 공구는 석회석 채광에는 규격이 틀려 큰 창고에 그냥 쌓여 있었다.

사정을 이야기하고 필요한 장비와 공구 매입을 말했다.

마침, 석회석 기술담당 전무가 현장 출장 중에 있어 인사했다.

이창규 전무는 내가 대성본사에 있을 때, 대성 산하에 금속, 비금속 광산 개발부장이며, 회사대표 광산기술사(技術士)였다.

한번은 충청남도 보령지구 탄광개발 조사 심부름을 시켜 보령, 웅천에 출장 가서 15일간 여관 밥을 먹으며, 광산 개발을 하는 방법에서 시작 기초 실무를 소상히 가르쳐 준 공(公)과 사(私)가 분명한 상사였다.

▸ 1996년, 대성 문경탄광 책암기

　이무웅 소장은 이창규 전무와 상의 끝에,

　후루가와(古河) 착암기 18대,

　스웨덴 빗트(Bit 1,800mm) 38개,

　아구대 빗트(1,000mm) 5개, Rail 굽히는 징구리, 변압기, 자질구레한 기공구를 포함하여 아주 헐값에 공식으로 영수증 처리하고, 소형 트럭에 가득히 실어 주었다.

　세 동강 낸 GMC(6X6)트럭을 실은 긴 카고(Cargo) 트럭과 착암기를 실은 소형트럭을 타고 김포공항 근처 빈터에서 중고 장비 하치장 사업하는 김종민이를 찾아가 모두 보관시켰다.

　C-square광산 크롬정광 재고는 없다, 선광장 노임은 2개월이 체불됐고, 막장 광부는 3개월, 원주민은 쌀 배급이 끊겼다. 광산 사장은 발가락이 썩어 들어가기 시작하여 매일 모르핀주사에 의지하며 휠체어를 탄다는 소문이 돌았다.

C-square 광산주 부인은 병이 위중한 남편 때문에, 광산업에 거의 손을 떼었다는 물증을 확인했다, 나의 안(案)을 전하고자 맏딸인 Anna 변호사를 아무도 모르게 마닐라 대법원에서 만나, 크롬광이 대한민국에서는 전략광물로 지정하여 장기 공급목적으로 정부 지원을 받은 책임은 C-square와 나의 책임이다.

너의 부친 사장은 와병 중에 있으니, 회복될 때까지 당분간은 내 힘으로 하려는데 너의 고견(高見)을 듣고 싶다고 말했다.

Mr. Lee! 자기 엄마가 언젠가 아버지 넋두리를 하는 소리를 들었다. 우리 쪽을 믿지 말고 잘 하길 바랄 뿐이라는 소리를 듣고 헤어졌다.

해외 크롬광 개발 생산에 필요한 시설 선광장 건설비 저리융자를 위하여 신대방동에 있는 **대한 광업진흥공사에** 갔다.

10여 년 전에 필리핀에서 최초로 유일하게 개발 탐광 정부 지원금을 받은 보답으로 지금껏 생산하여 국내에만 공급하고 있는 사실을 잘 아는 부서장을 만났다.

옛날 지원받은 C-square 광산의 경영상 폐광이 예상되어, 아직 광황이 많은 기존 채광장을 인수하고 소운반거리와 행정 구역(Municipal) 문제로 별도 광산회사를 창업하여 선광장 건설계획을 설명하고 장기 저리(연 6%) 광업 자금 융자($1,000,000-)신청 절차를 물었다.

크롬광 공급실적과 향후 필요성 때문에 융자 대상 자격에는 문제가 없었다.

융자 조건은 부동산 제1 담보물건에 서류 중에 선광장 건설 타당성 조사 보고서(Feasibility study)가 필요했다.

물론 대출에 담보는 기본이지만, 타당성 조사 보고서 작성 용역비로

$60,000를 요구했다.

광산 기술자라면 누구나 작성할 수 있는 보고서를 굳이 국가 자격이 있다는 공기업에만 맡겨야 하는 절차에 거금을 낭비하고 싶지 않았다.

여기저기 수소문하여 해외 자원개발 융자금 수령에 복잡한 보고서보다 제일 중요한 담보물건에 납품실적증명과 공급계약서가 우선인 여의도에 있는 **한국수출입은행**에서 우선 급한 대로 $600,000를 광진공과 똑같은 조건으로 간단히 대출했다.

당분간 기존 큰 광산 Coto 광석으로 포항에 대체하기로 했다.

그래서, 기존 C-squarer광산은 금년부터 손을 떼고, 덕대하청에서 원광석 채광에 매진하기로 하고, 자체 선광장 건설에 박차를 가했다.

선광장 건설 부지 주소는 잠바레스(Zambales), 이바(Iba)읍 울포이 (Ulpoy), 아문간의 반칼강(bancal) 상류 우기 때(6-10월) 만수위에서 지면이 2m 미만의 사방이 평평한 큰 강자갈 위에 오랜 퇴적물이 쌓인 갈대가 꽉 들어 차 있는 강 따라 길이가 150m에서 평균 폭이 약 100m 대지로 건기 때(10월-다음 5월)는 옆으로 흐르는 강폭이 20m로 깊이가 얕은 아라이꼬시(淺腰)로 소운반 트럭 운행이 쉽다.

반면 강물이 자갈 틈으로 스며들어 물이 흐르지 않아 용수(用水)에 문제가 있다.

어떤 성공한 기업주가 말했다. **사업은 기업주(Employer)와 고용인 (Employee)의 싸움이다.**

지면 망하고 끌고 가면 더불어 생존한다.

나는 이 말을 모토(Motto)로 크롬광산업을 현지에서 하겠다고 벌서 작심했다.

연말부터 직원 숙소, 사무실, 자재 창고 등 부대시설을 건축하고, 선광 장비 기계 설치 구간을 제외한 생산 정광 야적장 공사를 시작했다.
경기도 김포 김종민이는 4월에 주문한 장비와 기계 일체를 선적한다고 수입서류를 요구했다. 그래서 즉시 **마카티 씨티 은행에서 $538,700 수입 신용장을 개설했다.**

▶ 1996년 11월, 선광장 건설 장비

일반 필리핀 현지인에 대하여서는 특별법으로 규제하여 소규모 (Small scale Mining project) 광물개발 사업으로 규정하였다. 또는 외국인은 별도 독립으로 광업 활동을 할 수 없고, 광업을 목적으로 설립되고 그 자본금의 60% 이상을 필리핀시민이 보유한 법인은 정부와 광업 협정(Mining agreement)을 채결하여 광산 개발을 할 수 있다.
그래서, 필리핀 사람 3명 각 60%씩 자본금과 한국인 40%씩 자본금의 5명을 등기 이사로 선임하고 법적인 격식을 갖추고, 사업 목적을 광산업으로 명시했다.

1. 회사명 : **미정 필리핀 주식회사 (MIJUNG PHILIPPINES, INCORPORATED)**

2. 사업목적 : 광물 채광 (Engage in the mining)

　　　　　　광석 선광 (Benificial Processing of ores and minerals)

　　　　　　국내 판매 (Depose of them in the local market)

　　　　　　국외 수출 (Export the same thru chartered vessel or container)

정부 증권 교환 위원회 (Securities and Exchange Commission)의 확인 심사를 거쳐 **1997년 5월 21일 법적으로 정히 필리핀 현지 사업 등록이** 났다.

등록번호 : S. E. C. Reg. No. - A 1997 - 9980

선광장 건설에서 장비 기계 설치 공사는 사전 준비를 잘하여 공기 내에 완료했다.

제일 중요한 작업 용수(用水) 해결이 늦어졌다.

부지에서 30m가량 떨어진 강물은 우기 때는 많이 흐르는 반면, 건기 몇 개월은 강바닥이 상류로 인한 경사와 많은 강자갈 아래로 스며들어 표면에는 없다.

따라서, 우물 시공업체 3곳이 지하 굴착을 시도했으나 하부가 바위돌로 착정기(鑿井機)의 기능이 불가능하여 철수를 하곤 했다. 1km 상류에는 연못이 상시 있지만 주변 강수위 변동으로 고정 파이프 설치도 여의치 않았다. 고심 끝에 내가 직접 인부를 동원,

다른 장비도 없이 지름 7m 정도를 원추형(Cone)으로 땅을 파내려

가다 바위가 나오면 폭약으로 붙이기 발파(小割)를 하여 10m를 내려가 상시 지하로 흐르는 상류 저수지 물을 만나 지름 1m 콘크리트 도관을 차곡차곡 쌓으며 도관 주변을 되메우기 하여 깊이 10m짜리 우물을 5개월 만에 완공하여 3인치 파이프로 펌핑(Pumping)물은 음료수는 물론 비중선광 용수로 풍족하고 주변 5km에서는 유일한 식수원 이다.

1997년 7월 초 1. 발전실 2. 트럭 저울 3. 파쇄장 4. 선광장 5. 鑛泥 콘크리트 저장소 완공 및 시험 가동 완료했다.

현재 채광 현장에서 반입된 원광석은 직영 4,500톤 하청 3,000톤으로, 당분간 연말까지는 파쇄량을 고정하여 서서히 증가시켜 매일 150톤을 계획하고 현재 일일 원광석 50~100톤 파쇄를 시작했다.

동시에 **현지 정부에 제반 허가 의무 사항을** 아래와 같이 준비하여 청원하였다.

*국제적 광산 허가 절차(International Mining Procedure)

1. 현장 채광 선광 사무실 관활 동사무소(Amungan)가 발행하는 광산과 동네가 협조하는데 이상 없다는 확인서(Barangay Clearance) 만일 관활 지역 내 조상 대대로 있는 원주민 부락은(Indigenous Clearance) 환경 작업 위생 확인서(Sanitary Permit for Operation)
2. 시장, 읍장이 발행하는 사업허가서(Mayor's Permit)
3. 중앙정부 무역 통상부 사업 등록증(Business Registration for trading, export)
4. 국세청(BIR) 등록확인서(Certificate of Registration) 부가세(RDO control No. 97c-040-000387 VAT)

세금징수(Taxpayer Identification No. 005-215-654)

5. 광산환경성(Mines and Geosciences Bureau)

1) EIS 환경 효과 평가(Environmental Impact Assessment)

2) ECC 환경 영향 확인서(Environmental Compliance Certificate)

3) MPFS 광산 사업 타당성 조사 보고서(Project Feasibility Study)

1998년 3월 말 2,130톤을 실은 배는 포항부두에 도착하여 포철로재 부담으로 전량을 주야 이틀 운송하여 입고했다.

선광장 옆 강에 물이 적은 건기 때(10-5월)직영 광산은 우기 6월전 까지 생산 야적한 원광석을 집중적으로 소운반하기 때문에 평소 경사 진 산악 도로 3km를 유지 보수하는 인부를 고정 배치하고, 광석을 운 반하는 빈 트럭이 현장에 갈 때는 강변에 도로건설 보수용 골재를 운 반하고, 내려올 때는 광석을 운반한다.

채광장에 불도저를 동원하여 우기 때 임시 저장 3,000톤 야적장을 건설하였다.

옛날 원시림 벌채를 위하여 건설한 산악 도로를 조금 보수하면 500 고지까지는 통행할 수 있어 개발 트렌치(Trenching)팀을 편성하여 탐 광을 계속하며, 하청(덕대) 광산까지 탐광 조사를 하여 장기적 광량 확 보 계획을 수립하고, 유망한 광구를 매입(租借) 조사를 병행했다.

광산에서 탐광은 광산의 활기를 북돋우며 광산 수명을 좌우한다.

인생 다섯 번째 담금질(Queching)

인생담금질

1998년 5월 18일, 5일 동안 선광장 숙소에서 지내다 마닐라로 떠나기 전 아침 일찍 소장 오초아와 운동 삼아 걸어서 채광장(해발 300m)에 가려고 강에 갔다.

상류에 있는 이 강은 건기(乾期)에는 트럭이 지나다니지만, 우기 4개월은 강물이 불어나 건너갈 수 없다. 우기 때 광부들은 좌측 상류로 돌아 걸어가면 거의 3시간이 더 걸린다. 우기에 채광 생산한 광석은 강 건너 야적장에 적치하였다가 건기 때 한번에 소운반하는 새로 개발하여 내가 굴(坑)을 시공해 기대가 되고 애착이 많은 막장 현장이다.
강 깊이가 다른 때보다는 약간 높아 내 무릎을 넘어 망서리다가 빨리 막장을 확인하고 내려올 생각으로 내처 올라가 9시경 도착하여 막장 상태가 좋아, 바로 내려오지 않고, 광부들과 아침을 간단히 하면서 이야기가 조금 길어져 늦게 11시 넘어 강에 왔다.

예년보다 좀 빠른 장마로 상류에 아열대 폭우가 갑자기 내려 강물이 이른 아침보다 막 불어나고 있어, 강 속으로 들어가니 물이 배꼽 까지 찼다.
강 건너에는 나를 기다리는 운전수와 차가 보였다.
힘이 센 오초아는 내 오른손을 팔까지 감싸 잡고, 가는 방향 왼쪽은 몸이 좋은 현장 경비가 잡고 셋이서 나란히 옆으로 서서 물살을 가르며 강어귀를 떠나 1/3쯤에서 물이 더 불어나 내 가슴 위까지 차 올라 셋은 강건너를 보며 전진을 계속하는데 강바닥은 바위와 큰 왕자갈이 많아 신발은 벗겨져 맨발로 가운데쯤에 서니 물살은 더 세어 내 입을 탁탁 쳐, 나를 꽉 잡은 오초아는 나를 보고 앉지 말라고 소리쳤다.
오는 물살에 쓰러지지 않으려고 다리에 힘을 주다 보니 저절로 몸이 굽어져 물이 내 얼굴과 눈을 때리기 시작했다.
그래도 양옆에 둘은 내 팔을 놓지 않고 완전히 사투(死鬪) 속에 오초아는 물 속에 묻혔다 말다 하는 나를 보다가 균형을 잃고 내 팔을 놓치며 급류 속으로 쓰러졌다.
평소 오초아는 수영을 못해 뒤를 얼른 돌아보니 물속에서 대가리만 보이고 양손으로 허우적거렸다.
하류 15m 아래에는 높이 5m가 넘는 큰바위돌 낭떠러지 폭포다.
오초아 없는 나는 물속으로 뛰어들어 하류 대각선으로 헤엄을 할까 생각이 순간 들었지만, 보디 가드 겸 경비는 내 팔을 놓지 않고 더 세게 잡고 물속에 거의 파묻힌 내 몸뚱아리를 끌어 당겼다.

발 끝에 뭐가 채이더니 큰 바위에 걸려 죽을 힘을 써 몸을 세우니 강변이 가깝게 보여 살았구나 싶어 뒤쪽 오초아를 보니 떠내려가 폭포 직전 오른쪽 어귀 낮은 물속에 쓰러져 있어 종업원들이 끌어내고 있었다.

길게 느꼈던 사투(水戰) 시간은 15분 경기였다.

셋은 쏟아지는 폭우를 맞으며 강변 자갈 밭에 기력을 읽고 회복될 때까지 누워 있었다.

눈을 뜨니 가끔 본 근처 동네 삿갓 쓴 노인이 보였다.

첫 마디가 **물은 뼈다구는 없어도 엄청 강하다**(Water has no bone, but very stong). 자기가 여기서 똑같은 사고로 죽는 4명을 보았는데, 다들 젊어서 살았다고 말했다.

읍내 병원에서 세 발톱이 빠진 발가락과 찢어진 발목, 흠집이 생긴 양쪽 정갱이 치료와 약을 들고 마닐라 집에 갔다.

일주일 동안, 정말이지 죽을 힘을 섰던 온 몸이 쑤시고 뻐근한 근육통을 견디고 현장에 다시 갔다.

한동안 사고를 아는 주위 사람들은 소장 오초아가 백만장자가 될 뻔했다고 농담이 아닌 진담을 했다.

이번 사고로 타국인 코리아노(Koreano) Mr. Lee가 죽었으면, 모든 것은 오초아 것이 분명했다.

어느 누구 하나 나를 행운이라는 인사 덕담은커녕, 현지인들 끼리끼리 소장 오초아에게 Sa-yang(뭐를 잡았다 놓쳤을 때)이라고 위로하는 표현을 했다.

타향 타국생활은 이렇게 냉정하고, 내면적으로는 경계하며 매몰차다.

어린아이들이 아프면서 성장하듯이, 막 독립한 지 일 년으로 이런 홍역(Measles)은 사업 성장의 디딤돌로 삼아서 내 인생에서 대처방식 성숙으로 이전보다 더 의욕적이며 긍정적인 변화를 유도할 수 있다.

나의 속 내막(Behind story)을 아는 사람은 현지인 가운데 오초아뿐이고, 서로 무슨 증거 없이 약속을 했었다.

필리핀에서 사람을 영원히 해코지 하기는 쉽다.

내가 너를 배반하면 나를 죽여라,
또한 네가 나를 배반하면 반드시 너를 죽인다.

이 구두 약정 한 가지로 크롬광을 그를 믿고 함께 개발하고 있다.

또한, 과거에 아무 자격이 없는 나의 신념을 믿고 기초를 다져준, 대한민국 정부와의 약속은 국가 보조금(Subsidy) 의무기한 15년 동안 크롬광을 개발하여 국내에 무조건 공급하겠다는 내 의지를 소장 오초아에게 수없이 강조하여, 그가 진정한 광산 기술자이기 때문에 서로 협력하고 있다.

22세에 가출하여 방랑을 시작한 **김삿갓은, 인간의 세상 만사는 다 정해져 있는데, 그냥 허공에 떠서 헤메고 있다고 말했듯이,** 내 인생도 계획된 사고를 당해야 어떤 성취가 이루어지는 듯이 이번 강물에서 벌인 수전(水戰)은 예정된 다섯 번째 시험인가, 지난 나 자신의 사투(死鬪)를 회고하였다.

1974년 2월 구정이 지난 겨울 밤 자정이 지나 탄광 을방(오후3시-자정)을 끝내고 탔던 퇴근버스가 비탈에서 굴러 많은 사상자 중에 아무 일 없이 살아난 **첫 번째 사고는** 탄광에서 성숙한 기술자를 만들어주었고, 1980년 10월 해외 필리핀 터널 현장 부임 환영회를 끝내고 귀가 중 세 명이 탄 승용차가 과속으로 전복되어 죽고 중상 입은 사람

속에 혼자 생생하게 생존의 **두 번째 사고는** 6년 토목 현장에서 기술 경험과 객지에서 살게 하는 능력을 터득하고, 홀로 설 수 있는 본래 광산업으로 무사히 컴백시켰다.

광산 첫삽(선적)을 못된 현지인을 만나 허탕 치고 좌절에서 좋은 C-square광산을 만나 용기를 얻어 국내에서 人成을 통하여, 크롬광을 포항에 납품할 수 있는 힘의 은인(恩人)을 우연히 만났다.

1988년 4월 필리핀 오는 비행기가 대만상공에서 난기류(Turbulence) 로 세 번 하강에 죽음 문턱에 갔다온 **세 번째 사고는** 크롬광을 공급할 수 있는 확고한 기반을 쌓은 한비물산 창업과 국가 지원을 이끌어 내 어 처음 크롬광 개발 탐광을 했다.

또한 C-square 광산 크롬광을 포항에 납품을 시작했고 공급량을 증 가 확보하던 중에, Coto광산 경비행기 속에서 폭우를 만나 조난 직전 까지 갔던 **네 번째 사고는** 무쇠를 두들기면 더 단단해지는 것처럼 포 철로재가 필요한 크롬광 전량을 확보하고, 중간 공급자를 넘어 직접 투자 해외 자원 개발을 시작했다.

현지에서 그 나라 법에 의한 광산업을 창업하여 채광, 정광 생산 설 비를 갖춘 완전한 광산업을 이뤄 장기적으로 안정된 생산을 독려하다 일어난 **다섯 번째 육해공전(陸海空戰)을 모두 합친 사고는** 해외 필리 핀에서 영원 하도록 철학을 만들어 주었다.

어린아이들이 첫 번 홍역을 치르고 아프면서 성장하듯이, 어느덧 중 년이 되어 내 태도 방식에 따라 삶의 의미가 더 긍정적인 변화를 겪을 것이다.

1. 잘못이나 실수를 하지 말자(No mistake)
2. 적을 만들지 말자(No enemy)
3. 거래는 정확히 하자(No credit)

순진한 많은 죽을 고비가 나를 만들어가는 우연인가, 필연인가 크롬아!
나를 찾아서 해결 할 수밖에 없구나.
살아날 운(運)과 죽을 운명은 내 노력에 따라서 행운(幸運)이 된다.

사람 누구나 돈이 들어오면 고락도 즐거워져 돈을 더 벌고 싶어 하는 일에 매진했다.

하청 덕대광산뿐 아니라 영세 채굴업자, 원주민 채굴업자까지 자금회전이 잘되는 미정으로 광석이 몰렸다. 덕대광산은 100톤 단위로 현금 결제하고, 영세는 30톤 단위로 원주민은 최소 트럭 한 대 분이면 받았다.

100km 떨어진 Coto 큰 광산을 제외하고는 최대 50톤까지 정확히 저울질할 수 있는 트럭 저울(Truck scale)을 갖춘 데는 이 고을에서 여기 밖에 없다.

주변 하청업자들은 수량에 농간이 없고 자금 결제가 빠른 미정으로 크롬광이 몰리기 시작했다.

▶ 1998년 11월, **크롬광체(탄통) 발견**. 왼쪽부터 친형, 소장 오초아, 매형

소문을 듣고 찾아온 광양에 있는 국내 굴지의 산성 내화벽돌 제조 업체 **조선 내화㈜**가 정기적으로 장기구매를 약속하고 시험용으로 60 톤 세 콘테이너를 부산 도착가 톤당 포항보다 높게 $370/Container Basis에 구매했다.

화학 성분 품위는 포철로재와 같으나 입도(粒度)가 판이하게 다르다.

미정은 6월에 크롬 정광 2,000톤 납품하였고, Coto는 세 번 선적 6,000톤 전체 10,000톤을 납품하고, 1999년을 맞이했다.

금년도 크롬 정광생산은 8,000톤으로 계획하고, 판매는 포철에 6,000톤, 작년에 이어 또다시 주문을 받은 현지 내화업체(RCP) 1,200 톤은 책임 생산하고, 광양 조선내화㈜, 경남양산 원진내화㈜ 그리고 홍콩 친구에게 보내기로 약속한 광산 창업소식을 알리기 위한 간단히 사진을 첨부한 회사소개서(Catalogue)를 정초에 서울서 온 산업디자인 하는 아들에게 부탁했다.

태국 씨암(Siam)그룹 내화 벽돌제조 업체에서 메일이 왔다. 먼저 포철로재(Posrec)에 언제부터 내화 크롬광을 공급했으며, 품질 스펙과 회사 책자(Brochure)를 보내 줄 수 있는가 문의가 왔다.

미정 필리핀 주식회사(Mijung Philippines, Inc.)
카탈로그(Brochure)

GREETINGS

Since late 1986, started the development of refractory chromite mining in Zambales Philippines. whose principal product was only lumpy ore which was supplied to Posco refractories co.. ltd. and others.

However. there is an increasing demand for special chromite products besides lumpy ore. Therefore. Mijung Philippines,Inc. was established in 1996 to provide a milling and ore dressing plant to produce various chromite concentrates which are well suited for international specification. Thus, this assures valued clients of sustained supply of products conforming to contractual grades.

The company makes deliberate and planned efforts to protect the broader interests of endusers. In pursuit of this goals. our company abides by the highest professional standards, respects nature and the environment.

We will be honored to render service to you.

LEE JUNG SOO
Founder and President

GEOLOGY AND CHROMITE DEPOSITS

The chromite property lies within the the central portion of the province of Zambales range and is principally undedain by an ultramatic complex rocks and cut by later diabasic dikes, mostly the west of the claim area is a broad mantle of gabbro rocks.

In classifying chromite deposits such parameters as chemical composition, structure of individual ore bodies, regional patterns of ore distribution, and petrology of the associated rocks have been considered. However, to emphasise their economic significance the deposits have been simply divided into podiform or stratiform type.

The ore generally massive type podiform of ore body deposits in puntak mine as a massive pods are currently being mined which yield a high grade refractory ore. A single deposit is mined in the tapulao area the high peak outcrop some 1.700 meters above sea level whereas in capile area one lode is operational as band of massive ore and tolentino area is still in the initial stage of development as disseminated grains in serpentinized dunite.

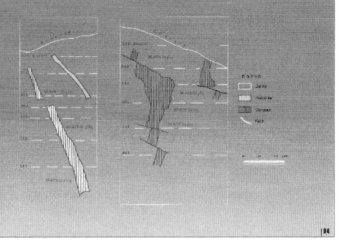

EXPLORATION
AND DEVELOPMENT

The company continuously conducts its diamond drilling program simultaneously with its mining operation. This drilling was conducted in the Paete and Tolentino mine area. Thus far, additional positive reserves at least equal in volume to the ore extracted have been blocked yearly.

TABLE OF ORE RESERVES (TONS)

MINE AREA		MINEABLE ORE	PROBABLE ORE	GEOLOGIC ORE
PUNTAK		150,000	300,000	500,000
PAETE		30,000	30,000	50,000
TOLENTINO		100,000	200,000	300,000
TOTAL		280,000	530,000	850,000

● Drilled Properties

Tolentino mine is undertaking the development.

MINING METHOD

Since the main ore body was found on or far to surface, tunnel was horizontally driven towards the strike direction of the ore body over 200 meters and developed with subsidiary x-cuts and mine stope in production for last five years. Presently the tunnel from near working face makes incline to mine below ore bodies.

Mine tub by Hoist in incline

Working Face

RUN OF MINE ORE
(Lumpy Ore)

Above : skockpile of mine site
Left : from dumping site to gang way
Below : skockpile of mill site

Mill processing involves feeding of lumpy ores to primary, secondary jaw, cone crusher and rod mill where they are crushed into successive size reduction with several stages in vibrating screens.

| Cone crusher and Sludge tank |

| Secondary jaw crusher |

08

DRESSING PLANT

After milling to produce various sizes of concentrates thru mineral Jig and shaking table.
Yuba type of mineral Jigs for fine and coarse size which milled lumpy ores with an estimated physical recovery of 30% - 40%.

Above : Mineral Jig for minus 10 mesh
        with deep well water tank

Below : Mineral Jig for plus 10 mesh

09

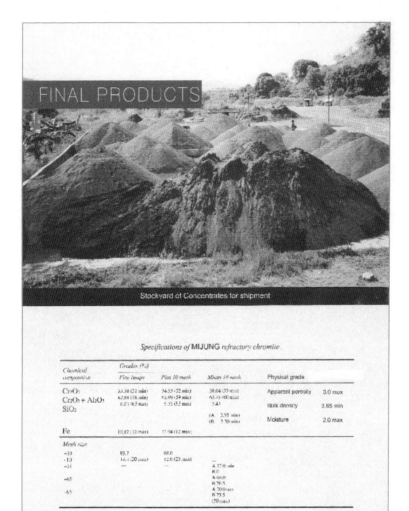

FINAL PRODUCTS

Stockyard of Concentrates for shipment

Specifications of **MIJUNG** *refractory chromite*

Chemical composition	Grades (%)			Physical grade	
	Fine Snups	*Plus 10 mesh*	*Minus 10 mesh*		
Cr₂O₃	33.38 (31 min)	34.50 (32 min)	38.64 (33 min)	Apparent porosity	3.0 max
Cr₂O₃ + Al₂O₃	62.38 (58 min)	62.99 (59 min)	63.45 (60 min)	Bulk density	3.65 min
SiO₂	6.03 (6.5 max)	5.32 (5.5 max)	3.43		
			(A 2.95 min)	Moisture	2.0 max
			(B 3.50 min)		
Fe	10.87 (12 max)	11.94 (12 max)			

Mesh size				
+10	85.7	88.0		
+10	14.3 (20 max)	12.0 (20 max)		
+14	—	—	A 37.0 min	
			B 0	
+65			A 68.0	
			B 76.5	
-65			A 70.0 max	
			B 73.5	
			(30 max)	

10

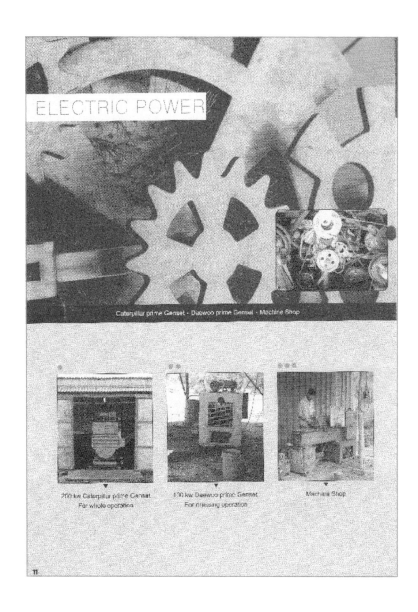

ELECTRIC POWER

Caterpillar prime Genset · Daewoo prime Genset · Machine Shop

200 kw Caterpillar prime Genset.
For whole operation

130 kw Daewoo prime Genset.
For dressing operation

Machine Shop

EQUIPMENT

500 cfm AtlasCopco air compressor — 1 unit
250 cfm Airman air compressor — 2 units
samsung payloader — 2 units
10 wheeler dump truck — 3 units
6x6 truck — 3 units

Truck scale 60 tons max.

12

SHIPMENT

Barge alongside the ocean going vessel
Quality control are all done with MAcPHAR

OFFICE

MINE SITE   Uju-iv, Anunigan, Iba, Zambiales, Philippines

MINILA OFFICE   4. Yeer St, Subao, Quezon City, Metro Manila
                Telephone : 032-913-3263
                Fax   032-912-9712
                E-mail   Isioephils@yahoo.com

Office and Guest House

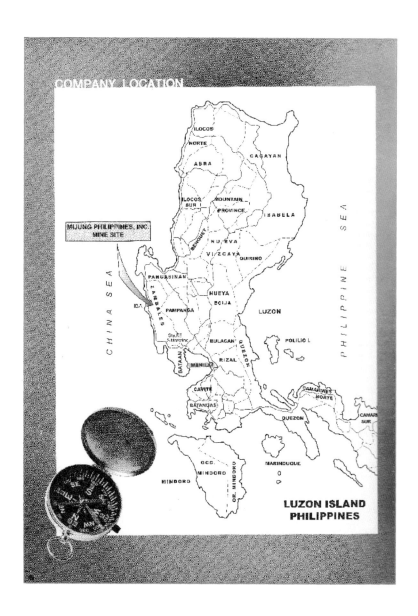

LUZON ISLAND
PHILIPPINES

미정크롬광산회사 직제는 소장 오초아가 공식적으로 바지사장
(Dummy official)이다.

필리핀 국내법에 광업은 60% 이상 현지인이 주주이어야 등록된다.
현지 관공서의 공문은 전부 Ochoa 명의로 발송하고, 대외 각종 회의
에도 대표한다.

반면 해외 업무, 법인 은행 업무, 상품 판매권, 재산 처분, 매입 결
정권 등은 100% 투자인 나를 주주 결의(Resolution)하여 경영 일체를
관장하는 외국인 지배인(General Manager)으로 외국 업무에서 대표이
사 사장으로 계약과 단가결정을 관장하고 직접서신과 메일을 주고받
는다.

현지인 경리, 자재구매는 대외업무를 겸하여 마닐라 집 겸 사무실에
서 운전수 포함 6명이 근무하며, 현장사무실은 노무 겸 출납과 업무,
품질관리, 자재 화약, 현장숙소 요리사 한 명을 포함 5명이 소장을 보
좌하고, 파쇄 선광장에는 자격 전공(電工), 기계 공작 선반공, 기능십
장, 선광기능공, 고용 잡부와 채광장 갱내는 기능 광부 현지인과 고용
잡부 원주민과 난장(갱외)은 저광장과 폐석장으로 구분하여 고용 잡부
와 일용 잡부 반반 혼합하여 작업하며 전공과 배관공이 발전기와 공기
압축기를 운전한다.

그러나 고용된 한국사람은 없다.

간접부 37명, 직접부(광부) 직영 70명, 하청 40명, 임시(Casual) 15
명 전체 평균 고용인은 중장비, 트럭 운전수 포함 150명 내외가 된다.

▶ 광부 가족 나들이

기능 훈련을 받은 원주민은 일을 잘하고, 사냥개처럼 복종심이 좋아 험한 일도 잘한다. 원주민 말을 하는 소장 Ochoa는 정부가 인정하는 교사 자격증이 있어 2년 안에 회사 근처에 가교사 설립을 지방정부의 허가를 금년 초에 받았다.

현지에는 지역 고산(高山)마다 다른 종(種)의 원주민이 살고 있다. 출생신고를 미필(未畢)한 원주민이 상당히 많고, 정부가 산적(山賊) 때문에 정글 속으로 입산을 기피한다.

순수하게 내 힘으로 자리를 잡아 딕대하청 광석을 포함 정광 2,000여 톤을 처음 생산하여 마신록(Masinloc)읍 항구(Public Pier)를 빌려 포항 선적을 끝내고, 보름이 지났을 때 현장 종업원들이 지방(Zambales)라디오 방송에서 7미터 되는 아주 드문 뱀(Python)에 감긴 한국인 한 사람을 용감한 현지인 10명이 마신록(Masinloc)읍 딸딸(Taltal)에서 구사일생으로 구출했다는 소식을 듣고, 이미 내가 겪은 사고 내막을 잘 알고 있는 소장 오초아를 통하여 나에게 전해왔다.

6미터 5센치

며칠 전 이곳 현장에서 차로 한 시간가량 가는 싼타 크루즈(Santa Cruz)라는 읍 내에서 침례교 목회 일을 보는 이 나라 여성과 다시 혼인한 타향에서 아끼는 대광(大光)후배 박목사로부터 아이 첫돌이라고 초대를 받았다.

날짜에 맞추어 현지인 운전수와 사무실을 나선 지 얼추 반 시간이 지났을 때는 오후 6시경 막 비상등(Part light)을 켜자, 내리는 이슬비에 젖은 아스팔트 포장 도로 위에 서까래 비스름한 나무토막이 도로 한가운데를 가로 걸쳐 있는 것이 먼 발치로 보여, 그것쯤이야 험한 산길에 비하면 그냥 넘어가겠지, SUV 뒤쪽에 앉아 눈을 지그시 감는 찰나에, 겁 먹은 운짱 목소리가 배암이라는 큰 소리에 눈을 뜨자마자 덜커덩 하고 넘는 소리와 함께 뒷바퀴가 덜커덕 하고 통나무를 또 넘자 뒤쪽 창문으로 돌아보니 그 물체는 꼼짝도 없이 그냥 있었다.

긴장한 운전수는 다급히 차로 압살(壓殺)을 할 양으로 좀 빠르게 다시 후진하여 덜컹 덜컹 뒤쪽 앞쪽 바퀴가 잇달아 모두 네 번을 타 넘어 앞으로 봐도 기다란 물체는 살아서 버티는 것 같기도 한 것이 비늘을 세워서 그런지 전조등(Head light)에 비친 몸통은 윤기가 더했다.
기왕 내친 김에 방향을 약간 바꾸어 4륜(輪) 기어를 넣고 머리 쪽으로 엔진소리를 좀 크게 내며 빠르게 앞 타이어가 한번 덜컹 하는 순간에 큰 뱀은 시야에서 사라져 버려 길섶에 있든지, 직감으로 차체가 묵직해서 어디엔가 붙었는지 간에 날은 벌써 어두워 차 밖으로 나오려니 성난 난폭자가 기다리는 것 같은 예감에 혼비백산했다.

내처 읍내로 가 첫 번째 도움을 청한 수리조합 정문 경비 말인즉, 희미한 손전등으로 차 밑에 개(犬) 대가리가 보인다고 일러줘, 우선은 안심하고 조금 더 달려가 불빛이 밝은 건물 공사장 인부들의 도움으로 차 밖으로 나와 차 밑창을 쳐다보았더니 뒷바퀴 축(軸)에 그 뱀은 또아리를 틀고서 갈라진 혓바닥을 널름거리며 노려보고 있는 것이 심상치 않아, 의논 끝에 신문지를 그 아래로 밀어 넣고 불을 지폈다.

크게 입을 벌린 뱀대가리는 길게 늘어나 미친개처럼 돌변하여 금방 물듯이 차밑 좌우 뒤쪽으로 헤집는 틈에, 모여든 사람 가운데 당차 보이는 필리핀목수(木手)가 잽싸게 배암 모가지를 잡은 지 20여 분 동안, 장정 4명과 줄다리기 끝에 뒷바퀴 축에
엉킨 뱀은 실타래 풀리듯이 빨려 나와 직선으로 뻗어 기진맥진하여 널부러진 죽지 않은 아열대 구렁이 파이톤(Python)을 목수 줄자로 길이를 재니 딱 6m 5cm였다.
동화(童話)에 나올 그럴 법한 경험을 했다.
하여간, 뱀은 열 번을 봐도 볼 때마다 놀라는 짐승이다.

금년도 마지막 분(lots)을 포철로재에 납품하고 포항에 내려갔다.

포철 로재는 내화전공 세라믹 기술자는 많아도 공급받는 원료를 생산하는 광산 기술자가 없어, 개인적으로 거래업자가 아닌 신분으로, 국제적 크롬광 현황의 정보를 교환하여, 얼마 전에도 중동국가 오만(Oman)의 크롬광 조사 의뢰를 받고 현지에 가서 직접 현황을 파악하고 광산 보고서(1996년)를 써준 인연은 같은 기술자 입장에서 상호 지식을 공유하며 지냈다.

이번에는 현재 일본을 통하여 공급받는 서남아시아 파키스탄 고질 크롬광(Cr_2O_3 54%up,) 버금가는 인도 크롬광에 대한 정보 현황을 개인적으로 조사 의뢰를 받았다.

현지 지방정부 관리들은 미정필리핀의 개발 생산은 한국정부가 지원한 개발사업으로 세계적인 포철에 공급하는 내화 크롬광은 한국에 중요한 전략물자라고 알고 있다.

세상은 넓고도 좁다. 그래서 인간은 죄를 짓고는 못 사는 법이다.

소장 오초아가 지역 광산 화약발파 회의에 참석했다.

옛날 15년 전 사마섬(Samar)토목 공사 때 화약발파 하청업자였던 라리(Larry Sierra)를 우연히 대화 중에 만나 나를 찾아왔다.

라리는 그의 장인 유업을 물려받아, 이 지역(Rigion Ⅲ)의 화약 독점 총대리점과 화약(ANFO) 수입업을 하는 성장한 경영인이 되었다.

지난 과거에 甲乙 관계에서 많은 협조를 잊을 수가 없는 **한국사람**을 기억 중에 오초아가 다리를 놓아 그의 부인과 같이 일부러 현장으로 나를 찾아왔다.

폭약은 도매가로 현장운반까지 해주는 걸로 은혜를 대신하겠다고 했다.

어느 나라나 폭약운반은 까다롭다.

현지에 정규 광산기술자는 화약발파면허가 신고 사항으로. 단 조직에 소속했을 때 사용 효력이 있다.

인도(India)에서 화약(Anfo)을 수입하는 업자 라리(Larry)가 마닐라 사무실에 왔다.

포철에서 인도크롬광 조사 의뢰를 받은 숙제를 인도에 자주 가는 라리가 정보를 들고 와서 출장 가는 길에 같이 가자고 했다.

▶ 1997년, 봄베이 크롬 광산주

당나귀 (인도)

누구나 이런저런 꼴을 보면서 살아간다. 누구에게나 좋은
꼴은 돈으로 살 수 있어 보고 즐기지만 험한 꼴은 억만금을 주고도
막을 수 없는 대신 희한한 별꼴은 눈여겨볼 따름이다.

5월의 한낮 바깥 기온이 섭씨 42도, 마치 100미터 달리기라도
금방 한 것처럼 얼굴이 벌겋게 상기되는 날씨의 대도시

봄베이(Mumbai)에 이틀간 거래처 일로 갔다가 먼 곳까지 온 김에
보고 싶었던 거기서 꽤 떨어진 곳으로 가는 국내선 비행장에 갈려고
꼭두새벽 호텔 택시를 타고 시내를 벗어나 외곽 도로에 닿았지만
아직 동이 트지 않은 어스름 속에서 안개까지 긴 도로 상에 웬 까마귀
떼가 낮게 날아 더 음산한 가운데 운전수가 쓴 터반(Turban) 넘어로
중간 2차선만이 아스팔트 포장 되어 있는 넓은 도로의 맨땅 노견 쪽에
어쩐 일로 사람들이 10미터 남짓 간격으로 각각 떨어져서 차량 쪽을
보며 정연히 쪼그려 앉은 모습이 차 불빛에 도로를 따라 끝없이 보였다.

운전수한테 사연을 물으니, 자세히 보라며 속도를 죽여서 눈에 들어온
것은 남자 여자 성인들이었다. 날은 훤하게 밝아와 사방을 둘러보니 온통
빈민 판자촌이 빈틈 없이 수 킬로 도로 양옆으로 펼쳐져 있었다.

따라서 그들은 사람의 눈이 적은 어둑 어둑한 이른 새벽녘에
매일 길 바닥에 줄지어 앉아서 갓난애도 아닌 사람들이 볼일을
그런 식으로 해결하고 있다.
또한 독수리 크기만 한 수많은 까마귀는 어디서 와서 그들과
그들의 국가를 위한 환경 미화원이 되어 질서 있게 공생하는
세계가 어디에 또 있을까?
더욱 흥미로운 것은 앉아 있는 사내들이 치마처럼 입은 룽기
(Lungi) 사이로 삐죽이 내민 기다란 물건,

당나귀는 좃 칠(뿐)이라더니
마른 장작 개비가 불 땀이 센
숱한 인총이 부자인 나라….
어느 나라는 길가에 새벽 벼룩 시장이 서는데,
새벽 벼룩 뒷간이 되버리는….
Incredible !ndia

신비의 나라 인도(India)는 며칠 동안 다녀와서 말하기는 어리석다.
종합 크롬광 생산이 연간 백만 톤 이내 중에서, 내화용 크롬광은 현
재까지 지질학적 광황이 적어 소량 생산하는 오리싸(Orissa)주 동쪽에
있는 바이아푸라(Byapura)광산과 주변 영세광산을 방문하였다.
결론적으로 인도의 크롬광 내화용은 아직 국제적으로 사용하기는

이르고, 우선 국내용으로 사용하면서 지질학적 탐광으로 품질이 발전할 수 있는 자원 잠재력이 무궁하다.

독립하고 계속하여 8,000톤 넘게 요로(要路)에 납품하고, 또 나머지 2,000톤은 큰광산 광석으로 납품하고 연락이 왔다.

미국총판 마닐라 지사장 지미(Jime)는 광산에 제 경비와 인건비가 올라 포철에 단가 인상을 합동으로 하자는 제안이었다. 추가로 발생되는 요인을 조목별로 분석하여 독자적으로 포철에 서신을 하라고 말했다, 우리는 한국 정부가 적정하게 정해준 단가를 상호 검토하여 시행하는 것은 변하지 않았다고 설명했다.

밤에 마닐라 집으로 포철에서 전화가 왔다.

앞으로 미정 필리핀의 크롬 공급이 충분치 못하여, Coto 크롬을 동시에 공급하면 전체 사용량을 줄여 비싼 크롬 사용을 하지 않을 것이라고 불만스럽게 말했다.

오는 2001년부터 생산을 증산하여 2002년부터는 완전 독립할 계획표를 작성하여 서면으로 보고했다.

포철로재도 포항제철 자회사가 된 후로는 업자와 거래가 투명하여지고 요구사항의 결정 시간이 길어졌다. 자체 구조 조정이라는 말도 처음 있었다.

홍정이 오가던 남쪽에 있는 파이테(Paete) 조광권이 성사되어 최종 결정하러 소장 오초아와 같이 변호사를 만났다. 나의 필리핀 보증인 이다노 부지사가 외국인 나는 물론 회사는 현지 조광권 계약에 간여 하지 말고, 자격이 있는 오초아 개인(Dummy)으로 하라고 연락이 왔다.

외국인은 현지에서는 항상 방어 운전(Defensive driving for self)을 하라고 일러주며 좋은 말로 비유했다.

오초아 명의에 5년 간격으로 연장할 수 있게 계약하고, 오초아 하청으로 관리를 분활시켜 회삿돈을 빌려주고 독립채산(採算)으로 운영하며 원광석 납품 공급을 서로 구두로 했다.

오초아는 집안 동생 다니(Danny)를 현장에 배치하고, 선광장, 직영광산 등 세 곳을 시간적으로 순회하여 바빠졌지만 본인의 매상은 많아졌다.

선적 때마다 말썽을 부른 도로, 선광장에서 국도까지 9km에서 민가가 없는 8km 구간 도로는 선적 때 정광을 실은 트럭이 부두로 운송하는 회사 동맥이다.

크롬광의 비중이 5(g/cubic m)이상으로 덤프트럭에 20톤을 적재 100회 이상 왕복하면 시골 비포장 도로는 밑으로 주저앉고, 장마 때는 배수(排水)가 안 되어 늘 임시로 보수하여 사용하였다. 과거 토목현장서 익힌 토공(土工) 경험으로 직접 광석 운반 전용도로를 시공했다.

불도저를 산에서 임시 끌어내어, 강변에 자갈 골재를 2,000큐베(Cube) 넘게 골재 토취장(土取場)을 만들고, 사무실 정문에서부터 표토(表土)를 걷어내며 왕자갈을 펴서 깔고 중장비로 다져(Compaction), 모래가 섞인 강자갈로 성토(盛土)하며 자연 배수가 잘 되도록 표층(Crown)은 양 측면보다 조금 높게 덮어 중간 횡단하는 도랑에는 지름 50~100센티 콘크리트 도관(Pipe culvert)을 상하좌우 경사가 맞게 설치하여 보름 동안 반영구적인 도로 공사를 했다. 다행히 시공 구간이 사유지가 없는 국유지였다.

2001년 상반기에 단가 인상이 인정되지 않고 4,000톤을 납품했다.

직영 채광 십장(Santos)이 발송자도 없는 내 이름이 적힌 잘 밀폐된 봉투를 주었다,

소장 오초아가 작년부터 알려준 북부 반도들이 행동 자금이 모자라고 치안이 풀린 남쪽으로 이동을 거듭하여 현재 직영 채광장에서 8km 정글에 행동대 본부가 생긴 것으로 정보가 보고되어 다솔(Dasol)읍에 있는 정부군 대대본부에서 1개 알파중대가 국도변 길목에 작년 우기 (雨期) 지나 주둔을 시작했다.

편지 내용을 보아 그냥 대수롭지 않게 넘길 사항이 아니었다. 그렇다고 정부에 보고나 도움을 청할 일도 아니고, 당장 생명을 노리는 것도 아니었다.

필리핀 인생살이 20년의 일상 생활처럼 생각되었다.

이중 과세(二重課稅)

사람마다 생활 경험이 같을 수가 있더라도 현상(現想)에 대한 관찰이나, 특이한 발견이 다를수록 혼자서 간직하기에는 너무 아깝게 느끼는 것은 누구든 자유롭지만, 민감한 고백은 때와 장소에 따라야 한다.

늘상 지나다니는 국도(國道)변 좌측 모퉁이에는 이 나라 군대 보병 알파(Alpha)중대가 주둔해 있고, 거기에서 짐을 실은 트럭이 오가는 흙길로 9킬로 지점 강변 둔덕에 광업소 선광장이 있다.
또 그곳에서 반대편 강 건너 10킬로쯤 산길을 따라 올라가면 이 지방에서 제일 높은 타플라오산(2,070m) 처녀림 속에는 야생 잡동물과 나라에 골칫덩이 NPA(new people's army 신인민 해방군)이라는 반도(叛徒)들이 활개치고 산다. 이들은 소련이 붕괴된 후 무슨 이념이 사라졌지만 해체가 안 되고, 인민을 위한다는 명분을 유지한 채 해결사 역할을 하며 몰래 양민에게 혁명세 (Revolutionary tax)를 불법으로 무작위 원천 징수하는 반정부 세력이다. 정부 발표에 의하면, 남쪽 큰 섬에서 국토 분리를 주장하는 무슬림 지역을 제외한,

중북부의 밀림 정글 속에 약 2만 명이 집단적으로 암중비약 한다고 한다.

산을 바라보고 더불어 사는 광산업자들은 산기슭에서는 정부군에
보호를 받고 해발 500-800m 고지 채광장(坑)에 올라가면 자연스레
그들과 가까워져 광산이 망해야만 연(緣)을 끝는다. 광부들은 포커
(poker)도 가끔 같이 한다. 처음 회사를 설립하고 3년이 지난 후,
영업 연말 결산서(대차대조표, 손익계산서 등)를 제출 받아 혁명세 징
수 근거를 삼는다는 통첩이 비밀로 왔다, 산에 화약고 안에는 폭
약이 가득한데 이럴 수도 저럴 수도, 평지에는 보기 좋은 시설로 발
전기는 잘 돌아가고 있지만, 그들이 산에서 훼방하면 모든 것이
빛 좋은 개살구가 된다.
게다가, 총기류를 합법, 불법으로 엄청나게 백성들이 집이나 몸에
소지하고 살기 때문에 서로 원한이 있다면 뻔한 일이 백주에도 벌어
지곤 하는 타국 땅에서, 기로에 있는 이 아무개는 고향에서 태어날
때부터 사회적이나 정치적으로 억압, 전쟁, 도망, 민폐, 병폐 온갖
험한 꼴을 식은 죽 먹듯 산전수전을 다 겪은 사즉생(死則生)정신 뿐인데,
강제로 납세는 절대 용납할 수 없다.
더구나 사업 허가를 준 현지정부에 반역죄를 범해서는 안 된다.
그러나 그들이 칭얼대거나 훈수(訓手)에는 알사탕과 팁(Tip)으로 벌충을
할까 말까 헷갈린다.
죽을병도 어떻게 관리를 잘 하면 제명을 다 따먹고 살아가듯이….
그래서, 어느 그믐날 밤, 작심(作心)을 하고 혼자서 프락치를 통한 암호를 가
지고 숲속에서 총을 멘 복수의 가이드를 만나 3시간 반 걸어, 앞으로 친구가
될 그들에게 좌우명(말 한마디에 천 냥 빚을 갚는다)을 시험하러 갔다. 탈진
이 되어 물 한 모금, 먹을 것을 대뜸 청하였더니, 밥상에 바나나 잎사귀로 동
여맨 발가벗은 어린애 비스름한 게 보여, 무슨 딴짓을 하나 하였더니 옹고이
(원숭이)를 구어 놓고 먹으란다. 원숭이는 잡식과 초식 중에도 열매만 먹어야
인간의 식용인데, 검은 대륙에서는 잡식을 먹거나 애완 원숭이를 성폭행하기
때문에 집(孔) 번지수가 다른 변종(變種)이 HIV의 시초가 됐다며, 영장(靈長)
다음으로 성감(性感)이 가장 좋고 성희를 아는 동물이라는 논리로 찐한 농담
까지 하며, 화기애애하게 할 말을 했다.
위험 속에 하는 광산사업이 죽음을 두려워하면, 생산하는 삶도 두려워진다고
했다. 어떻든 나는 코리아를 위하는 임무뿐이다.

결론적으로 頭目 왈 만사는 상대편이 할 탓(Claw me, & I'll claw thee)이라는
문자 쪽지를 주어, 동트기 전에 서둘러 산에서 내려왔다.

▶ 인근 밀림 男女 반정부군(NPA, New people's army)

네가 가게(점방)를 지키면, 가게는 너를 지켜준다. 는 옛날 산동성 되놈 말과 같이, 정말로 장사는 이윤보다 오래 달리기(Long run, last long)가 더 힘든 법이다.

경기도 분당 수내동 조선내화(朝鮮耐火)㈜ 본사 큰 건물에 구매담당 박상무 집무실이 4평 정도 되는 소박한 작은 집무실에서 처음 인사했다.

포항보다 소량이지만 정기적으로 아무 불평 없이 필리핀 크롬광 사용에 감사 인사를 했다. 큰 회사치고는 분위기가 검소하고 직원들이 친절하여, 20여 년 전 종로 종각 뒤편 대왕빌딩에 대성 광업과 아주 비슷한 건실한 기업이었다.

앞으로는 양도 늘리고 장기적 사용 계획에 대한 설명을 들었다.

실제로 포철에만 거래하면 장기판에서 包 떼고, 車 떼면 힘을 못 쓰듯이, 한국 판권업자 떼어 주고 또 개평 떼고 하면 내 소득은 변방(邊

力)에 소량씩 저가(低價)로 공급해도 실속은 더 좋고 장래 흉년이 들어도 생존이 길다.

또한 중국이 완전 개방되는 날이 곧 올 것으로 낙관했다.

07

미국 크롬광

금년도 계획은 포철에 제일 많이 선적하고, 현지 내화업체, 태국 씨암, 중국 대련, 대석교 내화, 조선 내화 등 내화용을 우선으로 하고, 중국 야금용 생산 기반을 확고히 하여 장기 안정된 공급으로 향후 사양(斜陽)화 되는 내화용을 대체할 계획을 세웠다.

1차 포항과 중국에 3,700톤을 3월에 선적을 완료하고 연초부터 계획되었던 미국 총판 싸피이어와 필리핀 대리점 사장을 만나러 미국행 비행기를 탔다.

저녁에 샌프란시스코 공항에 지미(Jime)가 미국 초행(初行)인 나를 마중했다.

예약된 산호세(San jose)시 호텔에 여장을 풀고, 지미는 시내 자기 딸집으로 갔다.

다음 날 아침 식사 도중에 지미가 뉴욕에서 막 도착한 총판 책임자 싸피이어를 데리고 호텔에 와서 10년 만에 상면하고 곧바로 셋이서 싼타 크르즈(Santa cruz)시 해변가에 있는 국영 내화(National refractories co.)공장에 갔다.

▶ 2003년 4월, 캘리포니아 폐기된 크롬광

미국은 크롬광이 오리건, 몬태나주에 소량의 매장량(약 600,000톤)이 발견되었을 뿐 (남아연방 매장량 2억 톤) 현재까지 생산하지 않고 수입에 의존하고 있었다.

내화용 크롬광을 필리핀에서 30여 년 간 공급받아 사용하였으나 2000년부터 사용폐기물처리와 환경문제가 거론되어 완제품 생산뿐 아니라 사용을 잠정 중지하였다.

따라서 공장을 폐쇄하고 저장품(약 20,000톤)을 선별한 고질크롬 (Sweetener)광석을 싸게 처분하는 정보를 미국 싸피이어(Safier)가 알고, 포철로재에 저가로 공급할 계획을 직접 확인하고 현황 보고서 작성 목적으로 나를 그곳으로 초청했다.

과거에는 내화 업체들이 선별된 고질 괴광석을 수입 공장에서 입도별 파쇄만 하고 제품 제조에 사용하다가 상승하는 인건비와 제비용을 삭감하기 위해 공정인건비가 싼 현지 광산에서 처리한 분쇄정광은 사용하고 괴광석만 남아 있었다.

저장품 서류를 대조하고 최종 원본 화학분석표와 입도별 구성률표를 확인하고, 야적장에 가서 무작위로 다섯 곳을 로더(Payloader)로 100톤씩 500톤 별도 야적한 두 곳에서 샘플을 채취하고 5Kg를 DHL 편으로 한국에 보냈다.

조건은 물량 10,000톤 이상, 구전(口錢)은 $30/톤으로 중간 공제하기로 정했다.

생전 처음 형편이 좋게 미국에 온 참에

나파 밸리(Napa)에 있는 골프장에서 일(Supervisor)하는 옛날 영등포 친구 경용혁이를 찾아갔다. 용혁이는 영등포 신길동 이태리군 병원이었던 우신학교를 다녔지만 살기는 양남동 같은 동네에서 자랐다. 동국무선고교를 나와 미군부대에 전공(電工)으로 취직해서 전봇대(柱)를 타다가 미군 상사를 잘 만나 미국에 정착한 지가 오래되었다.

와인(Wine) 술가게를 제법 크게 하는 두 번째 베트남 부인(Nuyen) 셋이서 골프장에서 놀다가 3일 만에 샌프란시스코에 사는 최완근이를 찾아갔다.

최완근이는 고교동창으로 서울 혜화동에서 수학선생 노릇을 했다.

1973년 미국이민 비자를 받고 문경탄광 사택에 마지막 작별 인사로 찾아와 누추하게 뵈는 사택 방에는 들어오지 않고 뜰에 서서 만삭(滿朔)인 집사람을 쳐다보며 연상 고생한다고 위로 겸 대책이 없는 내 걱정을 했다.

미국 비자가 어렵게 딴 무슨 당상(堂上)처럼 자랑을 늘어놓기에 이민 가서 뭐를 하겠는가 물었다.

기회가 많은 땅에 가면 할 일이 많아 우선 가서 좋은 것을 골라 할 거라며 자신을 가지고 떠나는 완근이를 보며 마지막 인사말을 했다.

아무 생각 없이 입에 나오는 대로 30년 후에 미국에서 만나자, 완근아! 건투를 빈다.

노인들은 **말이 씨가 된다고** 했다. **인생에 근본이 될 수도 있고, 불행의 근본도** 된다고 했다. 미국에 볼일로 온 때에 겸사-겸사 생각나 찾은 것이 그때 입에서 내뱉듯이 한 말이 꼭 30년이 되었다.

여기저기 수소문 끝에 샌프란시스코 시내 비탈진 전찻길 우측 도로변에 있는 중국 빵가게에서 완근이 부인과 학생인 두 아들을 만났다.

모두 생면부지로 그들은 왜 여기저기 사람들을 동원하여 남편을 찾는지 궁금한 눈치가 역력했다.

혹시 전(前) 남편과 금전 문제나 좋지 않은 일로 한국에서 온 것으로 예감하고 애들 아버지를 본 지가 10년이 되어 행방을 모른다고 잘라 말했다.

그러나, 애들 양육비가 오는 곳이 늘 일정치 않다고 말했다.

옛말이 맞다. 돈은 앉아서 벌어야 좋은데, 사방 떠돌며 돈을 벌어 송금한다는 말을 듣자니 자랄 때 조용했던 완근이 성품도 세월처럼 많이 변했겠지 하고, 건강은 어떤가 물었다. 시원한 대답을 못 듣고 헤어졌다.

1960년대 말 학생 때, 고만고만한 영등포 친구들을 완근이가 신당동 걔네 집으로 불러 일본식 넓은 정원에 큰 밤송이 같은 관상수 옆으로 크고 작은 석등(石燈)이 있는 이층 적산(敵産) 집을 구경시켜 주던 최완근이는 꼭 다시 만나 자초지종(自初至終)을 듣고 싶은 맘을 간직했다.

성공담은 허풍이 많고, 실패담은 진솔(眞率)하다.
그러나 **잡았다가 놓친 물고기는 큰 법이다.**

어릴 때 나를 좋아 따라다닌 친구는 기억이 없다. 그러나 내가 좋아 쫓아다닌 친구와 형은 더러 있다.

지금은 역마-살(驛馬煞)이 낀, 대만에 영길이, 월남에 학기, 나파밸리에 용혁이, 시카고에 준용이, 워싱턴에 치주 그리고 뉴요커에 동길이 형, 언젠가 모두 내 광산에서 만나(Reunion)는 망상 같은 꿈을 꾸었다.

넓은 타향에서 바삐 살아가는 동창생들은 짬이 없어 상면은 못 하고 전화질만 하고 LA로 갔다. 거래처 영업을 직접 오래 하다 보니 전화만 해도 상대방 입장을 거의 파악하는 신통(神通)력을 배웠다.

마닐라에서 인터넷 메일로 보름 전에 예약한 시카고행 관광 열차(Amtrak) 출발시간은 내일 오후 3시, 어제는 호텔관광으로 시내명소를 보았고, 오늘은 대중교통으로, 걸어서, 한인촌을 들러보았고 필리핀 식당에서 점심을 먹고 필리핀사람들과 잡담하다 서둘러 시청 근방에 있는 LA기차역(Union station)에 갔다.

검은 엄청 뚱뚱한 역안내 아줌마에게 표예약 사정을 말했더니 손짓으로 가리키며 어떻게 하라고 일러 주었다.

잘 예약된 표는 자동판매기(Slot machine)에 비밀번호를 걱정스럽게 입력했다.

▶ 2003년 4월, Amtrak

기차표가 뭐 빠지듯 시원하게 나왔다.

기차는 앞으로 2박 3일 동안 호텔 겸 자고 먹고 하는 2층칸에 자동 침대 의자에 앉았다.

대륙 횡단 시카고행 완행열차는 오후 3시 정각에 복잡한 역을 떠나 **애리조나** 협곡을 지나 어두워져 잠에서 깨니 어딘지 창밖은 하얀 눈이 보였다.

날이 밝아 **뉴멕시코에** 정차하여 관광하고 계곡이 많은 **콜로라도**를 거쳐 **캔자스**에 정차 쇼핑하고 근사한 식당칸에서 저녁을 하고 옆칸 라운지에는 각국에서 온 관광객들이 각자 가지고 온 술병을 들고 마지막 밤을 즐겼다.

나는 그리스에서 온 사람하고 자정이 넘도록 떠들다 아침에 눈을 뜨니 **미조리 미시시피강을** 따라 달리는 기차에서 광활한 평야를 보며, 문득 이런 생각을 했다.

미국사람들은 **조상을 잘 만나 세계에서 제일 좋은 노른자 땅을 차지하고 맘껏 희망을 갖고 사는데, 어느 민족은 조상을 잘못 만나 백성은 아직도 남의 눈치를 보아야 하는가… 혼자 부아통이 터져** 멍하니 앉아 빈 술병을 들고 있었다.

그래도 기차는 아무 상관없이 **아이오와**에서 정차하여 관광하고 **일리노이**를 달린다.

Amtrak은 넓은 미합중국 중하부 13개 주(州)를 거치면서 승객에게 구경을 잘 시키고 정각 저녁 6시에 **시카고 지하 역**에 도착하여 미시간(Michigan Ave.)대로 안쪽 좁은 도로변에 있는 일주일 전 산호세에서 예약한 **카사(Casa)**호텔에 여장을 풀고 기다리는 고교동창 김준용에게 전화를 했다.

그동안 이렇게 저렇게 대충 서로 소식을 들었지만, 옛날 제일 친했던 준용이 만남은 꼭 40년 되었다. 1961년 고등학교 3학년때부터 준용이네 집에 붙어서 해외로 이민 떠나고 싶은 열정으로 혼자만이 누구 짝사랑하듯 어리석은 짓은 운(運) 때가 안 맞아 기회를 놓치고 말았다.

호텔로 준용이가 와서 의관을 정비하고 고국에서부터 챙겨온 선물을 들고 부모님이 계신 집에 가 뵙고 큰절을 했다.
어머님 말씀은, 정수! 안 늙었다 하시며, 처음 보는 준용이 처가 마련한 진수성찬 대접을 잘 받았다.
이러한 **만남은 삶의 질을 높이고 명을 길게 끌어 준다.**

브라질 땅을 개간하다가, 가족은 뜻하는 바가 있어 북미대륙 캐나다, 미국으로 이주하여 기술공부를 하고, 인쇄업에 뛰어들어 번성하여 한때는 이민 초년생 동창들의 문전성시(門前成市)였지만 새로 나타난 콤프터 시설로 업그레이드를 하지 않고 업(業)에서 손을 떼고, 많이 벌어 논 돈으로 편안하게 교회 장로(Elder)로서 주위에 봉사하며 살다가 얼마 전부터는 소일 삼아 부인과 둘이서 아담한 세탁소(Laundry)를 직접 운영하고 있었다.

다음 날은 시내에서 주택 개조(Remodeling)업하는 필리핀 현장소장 오초아(Manuel Ochoa) 형을 만나 이틀 동안 골프장도 가고 시카고 시내에서 미국 건축학의 정수(精髓)를 보며 필리핀 옛 건축학도의 설명을 듣고, 많은 필리피노(Filipino)의 한국동포와는 다른 생활상을 목격하고 헤어졌다.

넷째 날은, 준용이가 바쁜 짬을 내어 시외 이름이 생소한 종교의 사원 구경을 하고 저녁에는 준용이와 둘도 없이 친한 동창 한인호가 예고도 없이 나를 기다렸다.

한인호는 여기서 정규학교를 나와 기업체에서 30년을 근속한 전형적인 미국시민으로 번듯한 주택(Mansion)을 마련한 유머가 넘치는 여유가 있었다.

집 떠나 보름 만에 객고(客苦)를 풀게 한 대광 동창 한인호가 마련한 한식집 요릿상 앞에서 동대문 신설동 큰빛 옛정을 나누었다.

마지막 날은 많은 한인들이 선호하는 **개인사업 세탁업** 실상을 직접 보러 양해를 구하고 택시를 잡아 타고 준용이 사업장에 갔다.

한국인의 성깔이 깨끗하고 책임감이 뛰어난 더럽고 추한 것을 일소하는 장점을 살린 타향에서의 좋은 선택으로 성공하는 것을 보았다. **사업은 알고 좋아서도 하지만, 책임감이 제일 중요하다.**

밤 비행기로 **뉴어크(Newark)**에 가기 전, 뵙지는 못할망정 아틀란타에 대학친구 이제용에게 전화로 먼저 바빠서 못 보고 떠나 미안하다는 말로 안부를 나누고, 또, 꼭 보고 싶고 빼놓을 수 없는 친구 치주는 서로 성공 후에나 꼭 만날 생각으로 인사만 할 양으로 전화를 했다.

어디냐고 물으며 대번에 무조건 당장 오라고 다그쳤다.

한국에서 대학동창 국치주 소식은 힘들게 고생하며 몹시 바쁘게 살아, 만날 수 없다고 친구들이 바삭하게 말했었다.

이렇게 보고 싶다고 이야기하는 사람을 서로를 생각해 안 보면 두고두고 후회막급 할 것 같은 맘에 시내 여행사를 찾아 들어갔다. 오후 4시 반 곧 퇴근한다고 건장한 젊은 백인직원이 책상정리를 하며 말했다. 오늘 워싱턴DC에 간다, 표가 있는가 물었다. 그는 콤프터에 손도 안대고 표가 없다고 대꾸했다.

60 평생 안 되는 일을 되게 하며 사는 내 생활 신조였다.

되는 일을 안 되게 하는 인간도 종종 있다.

백인에게 의미심장한 말을 했다,

Can U trade a favour with me? (네가 나를 도와주면 나도 너에게⋯⋯.

우리말로 매부 좋고 누이도 좋고) 즉시 $50 짜리를 책상에 올려 (Betting) 놓았다.

그제야 콤프터를 열고 보더니 저녁 7시 출발 표를 4시 25분에 발권을 했다.

수고 한 팁을 받고는 워싱턴DC행은 9.11 이후 보안 검사가 심하니 서둘라고 친절했다.

그리고 준용이 업소에 작별 인사하러 갔다.

그 늦은 시간에 당일 비행기표를 구하는 너의 능력을 보아하니, **사업 성공은 틀림 없다는 덕담을 듣고, 기약없이 헤어졌다.**

밤 11시 넘어 워신톤 공항 청사 밖에서 기다리는 국치추를 20년 만에 만났다.

1983년 필리핀에서 휴가 나왔을 때 이민소식을 듣고 여의도 장미아파트에 찾아가 장도(壯途)를 축하하며, 집 두 채 중 한 채는 처분하지 말고 가라고 말했던 기억이 새삼 생각났다. 신촌에서 병리학을 공부한 부인 따라 두 아이들을 위하여 미국에 간다고 말했다.

굳이 호텔에 묵지 말고 집으로 차를 몰았다.

네 삶에 누(累)를 끼치지 않으려는 맘뿐이지, 왜 너의 청을 싫다고 하겠는가 솔직히 말했다. 자정이 지나 새벽 3시까지 끝없는 말소리를 듣고 부인이 재촉해 신혼 방처럼 꾸민 건너방에서 새 이부자리를 덮고 잤다.

아침 9시 넘어 일어나 정성껏 차린 밥상에 앉아 치주가 깨어 나올 때까지 잘 정돈된 거실을 둘러보는데 치주는 새벽 5시 일어나 사업장 갔다고 말했다.

아니 2시간 동안 잠자고…. 내 말이 무색해졌다.

부지런하게 사는 삶은 성공 길밖에 없다.

치주는 고국에서 2대(代)가 광업에 종사한 보기 드물게 소문난 명문 광업인 가족이다.

일본은 에도시대부터 광산기술을 체계적으로 발전시켜, 기반이 튼튼한 산업국가가 되어, 식민지 조선, 만주, 대만을 그놈들처럼 기반산업을 위하여, 식민지에서 매년 3명을 선발하여 아키타(秋田) 광산대학에 보냈다.

국순만 치주 부친도 아키타를 수석으로 나와 조국 광산업에 크게 이바지한 광산전문기술자다.

치주도 대를 이어, 탄탄하게 보고 배운 대로 탄광에서 실무를 익히고, 광산 진흥을 위하여 대한광업진흥공사에 공채로 들어가 자리를 잡았을 때, 내가 먼저 타향살이를 시작했다.

선진국에서 전문직(Professional)으로 살아 온 치주부인은 한국에 옆집 아주머니와는 많이 달랐다.

보수적인 의례적으로 하는 말이나 행동이 아니라, **배려하는 모습이 아주 인상적이었다.**

남정네 삶은 부인에 달렸다는 말을 믿는 나로서는, 치주의 현실이 한국에서 듣던 대로 안정이 달된 것이라는 생각이 틀려져 조심스럽게 친구의 사업장을 직접 보고 싶었다.

혹시 길을 잃어 고생할까 친구 치주가 데리러 온다는 말을 사양하고 택시를 잡아타고 갔다.

▶ 2003년 4월, 워싱턴 치주 집에서

선진국 미국은 어딜 가나 필리핀에서 오래 산 사람은 조금도 불편함이 없다.

말이며, 간판, 길거리 이름, 도시교통수단, 사람들 복장, 장마당, 백화점, 공중도덕 규정까지 그래서 길거리에서 필리피노를 아주 쉽게 본다.

Pinoi Ka Ba?(필리핀 사람이냐) 하면, 금방 미소에 친절해진다.

서로 피하는 어느 양반민족과는 정반대 현상이다.

혼자 찾아간 치주 사업장은 세탁소(Shop)가 아니라 세탁공장(Factory)이었다.

건평이 150평 넘게 종업원이 한국동포, 중앙아시아인, 본토 흑인 2명, 치주까지 전부 5명이 상시 근무하고, 임시직(Casual)이 간간이 온다고 한국아주머니가 일러준다.

인건비가 비싼 선진국에서 직원 5명이면 필리핀에서는 몇십 명과 맞먹다고 치주한테 주장했다.

천장콘베어 시스템으로 세탁물을 이동하고 2평 크기만 한 세탁기계가 횡으로 줄지어 5대가 있고 부속장비가 자동으로 모두 처리하게 설비가 잘되어 구경하기가 부담스럽지 않았다.

친구는 끼리끼리라는 말이 있다.

치주가 선진국에서 이렇게 잘하고 있으니 친구의 혼(魂) 텔레파시(Telepathy)가 통해 나도 명맥을 유지하는가 고마웠다.

다음 날은 혼자 지하철 타고 펜타곤 역에 잠깐 내려 들러보고 워싱턴 시내에서 평소 한국에 가면 자주 가던 동작동 국립묘지가 머리에 떠올라 알링톤 묘지에 우의를 입고 서있는 6.25 참전 용사를 참배했다. 어떤 나라와는 판이하게 모두 죽어서도 평등한 미국 사람들 정신에 잠시 대책없는 고향 국군묘지 현실이 아주 멀게만 생각되었다.

도로변 큰 빌딩 입구에 태극기가 걸려있는 건물 화장실에 볼일로 무작정 들어갔다.

우선 볼일을 보고 들러보니 한국사람들 사무실이 많아 매점 한국아주머니에게 물었다. 대답은 언론사 특파원들이라고 했다.

<u>**동작동**</u>

때는 6.25사변 휴전 직후쯤에 새로 막 조성된 군군 묘지로
송충이 잡으러 빈 깡통 들고, 영등포에서 걸어 처음 갔던 동작동,
또한 서달산 명수대에서 내려다본 세 동강으로 부서진 한강 다리의
건설 현장이 아직도 생생하다.

우연치 않게 근처에서 살다 보니 그 시절의 인연으로 언제부터인지
그곳에 자주 가곤 했던 것은 무슨 별다른 이유가 있어서가

아니라 거기 부근에 가면 잠시나마 마음이 숙연해지고 대문에 들어
서면 머리가 저절로 숙여져서 좋다.

여느 시골 같은 데는 남의 집 초상이나 산소에 갔다 오면 재수가
없고 부정 탄다고 소금을 뿌리거나 물을 뿌리며 핑계 없는 무덤이
어디 있겠냐고 수군거리겠지만 이곳에 묘들은 오직 국가와 민족을
위하여 저 공산당과 맞서 싸우다가 장렬히 산화하거나 심한 부상으로
모진 고생을 하다 먼저 가신 넋들이다.

시류에 따라 말이나 간판이 근사하게 변하는 것은 이곳에서도
예외가 아닌 것이 국군 묘지에서 국립 묘지로 잘 되었다가 지금은
국립 현충원으로 순국한 영령들이 전사, 순직, 病死, 별세로 나눠져
있어서 여러 묘역에 안치된 묘비의 묘문을 읽는 것은 영의 면면은
물론 전체가 전쟁 역사뿐만이 아니라 항일 독립 투쟁사 현대사를
되새겨 보며, 생시에 면식이 있었던 어떤 영혼과는 대화를 하기도
하며 보고 싶을 때는 멀리 하늘을 쳐다본다.

여러 전선에서 전사한 병사, 징용자, 학도병, 순경, 무명용사의
전투 지명과 때는 긴박했던 그때의 상황을 읽을 수 있으며, 남의
나라에까지 가서 공산당 토벌 전선에서의 많은 죽음은 애석함이 더하다.
북진했을 때 전장에서의 묘비가 거의 없는 것은 아직 유골이 회수가
안 된 것으로 사료 되며, 전투가 중지된 시대에서 순직자가 예상외로
많다. 또 근년에 세워진 어느 묘비에는 죽은 지명이 '자택에서'라고
쓰여져 있어 그 주검은 주어진 명을 편안하게 다 채운 것 같다.
무엇보다도 묘비에 전사 碑銘은 우리가 평화를 누린 만큼이나
풍수가 빼어난 동작골에 불멸의 별이 되어 길이 빛날 것이다.

그런데 매번 항일 독립 지사 묘역이나 임시 정부 요인의 비문을
읽다 보면 대부분의 강골 독립 투사들은 북녘 출신이 많은 것은 왜
그렇게 됐는지 아니면 더 걸출한 남쪽 사람들이 발굴이 덜 되었든가
또는 양지 바른 고향 땅에 묘비를 따로 세웠을까, 괜한 상념에 빠지곤 한다.

그러나 더욱이 해결 못할 사정은 그곳에도 명명한 것이 어떤 집안의
한 형제는 보라는 듯이 당당하게 이쪽에 잘 묻혀 있는데 다른 형제는
데 켠 무슨 열사릉에 자빠져 있는 파란만장한 인생은,
45년 전 탄광 촌에 단골 주막의 늙은 주모(酒母) 말을 떠오르게 했다.

같은 구멍에서 빠져나온, 아니 달이 꽉 차서 삐져 나온 강아지 새끼들 아롱이 다롱이…. 세상 만물을 짓고 지배하시는 창조주시여, 죽음이 없는 그 높은 곳에도 좌파연대 친북세력 보수집단이 있습네까 부디 아우러 주소서.

마지막으로 뉴어커(Newark)에 사는 옛날 영등포 전재민 촌에 살 때, 동네에서 좋아 쫓아다니던 동길이 형을 다시 만나 오랜만에 대포를 하며 50, 60년대 영등포 중앙 로타리 주변에서 별명이 **번개주먹** 무용담으로 시작하였다.

미국 서민(Blue color)의 애환과 웃지 못할 경험담은, 1974년 갓 이민 온 친구가 가져온 한국소주를 들고 형까지 세 명이 개 한 마리를 차에 싣고 뉴욕 야외 인척이 없는 야산에서 순한국식으로 개를 잡아 불을 피워 껍데기를 그슬려서 잡아 수육을 먹으며 노래 장단에 맞추어 놀다 떠나려고 내장과 부산물은 땅에 묻고, 잠깐 앉아 눈을 붙인 사이 멀리서 경찰차가 번쩍거리며 다가와 차에서 내린 경찰이 즐거웠냐 인사를 받으며, 신상을 묻는 사이 운전석에 있던 경찰이 차에서 내려 땅바닥에 흘린 작은 뼈다귀를 주어 휴지에 둘둘 말아 가지고 경찰은 떠났다.

기분 좋게 친구 이민도착 환영회를 한국식으로 하고 열흘이 지나 형님 집으로 벌금 $3,000 통지가 왔다.

쥐도 새도 모르게 철저하게 숨어서 개를 잡아 먹었는데 곡(哭)할 노릇이다, 후에 추적해 보니 그때 야산 회식 장소에서 멀리 1km쯤 떨어진 민가에서 어느 할머니가 쌍안경(Binocular)으로 낯이 설은 동양인들의 행동거지를 도착에서부터 노래 부르고 산에서 뭐를 잡아 먹는다고 신고를 했다.

먹다가 흘린 아주 작은 뼈를 분석하여 개뼈로 판정났다.

형이 잘 아는 말을 다시 했다. 로마에 가면 로마 법이 따로 있다고….

꼭 20일 만에 마닐라 집에 돌아왔다. 포항에서 미국샘플은 이상 없고. 최종 가격을 물었다.

시간적 여유를 갖고 협상하자고 답신을 했다.

사업은 1, 3, 5, 7, 9, **짓고땡 노름판** 섰다법칙과 같다고 험한 바닥에서는 믿는다.

시작해서 1년을 겨우 지나 3년이 오면, 내일을 모르고 죽자 뛰어 5년이 되어, 욕심 없이 달리면 7년에 뭐가 눈에 보여, 조심하니까 9년이 되면서, 10년 고개를 혼자 힘으로 넘으면서부터 달려오던 가속(加速)이 붙는데, 제발에 걸려 넘어지지 않도록 부인(夫人) 잔소리가 필요하다고 망(亡)하지 않은 사업선배가 간파했다.

지난 2001년 초부터는 중국 본토사람들이 작년부터 필리핀에서 광물조사를 시작하더니 본격적으로 현지 화교들과 합동 무역회사를 설립하여 잠바레스지역에서 니켈과 크롬에 관심을 갖기 시작했다. 가끔 만나는 현지 중국인에 의하면, 1990년 말부터 전 세계로 중국은 자원확보를 위해 개발 생산의 노력을 했지만 정치적 기반이 약하고 주변 견제가 심해 겨우 남아프리카 짐바브에 중급 크롬광산을 잡았기 때문에 잠정적으로 자원 확보 정책을 유동성 있게 운영한다고 말했다.

세계 지하자원의 가격을 요리하며 광업계에 이바지하는 큰 그룹(Major group)이 있다.

신흥공업국이 저개발 자원부국의 투자 개발이나 장기 자원 확보는 이론상으로는 쉽지만 실지는 그룹의 영향으로 무척 어렵다.

이들 그룹과 정치적 반목에 있는 국가를 선택하여 투자 개발이나 장기적인 구매를 투명하게 실행하기 힘들다.

또한 지구환경을 지키는 외국지원단체는 광산개발에 큰 장애가 된다.

따라서, 장래는 간섭과 방해가 적은 해저(海底)광물자원개발에 적극 대처해야 한다.

세계 광물 Cartel(기업연합 독점)

1) Rio tinto (호주, 영국)	광산 : 본토, 외국
2) Anglo American	광산 : 외국 기타
3) BHP billiton (호주)	광산 : 본토, 외국
4) Barrick (캐나다)	광산 : 본토, 외국
5) Glencore Xtrata (스위스 다국적) :	광산 : 외국
6) Vale (브라질)	광산 : 본토
7) Japan	광산 : 외국

대부분 전략광물 철, 석탄, 동, 니켈 등 많은 양이 필요한 중국은 석탄과 금 생산은 세계 으뜸이지만 철은 절대 부족해 외국에 의존이 필수적 광물이다. 크롬, 니켈은 해외개발 역점사업으로 지정되어, 자금을 싸들고 동남아로 투자와 광량확보를 위하여 뛰어다녔지만, 국제정치적인 질투에 부딪혀 답보 생태에서 우선 화교(華僑)를 앞세운 소규모 광산과 도산한 현지 가행 광산 접수마저도 현지 정치인, 외국사람이 섞인 NGO 등의 기발한 학설(學說)에 막혀, 포기하고 현지 현찰 구매(Buying station)방식을 창조해 실물을 확보하는 전략으로 매광(賣鑛)하는 장소가 곳곳에 있다.

현지 중국 책임자(唐家僑)는 서너 번 만나 많은 이야기를 나누었지

만, 처음으로 미정 광산에 투자할 의향을 마닐라 총책이 승인했다고
혼자 말했다.

투자를 하여 증산하자는 중국 친구의 말에 좋은 착상이라고 긍정
비슷하게 대답하고 선광장을 특별히 구경시켰다. 소장 오초아가 동행
한 중국인에게 사진 촬영은 자제하라고 일렀다. 현지에 와 있는 중국
인은 외국에서 영어를 연수하여 소통은 잘 되지만 광산이나 지질 학식
은 단기간 교육 상식 정도로 구매 업무에만 밝다.

이들이 현찰 구매 크롬광은 내화용이 아니고 저렴한 야금용 크롬으
로 종전에 국제거래 Cr_2O_3 40% 이상이었는데 공급량이 부족하고 정
책상 구매를 확대하여 원칙은

30% 이상에서 25%까지도 500톤 단위로 부두 도착 현찰구매하여
배수톤 4,000~7,000톤 자국선박에 선적하여 중국 북쪽 영구(營口)항
으로 실어간다.

미정 직영 광산에 별도 쌓여있던 철분(FeO 20%)이 높은 내화용 불
합격 저품위 원광석(Cr_2O_3 26%) 입도 3" 이하 4,000톤을 선적했다.

이 지역 현지인들은 작년부터 크롬, 니켈 수출에 지방 경제가 활성
되어 모여든 외국인(중국, 대만) 중에 일확천금을 꿈꾸고 온 한국인도
3명은 국내에서 전주(錢主)를 물고 현금과 장비를 전시하며 현지 광주
(鑛主)를 찾고 있다는 소문이 났다.

특히 크롬광 개발업자 각각 둘은 확인되지 않은 포항 배경을 과시
하며 큰 사명을 받고 왔다고 했다. 고향 떠나면 자유롭다, 해외는 방종
하기 쉽다, 사업은 더 힘들다.

중국 싹쓸이 현지 광석구매(Buying station) 영향으로 하청광산 원광석 조달이 힘들어 전체 정광 생산이 70%로 포항 공급에 차질이 생겼다. 해결 방법은 현지 광석 구매단가를 중국과 경쟁하기 위하여 현 단가를 조정하고 포항에서 수입 단가를 인상이 최선이지만 포항제철 전체에 미치는 방법은 불가능했다.

왜냐하면, 포항도 미국 선진국처럼 지금 당장은 아니지만 내화용 크롬광의 국가 환경변화에 대처하기 위하여 서서히 소비를 줄이기 시작한 때문이다.

따라서 하청생산 조달은 일시적으로 인내하며 저질 야금용광석을 본격적으로 중국 시장에 매진하는 계기가 되었다.

현지에서는 마구잡이식으로 구매 실적을 지역(Branch) 간 경쟁하는 중국 측에 크롬광을 팔아넘기는 현지인들은 심지어 색이 까만 Ssacsonite, Gabro, Dunite를 혼합하여 크롬광석으로 속여 공급을 일삼고 있는 실정이다.

마치 잠바레스는 서부 개척시대에 금광이 퍼진 분위기가 되었다.

2005년에는 부득이 포항에 크롬 정광을 연 6,000톤과 중소 내화업체 2,000여 톤으로 잠정적으로 정하고, 광구 내에 포기했던 저품위 광석과 크롬광체 주변의 책색된 저품위(Disseminated ores)를 노천채광(Open pit) 생산을 강력히 주장하는 소장 오초아의 개인 명의로 하기로 결정하고, 국내 서해안 간척사업에 사용했던 불도저(Bulldozer D7)를 중고장비 전문가 친구가 헐값에 보내 주었다.

필리핀 현지의 광산 특히 서민 생활과 직결되는 중소광산의 정책은 어느 대통령은 환경을 우선, 어떤 대통령은 민생을 먼저, 때를 잘 만나면 쉽고 어렵다.

다행히 중국과 가까워지는 정부 덕에, 광구내 광체 상부 표토를 밀어내고 계단을 만들어(Bench cut) 천공 발파와 백호 브래카(Back hoe breaker)로 제철용 크롬광을 중국 시장을 위하여 선별 생산하기 시작했다.

08

花無十日紅

"열흘 붉은 꽃이 없다" 내 사업에도 해당이 되는 말이었다.

사업은 크든 적든 혼자 힘으로 일으키고 지탱해야 근력(筋力)이 생겨 오래 서 있을 수 있다.

한국은 2000년 들어서면부터 누구나 국가경제가 나아지는 것을 느끼는 것은 위정자들의 양심이 맑아져가는 덕에 개인, 회사, 특히 공기업의 좋은 징조가 빨리 나타났다.

2005년 5월 어느 날 포항 포철로재 김영배 구매부장이 예고도 없이 갑자기 마닐라에서 연락이 왔다. 김부장은 마닐라에 업무협의차 온 포항 시의원 친구를 만나 같이 합석하게 되었다

공적으로는 내 상사이지만 사적으로는 손아래 사회 후배로 격의 없이 낮에는 골프장에서 놀다 저녁에는 필리핀 기생을 초청 대접 술이 몇 순배(巡杯) 돌고 기분이 거나해진 틈에 김부장이 일부러 내 옆으로 왔다.

이 사장님, 지금부터는 서울 서초동 영일실업을 끊어버리세요.

뜻은 알지만, 재차 확인하고, 김부장! 사업하는 사람이 여태껏 거기를 큰 빽으로 알고 통해서 포항 납품 거래하며 먹고 사는데, 얼마를

더 벌겠다고 그런 짓을 내가 합니까?

한국에서 크롬광 실세는 누구나 이사장님으로 알고 있습니다.

권력 **빽으**로 붙어서 먹는 때는 지나갔어요.

거기를 통해서는 필리핀 크롬광은 안 살 테니 그리 아세요.

무슨 복선(伏線)이 있는가 싶어 귀국하여 포항에 갔다. 지난 영일실업을 통한 크롬광 2,000톤 입고를 확인하고 포항 지인들을 만나 왜 이런 일이 벌어지는가 포항 분위기를 파악하고 향후 포항에 정책을 읽었다. 그리고 서울 영일실업 박사장을 만났다.

어디서 누구를 거론 않고 말했다. 포항에서 갑자기 박사장과 거래를 끊으라고 합니다,

무슨 징조인지 직접 확인하고 박사장 후견(後見) 요로(要路)에 알려 위기에 대처하는 길밖에 없다.

내 말이 끝나자마자, 박사장 얼굴이 벌게지면서 무슨 대책이 없는듯했다.

국가정책으로 2003년부터 사회 전반에 권력 빽을 배제하는 분위기가 팽배한 때였다.

누구 앞에서나 내가 필요한 말을 당당하게 하는 버릇이 한국에서는 흠이 되지만, 정당하고 합법적으로 사업하는 외국 필리핀에서는 장점으로 적(敵)을 안 만든다.

이후 서초동 영일실업 직원들이 포항에 정기적인 납품 때가 되어 전화하면, 필리핀 크롬광은 사용하지 않는다고 잘라 말했다.

해외자원 크롬광을 사용하는 포항은 그동안 중간에서 교통정리를
해주는 대가를 먹는 구조를 선진경영을 위해 구악(舊惡)을 과감이 없
애버렸다.

서로 공정하게 살길을 찾은 감이 들었을 때, 포항에서 필리핀으로
직접 공문이 왔다.

2005년 새 시대를 맞아 상호 은행수수료 절감하고 신용장 없이 송
금(送金)거래를 하기로 결정했다.

대신 중간에서 붙여먹던 금액만큼을 상호 조정하여 서로 득이 되게
포철로재㈜는 합리적으로 필리핀 크롬광을 계속 보호 육성했다.

▶ 2002년, 선광장 장비

고국에서 배운 광산 실무경험과 해외건설업에서 터득한 현지 사정
을 참작하여 해외광산업을 직접 하겠다고 집사람과 둘만의 약속을 하
고 무작정 현지 광산판에 뛰어들어 현지크롬광산 연락병에서 시작하여
고국에 광물 유통회사의 심부름하는 거간을 거쳐, 현지에 이렇다 할 장

비도 없이 삽 몇 자루에 낡은 착암기로 영세하청은 크롬광이 부존하는 광구를 임대하여 덕대(德大)영세광산으로 현지에서 신용을 쌓았다.

고국에 납품하는 길은 남의 권력 빽의 영향력으로 더부살이 6년에 허리띠 졸라매고 차입금을 하자(瑕疵) 없이 상환하고 자주적인 생산기반과 공급할 수 있는 여러 시장을 확보하자마자, 상품을 매입하는 王(포항)의 신임으로 큰 행운이 저절로 굴러왔다.

일반인은 타고 다니는 차량을 보고 형편을 가늠하고, 노가다나 광산업은 중장비소유 운영 실태로 매출액을 가늠할 수 있다.
근간에는 중국수출 야금용 채광으로 중장비가 눈에 보이게 많이 늘었다.

▶ 2005년, 야금용 노천채광 장비

해외 광산 바닥에 뛰어들어 꼭 20년 만에 포철로재와 계약에서 직접 내 손으로 서명하는 이변(異變)의 심정은 무거웠다.

그러나 포항의 내화용소비가 급감하여 단위당 이윤은 증가했지만 매출은 적었다.

한편 중국의 야금용 수요가 많아졌다.

옛말에 **시(媤)어미도 죽는 날이 있다,**

좀 더 쉽게 설명하자면, 오랜 시일을 지나느라면 속 시원한 일도 있다는 뜻이다.

고국의 유통구조가 단순해진 이 기회를 내면(內面)의 기반을 다지고 싶었다.

적은 돈으로 종업원 **취락(聚落) 개선사업**을 구상하였다.

가까운 곳에서 나중에는 멀리까지, 우선 눈에 잘 띄는 종업원부터 열악한 풀집(Nipa)을 부분적으로 할로불록(Hallow block)과 지붕을 양철(GI sheet)로 개량하고, 동네 단위별로 편리하게 식수 펌프(Pump)를

▶ 광부 풀집(Nipa)

박아 생활 개선을 시행했다.

　또한, 종전에 간이농구대와 마당은 좀 넓혀주었지만, 앞으로 공동사용할 수 있는 마당에 콘크리트와 중고 양철로 지붕을 덮을 요령으로 종업원 아이들에게 **돌멩이(Stone) 모으기 켐페인을** 벌였다.

　회사에서는 시멘트와 장비는 지원해주고 종업원 스스로 골재와 모래를 동원토록 했다.

　집집이 늘어만 가는 아이들을 빈둥빈둥 놀리지 말고, 학교에서 하교 (下校) 때 무조건 길바닥에 널려있는 주먹만 한 돌멩이를 매일 들고 와서 집집이 돌무더기가 높이 50cm, 지름 1m가 쌓여 달성되면, 집마다 돌멩이를 골재로 사용해 펌프 바닥과 배수 콘크리트와 집 기초공사를 선착순 시공하겠다고 공표했다.

　회사 자재직원을 인근 도회지로 보내 폐자재 하치장에서 중고 양철 지붕(GI-sheet)을 대량 회수하여 회사 카고트럭을 보냈다.

　우기 전, 지붕 개량 사업을 우선 시행했다.

　옛날 고국에서 펼친 주택개량과 생활환경 개선사업을 현지 이곳 광산촌에서부터 시작한다고 관청에 알려 허가를 구하고, 광부 아이들 건강을 위하여 순회 아동보건소 운영을 제안하며 차량지원과 일부 경비를 돕겠다고 말했다.

　우선, 햇빛과 비를 가릴 수 있게 간이건물을 전기선 연결이 쉬운 선광장 근처에 지었다.

▶ 물소 타고 노는 광산아이들

이러한 구상은 내가 했어도, 일절 앞에 나서지 않고 소장 오초아가 현장은 물론 대외적으로 홍보와 실행 집행을 주도적으로 했다.

그러나, 한 가지 나의 조언은 사전 정치적 목적이 없다는 표시를 하게 함으로써 적(敵)을 초대하지 말라고 했다.

나는 타국에서 더불어 오래 지낼 욕심뿐이다.

애초에 고향을 등진 사람들은 어딜 가든 정이 들면 제2, 제3 고향이 된다.

설이나 추석 같은 명절에 고향 가는 사람들을 어릴 때는 꽤 부러워 했다.

장성해서는 고향을 두고도 못 가는 신세가 되었다.

과거에는 선광장 숙소에서 쪽잠을 자다가 지금은 정반대가 되었다, 한국에서 모친을 필리핀 현장부근에 모시게 되어 넓은 집에서 16km 떨어진 광산에 매일 아침에 출근하였다가 점심은 집에서 해결하여 시간 여유가 많아졌다.

또한 소장 오초아(Ochoa)도 크롬 때문에 일취월장(日就月將)하여 현장소장이면서 내 밑에 원광석 하청을 하고, 한국에서 중고 덤프트럭을 5대를 수입하여 광석 운송업까지 사업 범위가 커져 광산 인근 이바(Iba)읍에 개인 명의로 터(500평)를 잡아 차고(車庫)와 살림하는 새집을 지었다.

마닐라 집 겸 사무실에는 포철과 송금거래 이후, 단골 중소 국내업체와 동남아 업체도 투명하게 송금(送金) 거래를 유도해 마닐라에는 한달에 한두 번 정도 왕래하였다.

그러나, 일 년 두 번(8,000톤) 있는 중국 대련(大連) 야금용 저질 크롬광의 공급 거래는 별도 구전(口錢) 때문에 상호 약정한 L/C 조건을 부득불 유지했다.

그쪽은 7, 8년 전 같지 않고, L/C 금액은 내려가고 특별 홍콩 송금하는 개평(口錢)액이 매년 인상되어 수량만 많을 뿐 이윤이 적어 때로는 내가 불친절하게 대접하면 구매량을 늘려 준다고 약속한 지 2년이지났다.

70년대에 일찍이 경험한 개도국(開途國)의 특성상 봉급 이외 돈을 좋아하는 인간들 습성은 어느 나라든 똑같다.

현지 유명한 여성 상원의원이 역사적으로 부패의 원조(元祖)는 중국이다 언급하여 한때 국가 간 말싸움을 했었다,

Ancestor of the corruption is China!

악어(鰐魚 필리핀, 중국)

이곳에서는 흔히 교통 순경을 고로꼬다일(악어)이라고 부른다.

냉혈 짐승인 악어는 악어새와 평화롭게 때로는 공생하며 회개하듯이
거짓 눈물을 흘린다는 위선자 같은 일면도 있지만,
숨어 있다가 사정을 보지 않고 먹이를 덮친다. 어떻게 보면
먼 나라에서 부르고 취급하는 노상 강도와 비스름하다.

중학교 때 학우 부친이 미군 지엠씨 트럭을 개조하여 기름
드럼 통을 잘라서 두들겨 편 철판을 붙여, 비린내 나는 울긋
불긋한 페인트 칠한 버스로 시외 버스업을 막 시작할 무렵
그 동무 집에 놀러 갔다가, 충청도 양반 사투리가 심한 어르
신네가 새 버스에 뿌연 막걸리를 뿌리며 마수거리(Blessing)
할 때 하시는 말이 지금도 길거리에서 순경을 볼 때마다 생각
나며 뇌리에 박혀 잊혀지지 않는 말이 있다.

국내에서는 전쟁 직후 혼란 한 때의 단면이었지만 얼마 전까지
지체가 높은 나리들이 그 시대를 사돈 남 말 하듯이 비아냥거리곤 했다.

"운수업은 말이여! 차주, 운전수, 교통 순경 이렇게 삼자(三者)가
하는 뱁이여"
인생이란 참 묘한 것이 그렇게 일찍이 기억 된 실질적인
경제 논리가 평생 그 속에서 자연스레 잘 따라가게 된 것은
운명적이며 맘에 들어 새로운 지식이 되었을 뿐 아니라, 呪 하면
그렇게 이루어진다고 믿듯이, 또는 옛말에 남자 작대기가 무서우면
시집을 가지 말라는 말과 같이, 현실에서 개평을 싫어하면 혼자서
하는 구멍 가게와 같은 작은 업도 오랫동안 할 수 없다.

더구나 뇌관과 다이나마이트를 사용하는 업자는 운반
노상에서 여러 부류의 악어와 만나는 반면 다른 천적으로
부터 자유로워지는 이면도 있다. 밀림 속 채광 현장에서는
멀지 않은 옛날 옛적에 지리산 자락에서 낮에는 태극기가
휘날리고 밤이면 인공기가 게양되었던 때가 불과 몇 해 전
까지 이곳에도 그때를 방불케 하는 제복을 걸치지 않은 무
허가 악어 떼가 득실거렸다.

또한 물건을 만들어서 어디에 납품을 오래 할 수 있는 중요한
요소는 품질이 무엇보다도 우선이지만 지능이 높은 악어를 잘
조련하여야 한다. 그렇다고 능란한 조련사가 되어서는 안 된다.

먹이 투정하며 애매하게 옆구리 쿡쿡 찌르면 농간 부리지 않고
더 안겨 주라고 일러준다.
주는 마음은 고질병도 낫게 한다는 이 나라 말이 있다.

어쨌든 간에 지금까지 여러 나라 악어와 별 탈 없이 더불어
사는 것은 凡事에 감사할 뿐이다.
요즈음은 예언적인 소싯적 학우 근황이 부쩍 궁금해진다.
따라서, Eric Clapton의 Tears in heaven을 악어들과 함께
청해서 듣고 싶다.

이웃에 한국 6.25 참전 용사인 싼토스(Santos) 씨가 산다고 동네 통
장(Bario Captain)이 알려주었다.

가까운 어른으로 모시고 싶어 짬을 내어 찾아뵈려고 벼르고 있던
어느 날 아침에 딸하고 산책 나왔다가 집 대문에 들러 나가서 인사를
했다.

그런데 싼토스 씨는 알아들을 수 없는 말로 인사를 했다, 바버거서,
바버거서 처음 한국사람을 만났다고 옆에 딸이 거들었다. Did you eat ?
이라는 말이었다.

얼른 무슨 말인지 알아차리고 옛날에는 그렇게 인삿말을 했다고 해
석을 했다.

추운 겨울 경기도 양주 전투(1951년)에서 속 내의도 안 입고 흰 바
지 저고리를 입은 보국대(징용) 한국사람은 부지런하고 성품이 순하여
일을 목숨 걸고 필리핀군의 탄약과 보급품을 지게(A- Frame)에 얻어
지고 방공호를 오다가다 적 포탄에 많은 희생을 잊을 수가 없고 한국
이 그립다며 나를 일부러 찾아왔다.

그때 익힌 한국말은 밥 먹었어! 하고 한국 징용자들이 서로 인사를
하다 배워 지금까지 기억했다.

식생활이 힘들었던 과거에 했던 말 습관이 국내에서 윗사람에게 아침 인사로 아침 잡수셨습니까? 동료에게는 어이! 밥먹었어 하고 의례적으로 아침 인사치레를 농촌 시골이나 탄광, 노가다 세계에서는 얼마 전까지 그렇게 인사를 나눈 기억이 있다.

싼토스 씨를 집 안으로 모시고 간단하게 먹던 대로 아침식사를 권했다.

그때 한국전 파병 후에 귀국하여 육군에서 경찰로 전과하여, 근처 멀지 않는 읍에서 서장(Chief Police)으로 정년 은퇴하여 연금으로 손자들 학비도 보태며 지금은 학교 선생 막내 딸과 지내고 있다.

그 후로 별식(別食)이 있을 때마다 진상도 하고, 가끔 초청하여 대접하며 좋은 현지 소식을 경청하면서 인간적 신뢰를 쌓는다.

어디든지 인간사 등록금을 많이 낼수록 좋다,

뭐를 기대하지 말고 벌어지는 주변 환경(Occasion)을 따라가듯이 큰 부담 없이 돈을 소비했다.

그것을 어느 종교에 심취(心醉)하여 바치는 돈과 똑같이 생각하면 내 맘도 편하고 세상이 좋다.

그러나, 사업하는 동안 소문내고 나는 기부(寄附)는 해본 적이 없다.

외지인(外地人)이 이런 짓거리를 하면 돈이 넘치는 줄 알고 도둑, 강도가 탐낸다.

이웃이나 종업원들 가엾어서 소리 없이 도와줄 뿐이다.

탄광에서 광부들에게 경우가 밝게 살라는 교육을 받았었다.

타향 타국에서 현지인을 사귀기가 쉽지 않다. 사람에 따라서 다르겠지만, 원래 말 많이 하는 붙임성이 있어, 한번 연(緣)으로 만나거나 알게 된 끈을 끊어지지 않게 관리를 잘 한다.

우선 모든 대화는 꾸밈없이 솔직하게 하고, 중립적이면서 간간이 그들의 좋은 점을 각인시키며 배우는 자세를 취한다.

그리고 본인에 관해서는 눈에 보이고 확인할 수있는 건(件) 만을 언급하며 안 보이는 고향이나 고국이야기, 재산상태 묻지 않는 이상 절대 피해야 한다.

특히 그들보다 못한 점은 말할 수 있으나 우월한 점은 삼가야 한다.

옛날 6.25 직후 이북에서 피난 온 사람치고 고향에 금(金)송아지를 않 놓고 온 사람 없다고 말한다고 토박이 이남(以南)사람들은 말했다.

사는 곳이 만족하다면 왜 다른 곳을 찾을까?

이민, 취업, 피난민, 사업은 타국에서는 철저히 현실적으로 살아가야 후환(後患)이 없다. 그러기 위해서는 부단히 노력하여 모든 것을 거의 갖추어야 한다.

현지 말이나 글이 어눌한 상태에서는 진정한 현지인을 사귈 수가 없다. 그렇지 못하면 동포끼리 어울리는 것이 득이 된다.

그들과 상대가 힘들 때 협잡하게 되고, 거짓으로 현실을 땜질를 하다가, 작은 도둑이 큰 도둑 되듯이, 그들에게 이용당하고 부화뇌동하며 나쁜 길로 빠져든다.

동네 어른이 돼 버린 참전 용사 싼토스 큰아들은 NBI(美FBI) 마닐라 본부 경찰중령인데 어쩌다 시골집에 오면 그 집 식모가 김치 얻으러 오곤 했다.

싼토스가 좋아하는 辛라면을 싸들고 마작도 할 겸 저녁에 놀러 갔다.

후진성이 있는 국가의 관료들은 일반사람에게 군림(君臨)하려는 근성은 내가 경험한 대로 어디나 똑같다.

벌써 두 번째 만나는 싼토스 큰아들 경찰 중령은 무슨 이야기를 하려고 작심한 듯 현지 말 타갈로 스칼라왁(Scalawag) 뜻을 아는가 내게 물었다.

처음 들었다고 했다. 영어로 Tipster(정보제공자)라고 해서 뜻을 알았다.

좋지 않은 직업의식은 못 속이듯이, 말을 이어갔다.

마닐라와 지방 대도시에서 벌어지는 한국인 작태를 실례를 들어가며 읊기 시작했다.

거기 어디에 나쁜 필리핀 경찰이 있으면, 배후에 또한 나쁜 코리아노가 있다고 잘라 말했다.

희생자가 될 한국인을 고자질하는 사람은 꼭 한국사람이다.

경찰이 돈을 뜯으면, 한국인은 나눠 갖자고 조른다, 다음 탕을 위하여…

또한 한국인이 삶에서 문제가 발생하면, 정당하게 해결하지 않고, 한국인은 서로 숨기고, 값싸게 해결할 구실을 찾다가 현지인 빽이 있다고 과시하는 질이 나쁜 한국인을 찾아가 애매하게 희생하게 만드는 한국인 경찰 프락치를 Scalawag cops(가칭경찰)이라고 필리피노는 부른다.

경찰이 한국인과 상담할 때 종교가 있는가, 대사관 연락처를 아는가, 묻는다.

믿고 존경하고 따라갈 곳은 멀리하고 엉뚱한 프락치를 믿는 것이

도저히 알 수 없고, 한국인은 필리핀에서 범죄가 노리는 부귀영화 자랑을 많이 한다고 덧붙였다.

특히 택시 운전수들은 한국인 승객들은 부자처럼 거들(Fluffing)거리며 꼭 묻는 말이 가난하다고 동정하면서도 Tip은 거의 없다.

그렇지만, 노인들은 옛날 전쟁 때 신세 진 나라라고 감사를 잊지 않는다고 말했다.

일본놈과 요즘 급증하는 중국놈들은 어떤가 물었다.

그 사람들은 Scalawag 경찰은 없고, 현지 고용 필리핀 사람들이 세금포탈 신고를 한다. 대신 한국인 고용 현지인은 고발 건수가 극히 적다고 말하며, 한국인은 부정할 때 고용인에게 개평을 주지만, 특히 중국인은 증거를 제공한다고 일절 없다고 했다.

그래서 사건이 터지면 한국 고용현지인(식모, 운전수, 비서, 현지첩)들이 감형을 받으려고 증거를 가지고 자백하여 사건이 복잡해진다.

야금용 크롬광개발 7년에 노천광산 생산량 8,000톤과 내화광을 혼합하여 11,000톤을 현지중국 당(唐)무역에 현지화(貨) 페소로 50% 받고, 나머지 50%는 도착 후 10일 이내에 수금하기로 결정하여 소장 Ochoa는 운반을 시작했다.

Coto광산회사는 광업권 회사(CMI)와 채광 계약 1차 25년(1981년)에서 연장 2차 25년(2006년)이 만료되어 재개 타협을 못하고 생산 경영을 포기하고 폐업 철수했다.

필리핀에서 내화용 크롬광을 한국 정부기업에 독점 공급하는 미정 필리핀㈜의 선광장 시설은 단독으로 남게 되어, 중국을 포함 많은 투자자가 폐광된 광업권자(CMI)에 몰려들어 재가동 생산 협상을 벌였다.

중국 회사가 자금력이 좋아 선정되어 많은 선금을 지불한 계약(Royalty agreement) 체결은 법적으로 즉시 작업을 시작할 수 없게 되어 있었다.

50년간 사용한 광산 유동장비는 철수하였지만 갱도의 고정장비 수갱(shaft) 운반 시설과 막장 장비의 회수, 운반도로에 사유지해결, 부두시설, 광니(鑛泥) 처리문제 등 난제가 많아 과거 업자들 사이 티격태격하는 동안 깊은 우물 같은 수직 터널에는 지하수가 꽉 차올랐지만, 중국에서 온 많은 기술자들은 해결을 기다리고 있었다.

어지러운 국가나, 후진국에서는 문제 해결을 법정(訴)에 서면 무전유죄(無錢有罪) 유전 무죄라는 요상(妖祥)한 법이 통용된다. 필리핀을 잘 모르는 애매한 중국광산 회사는 과거 갑을(甲乙)의 승패를 무한정 기다릴 수 없어 일부는 철수를 했다.

국내 포철 포함 중소내화업체, 현지업체, 동남아, 중국에 내화용 크롬정광 4,700톤, 야금용크롬(Cr_2O_3 28%, Fe_2O_3 22%) 원광석 8,700톤을 공급했다.

2007년부터는 야금용 크롬광을 중국에 집중적으로 공략할 생산을 독려하기 위해 포장도로 운반 장비 트럭 2대와 450cfm 중고공기 압축기(Airman portable com.)를 현지에서 구매했다.

직영광산 수평으로 연층 하반 따라가던 막장의 광체 주향(strike)은 거의 직선에서 경사(Dip)진 맥폭이 증가하며 하부로 기울어 전체 길이 330m에서 맥폭이 제일 좁은 후방 280m에서 사갱(斜坑, incline)을 시공하고 2톤 견인 권양기(hoist)를 준비했다.

오초아 하청 광산은 광체 발달이 좋아 갱내 경사시추(試錐)를 결정하고, 직영 광산상부 지상 시추를 포함 450m, 6공(孔)에 대한 현지 견적(m당 $110)으로 우기 전 상반기에 끝내기로 약정했다.

2007년 초에 2,000톤을 포항에 보내고, 일본에서도 포항 실적과 소개 책자를 검토하고 향후 Coto 광산 회생 불능을 예상하고 장기 사용 시험 100톤을 구매했다.

중국회사는 희망을 갖고 양쪽 소(訴)판결을 기다리고 있지만 현지 상황은 불가능으로 누구나 예측했다. 기존 광산운영자는 막강한 재력으로 중앙정부에, 분쟁을 일으킨 광업권자는 지역 정치권에 비호를 받고, 가운데 관활 읍에서는 운반도로 중간 사유지를 내세워 부두 사용권마저 불투명하게 되었다.

폐광 되어가는 50년 이상 된 광산의 가채광량이 아직 20년에 품위 좋기로 이름난 광산의 운명은 광산기술자로서 아깝지만, 사업상으로는 기회가 왔다.

그래서 여러 현지인들은 내화용 크롬광 개발과 정광 생산에 관심을 갖고 선광시설에 투자를 검토하며 우회적으로 미정크롬 선광장에 접근을 지방정부 환경 감독기관을 통하여 문의가 있다.

선광장 건설은 고정적 시장이 투자를 결정하는 중요한 요소로서, 원광석 개발의 수요는 양방향으로 체철용, 내화용 시장은 상시 있어, 먼저 안정적 원광석을 확보하면 자연하게 정광 생산의 필요성을 느낄 때 건설은 단기간이지만, 채광 시간은 짧지 않아 준비가 되었으면 시설에 대한 자문은 물론 선광기 제작을 도울 용의가 있다고 충분히 설명했다.

현지 지방정부는 미정필리핀의 걸어온 자취를 잘 알고 세계적인 포항제철에 공급을 국가가 보장한다는 사실 때문에 그간 연차적으로 오는 허가 갱신 등 여러 문제점을 좋은 관계 유지를 위하여 암묵적으로 지원하고 있다.

특히 국가가 정치적, 경제적으로 안정이 되면 국민 안전을 도모하기 때문에 첫째 주변환경의 정비는 시골에서 곧 자연을 파괴한다고 믿는 사람들 때문에 먼저 광산 규제를 시작하며 허가, 증설을 불허한다.

이런 규제는 불법 채광이 횡횡하여 좋은 광황의 광체가 난(亂)개발되어, 표토가 파괴되어 심부의 고질 광체는 영영 매장되어, 장차 계획적 개발 채광을 몇 배 어렵게 만들었다.

거래 방식을 송금으로 결정한 이후, 포철로재㈜의 관리직, 생산직 모두 협조적으로 상호 이해가 되는 단가 조정에서 물량의 변동 상황까지 기탄없이 협의하게 되었다.

생산 기술직에서는 향후 내화용 크롬 사용이 국제적 동향으로 감소 가능성을 예측하고 생산보다 품질 향상에 역점을 두었다.

무엇보다는 세계적으로 내화용 생산은 전체 크롬광 생산에 10% 미만으로 제한적이며 원료 확보가 다른 광물에 비해 어렵고 가격이 비싸 대체 원료 기술에 기대가 커졌다.

한국은 크롬광석 소비는 내화용과 주물용으로 물량으로 중국, 일본에 비하면 소량이다. 세계적 크롬 원광석 소비가 주로 야금용(Metallurgical) 80%, 화학용(Chemical) 10%. 기타 내화용, 주물용(Foundry) 10%로 중국은 연간 3,000,000톤 이상 수입에 전량 의존한다.

특히 중국은 경제가 통제되어 광물은 생산, 소비의 정보를 서방에서는 추정에 의하면, 크롬광 매장량이 엄청나지만, 크롬광 생산지가 정치적인 지역으로 영세적인 생산은 지방 내수용으로 통계에 의하면 거의 수입에 의존한다.

남경지역 주변은 중국남부 시멘트 생산지로 제조공장 시멘트 소성로(kiln)에 사용하는 내화용 벽돌 크롬광 소비가 많고, 동북지방 시멘트 생산지는 심양, 요양, 장춘 등 대련을 중심으로 내화용 크롬광 소비가 점차 증가했다.

또한 수력 발전이 많아 전기로에 의한 스텐레스강(Stainless steel) 생산 제련소의 야금용 크롬광 소비를 전량 세계 각지에서 수입한다.

북경 올림픽 이후 통계적으로 크롬광 수입이 감소되었지만 필리핀에서는 품질관리를 강화하여 전과 동일하게 제철용의 현지 구매를 했다. 품질 신용을 지킨 미정크롬은 제철용 4,900톤 현지거래를 마치고, 내화용을 연말까지 3,200톤 주문을 받았다.

그리고 우기 전 국내 포철을 포함 중소 내화업체, 현지업체 3,000톤 선적을 끝마쳤다.

운반이 힘든 우기철에는 저품위 제철용 노천광산 원광생산은 유동적으로 하고, 내화용 크롬광 생산은 품위 향상을 위해 터널 방법으로만 채광하여 연중 생산은 일정하다.

2008년 초 인사 사고가 났다. 광산시작 처음 야금용크롬광 노천(Open pit)채광장에서 발생했다.

백호(Excavator) 회전에 광부 한 명이 부딪혀 계단식 채광장 아래 3m에 떨어지면서 머리가 크게 다쳐 병원 후송 도중에 절명하여, 정부산재규정에 따라 보상하고 희생자 큰딸(대학 1년생)이 대학 졸업때까지 학비를 지원하기로 이사회에서 결의하였다.

사고의 문제점은 안전모를 착용하였으나 평소 턱끈을 하지 않아 경고를 2회 받은 안전규정 위반자로 기능은 상급이었다.

앞으로는 턱끈을 안 매고 있을 때는 안전모 미착용으로 간주하고 3회 위반자는 해고를 통보하기로 강력한 처벌를 고시했다.

광산이나, 현장에서 안전모 착용은 기본으로 생명에 직관되므로 습관을 기르고, 의무 사항으로 인식하여야 한다.

포항, 중국의 크롬광 1,500톤 이상은 벌크(bulk)로 선박을 용선하여 수출했고, 국내 조선내화, 원진내화, 일본(고베), 태국, 대만은 1톤 빽(Bag)으로 콘테이너(20ft, container) 정기 화물선 편으로 마닐라로 운반하여 보내곤 했다.

그러나 콘테이너의 경우 현장에서 마닐라 부두 280km를 먼저 빈 콘테이너가 와서 크롬을 상차하고 다시 마닐라 부두로 이동 선적하여 선임(船賃)보다 육로 수송비가 월등하였다.

현장에서 남쪽으로 100km 떨어진 마닐라 가는 중간 지점에 있는 수빅(Subic)항에 콘테이너 적하 시설이 완공되어 화물 운송비를 절약할 수 있는 길이 마련되었다.

주변(Zambales, Pampanga, Bataan)의 수출업자 현장 답사 초청을 받았다.

2009년은 크롬광 전체 제철용, 내화용 합쳐 10,000여 톤 예상외로 적게 수출하였다.

세계적인 산업 불경기와 내화물의 변화 추세의 영향으로 또한 저장 탱크와 소성 키른내에서 알카리성의 반응으로 생기는 용해하는 6가 (Hexavalent)크롬 형태 때문에 유리나 광물 가공 산업에서 사용한 크롬함유 내화물 폐기로 수반되는 환경문제가 대두되어, 포항에도 영향이 미쳐 사용감소가 주 원인이 되었다.

더욱이, 2000년대 초반부터 크롬을 기초로 한 내화물 사용이 감소가 된 주원인은

1) 개량된 내화성능 물질의 개발,
2) 제철수단에서 수명이 연장된 용광로 내장(Lining)내화물 개선,
3) 개방형 평로(Open hearth furnace)처럼 저효율 제철 기술의 퇴보.

기술적인 크롬내화물 감소는 옛날 서방국가 미국, 영국, 일본, 독일이었지만 동구권 러시아 등지는 변화가 거의 없었다.

따라서, 2010년에는 내화용 채광 갱도 중에서 빈광(貧鑛)대에 들어선 토렌티노(Tolentino) 갱도 막장을 중지하고 상부 표토를 제거 노천 채광으로 전환 중국을 위한 야금용 증산을 계획하고 불도저(D-7) 하부를 수리 교체했다.

오초아 파이테(Paete)갱도 채광에서 하부 35m 지점 계곡 북동방향으로 제2 갱도를 개설하여 변화가 심한 고질광체 탐광을 시작하였다.

포항 포철로재에서는 점진적인 크롬광 감소로 인한 공급가격 인상

조정을 통제하기 위해 화확 성분 품질 검수 규정은 다른 국가와 같이 변경하지 않았지만, 입도 규격은 감액 규정을 강화했고, 물성 조건 규정을 종전 감액 처분에서 반품처리로 변경하였다.

몇십 년을 변경없던 규정을 강화하는 것은 발전하는 기술로 자원을 효율적 사용 개량은커녕, 크롬광 수급과 가격 조절의 목적이라는 다른 내화업계의 반응이었다.

다른 국내 및 동남아 내화용 크롬광 구매자 가격은 조선내화㈜ $350/톤, 동남아 태국, 대만 $390/톤, 중국 $340/톤인 반면, 포항은 한국정부 지원개발 생산 명목으로 언제나 별도로 포항에서 구매 가격을 결정했다.

실지로 공급하는 다른 내화업체에 비하면 가격이 25% 저렴했다.

지금은 의무 공급기간도 지났고 물량이 찬물에 뭐 줄어들듯이 매년 감소 추세로 중국에 야금용으로 사전 대처를 잘했다.

사업의 명(命)은 구매자보다 앞서가는 안목이 필요하다.

종전 감가에서 물성규격 변경 현재(2010년) 반품조치와 규격 감가율을 인상변경은 냉혹한 국제 경쟁에서 포철의 생존 전략으로 이해가 되었다.

또한 보호 육성한 현지 필리핀 생산 한국업자의 성장을 인식하는 것으로 믿음이 왔다.

세계 경쟁력을 강화하기 위하여, 어려움에 직면한 회사는 우선 쉬운 곳에서부터 구조조정을 한다. 그중 납품업체는 대체로 제1순위가 된다.

6.25전쟁 후에 모두 어려울 때, **나 살고, 남이라는** 말과 행동이 한때 유행이었다.

따라서 사업 생존을 위해 상호 협조와 의리는커녕 본격적으로 각개 전투가 시작되었다.

일반적으로 부피비중은 어떤 포수물의 무게에서 포수물의 수중무게를 먼저 빼서 나온 숫자로 건조무게를 나누어서 부피비중을 얻을 수 있다.

문제는 건조무게와 포수물의 무게 차이점인데 광석의 화학성분과 함유한 수분에 따라 부피비중에 영향이 있다고 판단된다.

또한 기공률은 부피밀도와 겉보기 밀도(Apparent density)에 밀접한 관계가 있다.

부피비중은 겉밀도보다 적어야 되기 때문에 크롬의 부피비중은 적을수록 좋다.

내화용 크롬광의 물성(物性)을 검사(Assay)하는 연구소나 시험소는 아시아에서 일본과 포항제철 뿐이며, 필리핀에도 없다.

따라서, 공급자는 아무런 대책이 없다. 특히 이런 규격을 요구하는 곳은 포항뿐이다.

세계 제일의 기업을 표방하는 포항제철의 품질 향상은 주변에서도 으뜸이며, 광물 공급자에게 품질의 중요성을 일깨우는 계기가 되었다.

그러나, 공산품도 아닌 기초 원료 광물을 이역만리 운반하여 사용 제조공장에서 상대적인 검사가 아닌 일방적인 검사로 20년간 공급해

온 감액 처분 규정을 전체 반품으로의 변경은 현지에서 사전 검사를 할 수 없는 생산 공급자에게는 향후 공급을 저해하는 요소가 발생했다.

중국 야금용 원광석(Lumy ore) 채광 증산과 물성 규정이 없는 국내외 중소 내화물 업계를 위주로 내화용 크롬 정광 생산을 했다.

그리고, 포항에는 변화무쌍한 갱도 막장 사정을 설명하고 품질이 확실한 정광 생산을 위하여 부득불 공급량을 제한하겠다고 통보했다.

광산은 땅속 특정상 생산 제품을 출하 못하는 사정은 다른 제조업과 다르게 공급이 수요를 못 따라가는 희유광물의 특성이다.

이런 까다로운 규정에서 납품을 쉽게 할 수 있는 다른 곳에 한눈을 파는 가운데 2013년 포항에서 연락이 왔다.

작년까지는 매년 초 공급 물량을 정하고 기간 내에 공급이 지연되면 벌칙(Penalty) 규정이 있었지만, 금년부터는 될수록 많은 양의 입고를 부탁했다.

중국으로 분산 공동 생산 제조 라인 철수로 인하여 국내 생산의 증가하는 양에 필요한 크롬광 확보를 위한 결정이었다.

포항에 보내는 확실한 품질은 물성 검사에 의한 생산 제한을 종전대로 반품 대신 상호 기술적으로 협조하여, 2007년 이전처럼 감액 처분으로 환원 없이는 많은 양의 생산이 불가능하다고 검수 규정의 조정를 강력히 건의하였다.

▶ 2012년 4월, 야금용 크롬광체 발견 소장 오초아

　매년 정기적으로 오랜 기간 크롬광을 공급해온 한국 조선내화㈜와 현지 내화 벽돌제조 업체(RCP)는 화학성분과 주문한 입도(Size) 규격이 맞으면 지금까지 아무 규정 변경이 없었다.

　내화 벽돌 제조에서 물성(物性)은 어떤 영향이 있는가 문의했다. 회사마다 사정은 있겠지만 해외에서 수입되는 기본 광물을 가공하여 다른 광물과 배합하는 과정에서 정확한 품질을 조정하는 임무가 요업 기술자이므로, 국제적으로 내화용 크롬 분류는 화학적 성분을 근거로 했고, 입도는 물론 물성은 제조공정 자체에서 결정하고 문제를 해결한다. 학술회의에서 논할 사항인지는 아직 모른다고 답을 주었다.

　그러면, 물성은 크롬 생산 공급자의 블랙홀(Black hole)인가. 일시적으로 조심하여 피하는 방법밖에 없다.

신용장(L/C)을 받고 크롬을 수출하는 경우는 상호 합의에 의하여 조건에 Buyer가 지정한 선적 전 국제공인성분검사 기관의 확인서를 첨부하여 기한 내 은행 결제를 한다. 만약 단골 관계에서 약간의 차이 (Discrepancy)는 차후 선적에서 Buyer가 원하는 방법으로 벌충하고 거래를 이어간다.

2013년은 불안정한 품질로 한국시장에서 곤혹(困惑)을 치르고 2014년을 맞이했다.

정초 첫 번째로 국내 조선내화와 태국 씨암(Siam)에서 컨테이너 물량 주문을 받았다.

태국 Siam 시멘트에서 3월까지 6mesh 이하~16mesh 이상 85% 300톤과 처음으로 주물용 Plus 48mesh~100mesh 90% 40톤 가능 여부를 타진했다.

크롬 주물사(鑄物砂)는 강이나 바다에서 물결(水波)에 만들어진 아프리카 자연사와 인공적으로 크롬광을 파쇄하여 만들어진 모래(Man made)가 있는데, 파쇄사는 입자의 모서리가 각(角)을 이루고, 자연사는 모서리가 자연 마모되어 둥글어서 주물공장에서는 주물체의 표면처리가 균일하여 자연사(AFS 40)를 선호하며 가격도 다르다.

필리핀에서는 주물용 크롬사는 파쇄사로 대부분 광미(Tailing)를 입도 처리하여 생산하고 혹은 라터라이트(Laterite)를 입도 처리하기도 한다.

포철로재는 용선(傭船)하여 벌크(Bulk)로 공급하던 방식에서 소량으로 100~200톤씩 쪼개어 포항공장 소비 계획에 맞게 자주 왕래하는 컨테이너 방식으로 변경하여 만일에 크롬광 반품의 손실을 최소화하고 확실한 물성 품질의 크롬만 거래하기로 통보하고 사용시기에 문제가 없도록 협조했다.

그러나 선진국 일본, 미국, 구라파에서는 환경적인 문제가 대두된
이후 내화용크롬광 사용을 기피하고 있지만 포항은 아직 사용을 단계
적으로 감소하면서 장기적으로는 선진국 기술로 전면 전환할 방침을
알고, 일찍이 다른 대안을 갖고 있었다.

따라서, 기존 저품위로 갱도 채광을 기피해온 광체를 확인하고, 지
역적 여건에 맞게 노천 채광으로 많은 원광석 확보를 위하여 장기적으
로 사용할 수 있는 중고장비를 몇 년 전부터 준비해 왔다,

일부 성능이 좋은 장비는 장기공급계약이 된 중국 현지구매자로부
터 제공받았다.

현찰이 많은 중국인들은 많은 장비를 본토에서 가져와 필리핀 전국
현지 광산업자에 대여하고 대신 주로 크롬광이나 니켈광 현물(現物)로
광석을 확보했다.

▶ 2013년, 인생과 광산, 황혼

작년 7월 태풍 폭우로 노천 채광상 상부 표토가 내려와 제거 작업으로 중국 야금용 크롬원광석 채광이 부진하여 선적을 못하고 이번에 4,700톤을 현지 당(唐) 무역에 넘겼다.

노천채광은 갱도채광에 비해 생산비가 저렴한 대신 우천에 영향을 많이 받는 영세광산은 계획적인 물량 확보가 힘들 뿐 아니라 균일한 품질관리가 힘들다.

따라서 장기적인 안정공급과 변화가 심한 품질에 대한 보증이 어려워 선진국에서 구매는 없다.

그러나, 자원 확보에 사면초가인 중국은 특히 크롬, 니켈광에는 품질 고하(高下)를 막론하고 현지에서 구매하여 일정량(4,000~7,000톤)을 자국선(船)으로 운반한다.

포항에는 이런저런 이유로 내 마음을 비웠다.

국가 지원으로 생산 광물 공급 의무 기한이 벌써 지났지만, 포항에서 먼저 납품 거부를 할 때까지 가격은 물론 **유종(有終)의 미**(美)를 거둘 계획이었고 때를 기다리는 중이다.

그런데, 크롬광을 사용하여 제품을 생산하는 포항 기술부서는 그간 연간 계획에 의해서 구매부서의 수입된 원료 광물이 근간에 잡음을 인지하고, 필리핀 현지사정은 생각지 않고 대책 없이 향후 필리핀 크롬광 사용을 재고(再考)한다는 구매부서를 통하여 소식을 들었다.

원래 생산 기술부서는 구매의 어려움도 개의치 않고 올바른 품질 원료를 고집하여 좋은 제품을 제작할 따름이다.

때가 온 것을 직감하고 서로 형편의 필요성에 대한 공문(公文)을 발송했다.

포스코 켐텍㈜ 사장

　　구매부: 담당 임성원

　귀사의 일익 번창하기를 앙망합니다.

내화용크롬광은 세계적으로 사양(斜陽)되는 광물에도 불구하고,
현재 귀사를 위하여 잔존하는 광량을 효율적인 채광을 위한
기존 터널공법에서 노천채광법으로 변경하는 과정에 현지 정부의
환경규제강화로 일시적인 생산 차질로 계획된 공급에 문제가 파급
되어, 귀사의 기술진의 향후 대책 논의에서 당사의 크롬광 사용 유무
결정을 존중하며, 어떠한 결과를 적극 환영합니다.

아울러, 30년 가까이 장기간 크롬광을 사용하여 준 귀사의 협조에
깊은 감사를 드립니다.

　　　　　　　　　　　　　　　　　　　미정필리핀 주식회사
　　　　　　　　　　　　　　　　　　　대표이사 이정수

▶ 2016년, 유종의 미

The End

굴(坑)을 알려고 배움에 들어선 지 줄잡아 50여 년 외길에서 우연치 않게 한 국인으로는 처음 크롬광을 만나 국가의 힘을 빌려 남의 입에 오르내리지 않고 해외개발 생산하여 바다 건너 사방에 배달 30여 년, 그동안 성원으로 만년(晩年)에 안락한 삶을 준 대한민국정부, 포항 그리고 필리핀에 감사를 드리며, 영화(映畵)같은 내인생 투쟁은 보기좋게 끝이났다.

반포에서,

▶ 여의도 Sky · line

09
자연훼손 복구 커피농장

　바다에 물고기 자원이 인간의 남획(濫獲)으로 심해(深海)로 내몰리고, 산에 밀림이 인간의 벌목(伐木)으로 발길이 닿지 않는 깊은 골짜기로 내몰리는 것처럼 지하자원도 지표층에서 무계획한 개발 채광으로 지하 깊이 묻혀 있는 유용광량은 남아 있지만, 크롬광의 확정광량이 불투명하여 몇 배가 힘든 심부(深部) 개발에는 한계가 있어 엄두를 못 내고 기존 굴(坑)에서 잔주(殘柱)까지 대부분 채광을 지역적으로 끝냈다.

　광산은 그동안 자연을 파괴한 대가로 유용한 광물을 획득한 이득(利得)에서 조금이나마 자연 훼손복구(Rehabilitation)를 위하여 20여 년간 충당금(充當金) 활용을 현지 지방정부의 협조 지원으로 훼손된 가까운 곳에서부터 먼 곳까지 장기적인 계획을 수립하여, 먼저 정지된 산비탈 법면(法面)을 안정시켜 산사태 같은 자연 재해를 미연에 방지하고 장기간 파괴된 산림을 단계적으로 복구를 고심하던 중에 지역에서 일손을 놓고 있는 원주민 광부들을 조림(造林)사업에 동참시켜, 같이 생활하던 지역 광부들의 생활 터전에서 우선은 적은 소득으로나마 안정되고 장기적인 직업으로 아열대 유실수(有實樹) 식목으로 결정하였다.

지구 위도상으로 같은 북위 15°30' 베트남 고지대 타이느엔(Tay nguyen)에서 커피 밭농사를 하여 기반을 잡은 50여 년 전 영등포 동네 옆집 친구 민학기(閔學基)를 찾아갔다.

친구는 1967년 월남에 처음 파병되어 사이공 주월사령부 정문 보초 헌병으로 있었다. 제대 말년에는 범죄수사대(CID)에 배속되어 주로 밤에 사복(私服)으로 갈아입고 사이공거리를 누비다가 하얀 아오자이를 입은 월남 학생한테 현지(越南) 말을 배우던 사진을 귀국 제대하고 영등포에서 나에게 보여주며 자랑하던 그 앳된 소녀가 어떻게 30년이 지나서 친구의 옆사람으로 돌변했다.

친구 학기 부친은 1950년대에 6.25전쟁으로 모두 헐벗고 어렵던 시절, 영등포역 부(副)역장 화물조역(助役)으로 있으면서 저녁이면 뭐를 잔뜩 들고 퇴근하여 이웃 사람들과 조금씩 나눠먹던 마음씨가 좋았던 철도공무원이었다.

그때 6남매의 맏이인 친구 대신 나는 그의 동생들 숙제를 돌봐주고 그 집에서 살다시피 했다.

월남에서 귀국할 때, 남들은 규정상 박스(Box) 1개인데, 학기는 사방 1m 남짓한 나무합판 월남박스 6개 궤짝을 가지고 왔다.

그의 부친처럼 손이 헤퍼서 나에게는 크기가 목침(木枕)만 한 일제(日製) 최신 나쇼날 단파 방송이 나오고, 접는 안테나까지 달린 트랜지스터 라디오를 선물했다.

둘이 있을 때는, 방송을 함부로 청취하면 징역 가는 데켠 단파방송을 듣기를 학기는 무척 좋아하고 월남은 곧 망한다고 단언했다. 독재 부패 정치를 사이공에서 목격 경험한 대로 어느 나라도 월남과 비슷하다고 했다.

외국에 나가면 죄다 애국자가 된다더니, 나는 통 관심이 없는 나라 걱정에서 언젠가는 길거리 독재타도 데모에 간다고 나를 유인하곤 했다.

나의 정해진 길이었던 탄광에서 이렇게 저렇게 흘러 들어간 필리핀에서 첫 휴가(1981년) 때 소문을 들었다. 친구 학기가 행방불명된 지가 꽤 오래되어 상속 문제 때문에 사망신고를 며칠 전에 했다고 셋째 동생이 말했다.

그러다가 15년이 지난 1996년 어느 날, 마닐라 집으로 월남에서 온 국제편지를 받았다. 보낸 사람 이름이 생판 모르는 베트남사람이었다.

내 직업의식에 젖어, 아직 낙후된 베트남나라에서 나의 크롬광이 필요할까 반신반의하며, 편지봉투를 얼른 뜯어보았다. 정수야, 나 살아 있다.

죽었다던 학기가 구구절절 사연은 당장 만나보고 싶어졌다.

나도 얼추 자리를 잡은 자랑도 할 겸 마닐라에서 바다 건너 사이공으로 날아갔다.

비행시간이 1시간 25분 걸렸다.

26년 만에 죽었다던 친구를 외지에서 그 나라 사람으로 변신하여 콧수염까지 기르고 어느 베트남 여편네와 나를 껴안았다.

야, 어떻게 된 거야,

내 첫마디에 나 군바리 독재가 싫어서,

해방 통일된 베트남이 좋아 어수선할 때(1976년) 슬그머니 숨어서 기어들어 갔지. 너 재주 좋구나. 하여튼 외국에서 혼자 힘으로 결혼도

하고 애들 낳고 터를 잘 잡은 모양이구나. 나도 기분 좋다.

그래 고국에는 갔었냐, 내 말이 떨어지기가 무섭게, 나 들어가면 반역죄로 총살이야, 이래 봬도 합법적인 베트남 사람이다.

순간 필리핀 속담이 떠올랐다.
아무리 친한 사람일지라도 10년 만에 서로 만나면 다시 그 사람을 사귀라는 말이 있다. 10년이면 강산(江山)도 변한다는 우리말을 필리핀이 모방을 했는가?
하찮은 동물 수컷도 과시하며 뭘 챙기듯이,
남자는 원래 조건이 좋으면 자기를 과시하는 본능이 있다.
말하는 주제비 꼴이 밥은 잘 먹고 사는 것 같았다.
경기도 소사(부평)에 사는 니 정모 형한테 동생들이 주소를 알아 연락이 되었다.

며칠 몇 밤을 학기 노가리를 들으니, 내가 소설가였다면, 책을 쓰고 싶다고 덕담을 했다. 나도 아직은 영세업으로 하루를 벌어 하루 먹는 산에 가서 굴을 박아 광석을 캐야 하니 가봐야겠다고 지금부터는 헤어지지 말자고 약속하고 마닐라로 돌아왔다.

그 당시(1996년) 베트남정부는 앞으로 10년 안에 필리핀 경제를 따라잡겠다고 국민을 다그치는 구호 아래 모두 밤낮을 가리지 않고 개미새끼들처럼 분주했다,
사이공 대로 뒷길 난장에 궤짝을 깔고 앉아 낡은 보자기를 두르고 대가리 깎는 이발쟁이들이 줄지어 있고, 도로에 차는 간간이 있고 자

전거, 인력거, 작고 낡아빠진 일제 오토바이가 떼를 지어 무질서하게 거리를 꽉 메웠다.

그러나 사이공 앞바다 붕타우(VUNG TAU) 해저에서 쏘련 애들의 지원으로 많은 석유가 뿜어 나오게 만들어 놓아, 통일이 된 베트남 앞날이 밝아 보였다.

그해 말, 학기 가족이 애들 남매를 데리고 마닐라 구경을 왔다.

온 목적은 아이들 장래를 상의도 할 겸, 내가 사는 꼴도 볼 겸 그때 마닐라는 틀이 잘 잡혔다가 유지보수(維持補修)를 못해 쪼그라질 때였다.

인도차이나 민족이 부러워하는 영어 말을 자유자재로 하는 필리핀 국가를 모두 인정했다.

결과로 학기 아이들을 마닐라에 유학을 보낼 욕심을 드러냈다.

얼마 전까지는 불구대천(不俱戴天)의 원수였던 미국을 천시(賤視)하고, 쏘련 말을 배우고 써먹다가, 구관(舊官)이 명관이라고 지금은 영어가 더 필요함을 느껴 나를 찾았고 도움을 청했다.

필리핀 현지인 말에, 힘이 센 놈은 그놈이 그놈이라는 말이 있다.

강대국들에 놀아났던 속국의 백성이 말하는 애환(哀歡)이다.

옛말에 애나 노인네는 무조건 도와줄수록 좋다는 말이, 통일이 된 베트남에도 그런 말이 있다고 학기 처(妻)가 거들었다.

다행히, 셋집이지만 변소간이 3개가 있어, 집사람이 우리 집에서 공부할 애들은 당분간 묵기로 했다.

내가 한국에 학사(學事)서류 심부름하던 마땅한 대학교를 알아보겠다고 약속하고 기분 좋게 모두 돌아갔다.

그로부터 7년이 지나 친구 아들과 딸은 마닐라 치과대학과 퀘손 국제요리(Cook) 대학을 졸업하고 베트남으로 돌아가 자리를 잡아 애들 결혼 때 나를 불렀다.

그러나, 친구 개인의 문제는 하루에 담배 30~40개비를 태우는 줄담배 애연가를 넘어선 지나친 골초였다.

옛날 노친네들이 말하는, 출세하고 벼락 맞기 거의 직전까지 와 학기는 폐가 약해져, 다행히 처가 시골에 가서 농사짓는다고 연락이 뜸했다.

그리고 나서 작년(2012년)부터 재배 커피를 한국에 수출한다고 수확한 원두커피(Bean)의 상품 사진과 여러 참고 사항의 설명을 첨부하여 메일이 왔다.

그러면서, 내가 있는 광산 주변 산비탈에 커피를 심어보라고 조언했다.

2013년 수년 내에 광황 소진으로 광산 폐광(廢鑛)을 예상하고 있던 차에 생각지도 못했던 베트남 친구의 때마침 커피 농사 성공소식을 접하고, 소장오초와를 지방정부 환경청과 산림청에 보내 법적인 시행 여부를 점검하고 산간(山間)에서 장기적으로 영농할 수 있는 환경영향평가서 ECC(Environment Compliance Certificate)를 만들었다.

▶ 2013년, 커피 밭 소지(燒地) 작업

　현장 사무실 선광장에서 산길 따라 올라가는 능선 하부 해발 300∼
500m 완만하게 경사진 땅 이곳저곳에 거리를 두고 커피밭 10,000평
(3ha)을 조성하기 위해 광부 원주민들은 고목과 잡목(雜木)을 베어내
고 소지작업과 평평하게 정지작업을 하고 임시 거처와 연장를 보관할
움막을 지었다.

　필리핀은 연중 20∼25태풍이 지나가는 가운데 광산이 있는 잠바레
스지방은 태풍이 북서쪽 베트남 방향으로 이동하는 길목 끝에 있어 전
체 경작할 수 있는 면적에서 50% 미만이 태풍방향으로 인한 피해를
면할 수 있다는 통계에 적용하면 실지 경작할 수 있는 커피밭은 우선
1헥타(3,000평) 미만이었다.

　필리핀 기존 바탕가스(Batangas) 커피영농기술과 베트남친구 영농기
술을 도입하여 상호 절충점을 찾기로 하고 경험 삼아 소장 오초아와

같이 베트남에 영농교육을 받으러 갔다.

▶ 2013년 필리핀 광산현장 커피 묘목장

▶ 2013년 10월, 광산 커피묘목 가림막

이 지방(Zambales)에서는 처음으로 친구가 가르쳐 주고 직접 본 그대로 묘판(Seedling)을 만들어 알갱이(Bean)로 싹을 내어 검정 비닐 봉투에 새 순(筍)을 담아, 한국에 인삼 밭에 가림막하듯 얼마 동안 지난 후에하여 이식하였다.

▶ 2015년, 2년 자란 커피나무

커피의 역사는 10세기경 북부아프리카 에티오피아로 생각되어진다.

가장 일찍 커피를 마신 증거는 15세기 커피 나무와 커피 증거나 전해 내려온 지식은 중동 예멘의 수피왕조, 16세기까지 전중동, 인도서부, 페르시아, 터키, 북아프리카, 그 후 지중해를 건너 발칸, 이태리, 유럽, 동아시아, 끝으로 아메리카로 이동했다.

필리핀의 커피 역사는 스페인 통치 식민지시대 1730년 좀 일찍 가톨릭 프란시스칸 수도사가 멕시코를 거쳐 필리핀 바탕가스 리파(Lipa)에 커피나무를 처음 식목하였다.

커피 생산은 후에 아그스틴 수도회 수사 에리스 네브라다(Elias Nebreda), 베니토 바라스(Benito Varas)가 바탕가스 다른 지역 이반, 탈, 산호세에 넓게 재배를 홍보했다.

그 결과 커피 재배는 필리핀 전국 각지에서 시범도 하고 생산을 하여 200년이 지난 1940년대에는 세계 4위로 필리핀의 커피가 알려졌으며, 국가의 주요 산업으로 명성을 날렸다.

특히 바탕가스 바라코(Barako) 커피는 맛이 특이하여 인도네시아 자바 커피에 5배 가격으로 거래되었다.

1880년 이후 잠깐 커피 수출에서 세계 상위를 점유하게 된 것은, 커피 수출 경쟁국 브라질, 아프리카, 자바 커피 농장에 녹병(Rust)으로 생산이 급격히 감소하여, 필리핀만이 세계에 공급하였다.

그러나, 1890년경, 필리핀 역시 병충해와 녹병(綠病)으로 이후 커피 생산이 1/6 급감하여, 브라질 커피가 다시 세계 주요 생산국으로 자리를 차지하게 되었다.

1950년 필리핀 정부는 미국의 보조로 저항력이 큰 커피 다품종을 개발하고 기술지원하여 커피가 풍년으로 다량의 커피를 액체로 추출한 뒤 물을 증발시켜 가루로 만드는 방식인 즉석커피(Instant)를 생산하여, 어디서나 요리할 필요가 없는 군대 개인 비상전투 식량(C-Ration box)에 넣어 한국전쟁(6.25) 연합군에 공급하였다.

그 당시, 커피를 모르는 한국 일반 국민들은 미군이 준 레이션 상자 속에 맛이 쓴 2g짜리 봉지 즉석 가루커피를 왜 마시는지 몰라서 버리곤 했다.

고등학생들은 커피를 마시면 잠이 안 온다는 소문(카페인)에, 특히 시험 때는 얼굴을 찡그리고 더운 물에 타 마시곤 했던 기억이 새롭다.

인간의 오감은 짠맛, 신맛, 단맛, 떫은맛, 쓴맛이 있는데, 서양을 제외한 민족은 쓴맛을 야생 식물이나 밭채소를 조리하여 음식에서 섭취하지만, 옛날 달달한 육식을 주로 했던 북서양 사람들은 쓴맛을 탐험가들이 가져오는 주로 아열대 커피나 카카오에서 섭취하기 때문에 일찍이 커피 소비가 많았다.

필리핀은 1980년에 세계 커피기구(International Coffee Organization)에 가입하고 ICO회원이 되었다.

현재 세계 최대 선두 생산국은 브라질과 베트남으로 연간 수확량이 각각 1,300,000톤이 넘는다.

한국은 커피 소비 전량을 수입하는데 베트남에서 연간 170,000톤으로 매년 수입하며 소비가 계속 늘고 있다.

또한 필리핀의 커피 생산량은 연간 100,000톤을 넘지 못하여, 초과 소비량을 수입하고 있다.

베트남 커피 산업은 불란서 식민지 시대에 들어와 번성하다가, 1969년에는 80톤/년 소량에서 전쟁으로 잠정 중단하였다.

통일 후 강력한 국가의 시책과 근면한 국민성이 맞아떨어져 30년이 지난 지금의 세계 커피 생산 20%를 초과하고 있다.

커피의 종류는 4종이 있다.

Arabica, Liberica, Excelsa, Robusta.

종류에 따라 카페인(Caffeine) 성분이 Arabica 1.5%~Robusta 2.7% 보통 우리가 마시는 커피는 수확이 좋고 환경에 강한 Robusta

(Canephora)로 나무가 똑바로 자라 성장이 빠르고, 기후적으로 아열대 우기에 강하여 커피 생산에 70%를 차지하고 있다.

필리핀 커피는 저지대(300ml) 경작하여 태풍에 강한 대부분 로버스타로 일부는 아라비카도 있다. 현지 정부 통계에 의하면 경작 헥타(3,000평)당 로버스타는 1,200kg 외에 아라비카는 20% 점유하며 500-1,000kg.

또한 Liberica 500kg와 Excelsa 1,000kg 수확한다.

커피는 옛날부터 오늘에 이르기까지 열매 수확기에 한 알 한 알 사람의 손을 필요로 하는 작물(作物)로 원주민 광부들에 수확이 안성맞춤이었다.

또한 커피는 이렇게 가난한 나라에서 수확하여, 전 세계 커피 생산량의 50% 이상 유럽과 미국에서 소비되는 부자나라에서 매년 증가하는 기호식품이다.

▶ 2018년, 5년이 지나 열매(Bearing Fruit)를 기다리는 커피나무

앞으로 커피 수확을 위해, 현장 소장 오초아를 포함 밭일을 책임지는 전직 광부인 일꾼들과 회의를 하고, 잠바레스에서 처음 시도한 커피 영농에서 곧 수확할 커피 이름(Brand)을 짓기로 했다.

커피는 맛(Flavor)이나 향(Aroma)이 지역과 종자의 종류에 따라 조금씩 차이가 있는데, 이러한 이점을 살려 출하(出荷)하는 커피 이름을 붙이는데, 지하에서 크롬광석을 채굴하다가 변심하여 지금은 상부지표에 커피를 심어 유휴(有休)한 광부들의 생계를 돕고자 하는 발상인데, 모두 크롬자(字)를 붙이기로 잠정 결정했다.

정부 특허국(The Patent Bureau)에 곧 있을 커피 수확 예상명을 가칭(假稱) **크롬커피**(Chrom Coffee)로 서류를 제출했다.

현대 일상에서 커피가 거의 필수불가결한 식품으로 자리를 매김에 있어, 무기물질인 크롬원소는 과학적으로 인체에 미치는 영향에서 필수원소로 크롬용량은 근육 증가나 체중 감소의 목적으로 1일 400∼600μg이 권장되고 있다.

따라서, 인체 내에 크롬용량이 체중을 줄이는 역할, 살을 빼는 경향이 있어 일부 국가에서는 건강식품에 도움을 찾고 있다.

일설에 커피가 미용에 좋을 것으로 믿는 분위기를 크롬 고장에서 재배한 커피는 살을 빼는 크롬함량과 연관의 맥락(Context)을 십분 이용하여 **크롬커피**로 장래에 홍보하자는 발상이다.

▶ 2018년 첫 커피 열매

　커피 중에는 야생동물에 의해서 만들어지는 특별한 **시벳(Civet)커피**
는, 마치 북아프리카 메마른 산악지대에 있는 뾰족한 가시가 많은 가
시나무 아르간(Argan) 열매를 방사(放飼)한 염소가 따서 먹고 배설한
씨로 인간이 기름(油)을 짜듯이, 아열대 야생 긴꼬리 사양 고양이 시벳
이 나무에 올라가 커피열매를 따 먹고 육질 외에 소화시키지 못한 커
피씨가 동물 뱃속에서 발효되어 배설한 씨앗을 인간이 자연에서 획득
하여 정제하여 만든 커피이다.

　처음에는 배설하여 버려진 커피 씨앗을 밀림에서 수거하였기 때문
에 희소한 가치로 호평을 얻었다.

　그러나 현재는 포획한 동물을 울속에 집단으로 사육한 시벳에 커피
열매를 사료(飼料)로 먹여 배설된 커피씨를 인공으로 채취하는 방식을

지역적으로 넓게 채택하고 있다.

　나라마다 시벳커피 명칭은 필리핀 아라미드(Alamid), 인도네시아 루왁(Luwak) 등이 있다.

Philippine Civet Cat
(Paradoxorus philippinensis)

출처: 필리핀 ICO

| 제3장 |

성취

01
다시 가 본 평양 대동강

2005년 10월 초 그립고 보고 싶었던 **고향 산천 평양을 방문하고**, 어머니를 뵈러 갔다.

여러 자식 가운데 부모를 닮은 자식이 이쪽저쪽으로 갈리듯이 모친을 많이 닮아 사고와 행동이 같아 가끔 뵈면 옛날 고향 이야기를 했다.

작년에 세상을 떠난 부친은 늘 통일이 올 것으로 믿고 고향 가기를 기다린 60년에, 한이 많은 실향민의 한 사람으로 너는 통일 전이라도 아직 고향 기억이 있을 때 기회가 되면 꼭 진남포 용강을 가보라는 말씀을 남겼다.

요즘은 사업하는 사람 자격만 되면 국가에서 밀어줄 때 이북에 가고향도 돌아보고 또 일본 문헌(文獻)에 함경도 어디에 크롬광이 발견되었다는 사실을 확인도 하면서 그 참에 마닐라 대만친구가 황해도 재령강에서 사금광(Placer gold)에 투자하여 큰 재미를 보는 현장도 가보고 싶었다.

그곳의 사금광상(漂砂鑛床)은 충적층 두께가 보통 1~3m 강 상하상(床)에 넓게 분포되어 있어 채광조건이 좋고 사금품위가 0.5~2g/m³ 높다는 친구 자랑을 들었다.

평소 광산업 중에 자금회전이 빠른 사금광에 대한 사업의지도 있었
던 터라 기회를 만들어 타진도 할 겸 정부의 허가를 정식으로 받고 피
난 나온 후로 처음 북한 고향땅을 밟았다.

▶ 2005년 10월, 동평양 대동강변에서

대동강가에서.

사람은 누구나 늙어 갈수록 태어나고 자라난 고향을 그리워하는
마음이 쌓여지기 마련인데 여기에 어찌 짐승의 귀소본능이나 진나라
시인 도연명에 귀거래사 같은 것을 들먹일 필요가 있는가,
평생 못 갈 것 같은 북한 고향에 갈 수 있는 현실에 대하여는 무슨
정치적인 논리가 또한 필요할까,

50여 년 만에 고향 땅 밟을 간밤에는 설레어 잠까지 설치고
비행기에서 내려다뵈는 모든 것을 놓칠세라, 어느새 평양직할시
북쪽 외곽에 있는 순안비행장에 부드러운 착륙으로 긴장된 마음은
말끔히 사라지고 첫 방문의 감흥을 느낄 겨를도 없이 몸은 이미
입국 심사대에 서 있었다.

분명히 딴세상에 왔는데 기분은 조금도 낯설지 않았다. 먼 해외
에서 오셨구만요 하는 말씨가 더 가슴에 와 닿는다. 간간이 통행
하는 차량으로 길은 더 넓어 보였고 길 옆으로 지나가는 사람들
은 어딜 가는지 차만큼이나 빠르게 걷는 것이 차창으로 보인다.
어렴풋한 고향 땅은 너무 변하여 타향이 되었다,
그때에 뛰어 놀던 평양 가는 신작로 따라 사과 과수원 옆,
한번은 로스께가 물을 달라고 대문을 두드리던 정미소,
안채는 가을이면 사과 썰어 말리던 양철집 지붕 찾을 수 없고
그 당시에 40리 밖에서도 보인다던 진남포 종합제련소 벽돌 굴뚝,
모두 보이지 않으니 이 어찌 된 꼴인가.

안내원 말인즉, 통일 전쟁 때 미국놈 폭격에 이 선생 집이며
남포시 제련소며 다 없어졌수다.
어른들 따라갔던 평양을 가보니 종로에 화신백화점이며,
선교리에 어른이 다녔던 고등 보통학교 건물은 흔적조차 없이
길목이름까지 바꾸어 놓아 중국의 어느 변방인가 싶다.

그래도 아는 사람을 기다렸는지, 변하지 않고 남아 있는 것은
시내에 보통문, 대동강 철다리, 모란봉의 을밀대와 부벽루 아래 보이는
능라도, 앞을 유유히 흐르는 아! 그리운 대동강,
인간 이정수를 알아보았는지 굽이쳐 소용돌이 치는구나.

흘러 흘러 내 고향 용강 땅 돌아 서해로 흘러가 한강수 만나거든
우리 소원
통일을 논하려무나,
믿는 것이 한강과 대동강밖에 없다니….
내 조국 한반도!

평양 보통강호텔에서,

▶ 2005년, 고향을 다시 떠나며, 순안비행장에서

　모친은 어떻게 힘들게 이북에 고향을 다녀왔다고 좋아하시며 이것 저것 물었다.

　그런데 너한테 할 말이 있다. 그동안 객지 판을 떠돌아서 너하고 못 살았는데, 내 살면 얼마 살겠느냐 지금부터는 네 옆에서 살고 싶다.

　그렇지 않아도 광산 현장부근 바다 내면에 호수가 있는 터(2,900평)가 넓은 집을 회사법인 명의로 소유하여 거래처 포항손님이 오거나 은퇴 후에 목가(牧歌)적 생활을 할 수 있게 얼마 전에 마련한 집은 모친을 모시기 안성맞춤이었다.

▶ 광산 사택

    때는 이때다 싶어 지금부터는 영영 필리핀에서 모친은 살기를 다짐을 받고, 형제들 동의를 받아 아흔이 넘어 생전 처음으로 여권을 만들어 연초(2006년)에 추운 날 집사람이 만약을 생각해서 손아래 누이가 선물한 휠체어에 태워 모시고 왔다.

    즉시 현지 정부 은퇴청(隱退廳)에 고령자 영주권 특혜신청에서 $20,000을 예치하고 이민국에 신고하여 모친은 법적으로 장기 체류를 인정받았다.

    한국 대사관 영사과에 신고 과정에서 현지에서는 모친 박도경 할머니가 교민 가운데 최고령자라고 알려주었다.

    1970년 26살에 문경탄광에 취직하여 가방 하나만 들고 집을 떠난 후로는 한번도 부모 곁에 살지 않고 이곳저곳 떠돌아 다니며 살다 일 년에 두세 번 삐끗 뵙다가, 마치 객지 탕아(蕩兒)가 36년 만에 고향에 돌아와 부모 곁에 있는 기분으로 어머니를 돌보는 현지 간병인 (Caregiver)에게 모친이 일상하는 한국 말(대화)을 빨리 배우라고 지시했다.

밖에는 큰 개가 두 마리가 있고 병아리, 오리를 마당에, 연못 주변에 염소를 길러 소일거리와 구경거리를 만들었다.

아래층 방에 간병인을 모친과 같이 자게 하고, TV에서는 아직 KBS는 없고 NHK를 무척 좋아하셨다.

▶ 야간 경비견

마닐라에 살 때 좀도둑이 담장을 넘어와 수도계량기를 떼어가, 소장 오초아가 집에서 기르는 3개월 된 강아지새끼 한마리를 잘 키워서 경비견으로 쓰라고 보내왔다.

동네 이웃집에 사는 경찰청(Camp crame)개훈련소 늙은소장이 일부러 찾아와 개새끼가 범상치 않으니, 훈련소에 보내면 3개월 교육을 시켜주겠다는 제의를 받고 개새끼를 그에게 맡겼다. 마침 시골로 이사를 하게 되어 달반만 채우고 중도에 데리고 왔다.

흘쩍 커진 개새끼는 정규 훈련을 받고는 특별해졌다. 흔해빠진 총(銃)을 보든가, 화약냄새로 총 소지를 구분하여 총을 겨누거나 소지했으면 10미터가량 거리를 두고 은폐물 기둥이나 벽에 붙어서 으르렁거리고, 칼이나 낫, 연장을 들었으면 3미터 거리에서 짖는 소리가 엄청 크며, 행동이 날렵했다.

주인이 사람을 물라고 하지 않으면 옷소매나 옷자락을 물어 흔들어 버리고 성인은 뛰어올라 가슴팍을 밀쳐 넘어지게 하고 목과 얼굴 부근에서 짖어댄다.

먹이는 주인 아니면 어떠한 음식도 외면하고, 잔(殘)밥은 거부하고 꼭 지은 밥에 육류와 생선대가리를 좋아하여 별도 예산을 준다.

그래서, 야간에 사람경비 두 사람 몫을 충분히 하여 동네에 소문이 났다.

서울 아파트 생활 구조가 퇴직 은퇴한 늙어가는 형님과 아주 연로한 모친이 외출하기 쉽지 않은 좁은 공간에서 부딪치며 사는 생활 보다는 후진국이지만 필리핀 사람이 다 된 둘째 아들 내외가 곁에 있어 외롭지 않고 자주 대화하여 모르고 지냈던 과거 복잡한 집안 이야기와 고향 이북에 남아 있는 외가에 피붙이는 물론 공산당이 저지른 만행들을 세상 떠나기 전에 많이 듣기 위해 될수록 옆에 많이 있었다.

사실, 외삼촌 박종필(1916)은 진남포제련소 축구팀에서 Fullback으로 이름을 날린 열렬한 공산주의자로 월남할 때 축구팀을 이끌고 쏘련 원정으로 못 보고 온 것이 모친의 한(恨)이다.

전주(全州) 이씨 본처혈통(義安大君)의 말갈(여진孫系) 피가 섞인 나의 조상은 해방 전부터 감리교(監理敎)에 심취하였다, 부친보다 1년 늦게 월남(1946년)한 조부모는 영등포에 감리교회당을 건립했다는 말을 했다.

또한, 증조모 노인덕(盧)은 일찍이 과부가 되어 성격이 아주 강한 여장부로 1866년 9월 초 미국 상선 제너럴 셔먼호(General Sherman)의 진남포 침략에서 대동강을 거슬러 올라갔던 셔먼호가 썰물로 배가 대동강 뻘에 걸려 좌초되었을 때, 선원들이 사나워져 난폭하므로 증조모 노씨는 고을 부녀자를 동원하여 관군(官軍)과 합세하여 셔먼호에 불을 질러 토마스목사를 포함 전원을 몰살하고 강물에 떠내려오는 생존 뱃놈을 포획하여 관(官)에 인계한 인물로 알려져 고을원님이 고향 용강 세동 화장골에 비석까지 세웠다.

배척정신이 강했던 증조모는 갑자기 기독교를 신봉하여, 어느 하루 집안 대대로 모신 혼백상(魂帛床)을 걷어치우고, 그때부터 귀신(鬼神)을 절대 모시지 못하게 하고 제사를 없애 버린 개화에 선도적이고 활동적인 성품으로 손증(孫曾)들을 선진교육을 위하여 기독교 숭의(崇義), 진남포상공(商工), 광성(光成)을 거쳐 개화 일본으로 보내 하나님 속에 살게 했다.

그런 연유로 태어나서부터 나는 대가리를 땅에 대고 절하는 조상을 숭배하는 제사를 모르고 자랐다.

살았을 때 잘 해라. 죽으면 너하고는 끝이다,

사람이 죽은 후에는 하나님이 간수한다고 할머니는 말했다.

그러다가 탄광에서 광부의 안위(安危)를 위하여 지내는 고사(告祀)에서 탄광소장을 따라 생전 처음으로 머리를 조아리고 몇 번인지 절하며 빌었다.

인간은 환경에 따라 변하는 민첩한 만물의 영장이다.

평생 안 했던 일을 모친의 여생을 위하여 더운 물로 목욕도 도와드리고, 흰머리칼이 적은 모친 머리를 직접 빗질하여 컷트(Cutting)까지 해드렸다.

무엇보다 늦게나마 주변 형제들의 심적 육체적 부담을 덜어주어 내마음은 한결 가벼웠다.

▶ 2008년 8월, 현지 집에서 모친

현장에서 남쪽으로 100km 떨어진 마닐라 가는 중간 지점에 있는 수빅(Subic)항에 컨테이너 적하 시설이 완공되어 화물 운송비를 절약할 수 있는 길이 마련되었다.

주변(Zambales, Pampanga, Bataan)의 수출업자 현장 답사 초청을 받았다.

아침 일찍 서두르는데, 모친을 돌보는 아이들이 아침을 안 드시고 나를 찾는다기에 아래층 어머니를 뵈었다, 야 거! 입맛이 없는데 조코파이 하나 달라우!

우선 꿀물을 타서 드렸다. 수빅에 갔다 오는 길에 사올 테니 요기를 좀 하라고 일르고는, 돌아오는 길에 한인가게에만 있는 초코파이를 사들고 오후 2시경 서둘러 집에 왔다.

아침부터 아무것도 먹지 않고 누워계신 모친을 일으켜 사온 초코파이를 먹는 둥 마는 둥 조금 입술에 대고는 다다음 날까지 곡기(穀氣)를 끊고 나를 한번 쳐다보고는 아무 말이 없었다. 그래서 심상치 않아 동네 의사를 불렀다.

진찰하던 의사가, 미스터 리, This is Dying! 이것이 죽음으로 서서히 가는 중이다.

팔하고 다리를 곧게 펴더라고 왕진(往診) 온 의사가 말했다.

끝내 아무 말 없이 30분 후, 2008년 8월 21일 오후에 3시 반 95세로 또 다른 타향 필리핀에서 형제 중에 몰골이 제일 못하다는 둘째 아들 손잡고 깨끗이 세상을 떠났다.

어쨌든, 필요한 사람이 되었다.

굽은 소나무가 선산(先山)을 지킨다는 우리 말이 있다.

필리핀에서는 못나고 못 배운 자식이 부모를 모시고 부모에게 효도한다.

그래서 뜻이 있는 필리핀 부모들은 불쌍한 남의 자식을 입양을 많이 한다.

그리고 노년에는 입양자식과 같이 사는 풍습이 있다.

귀여움만 받은 자식은 자기만 알고, 부모가 늙어 공양뿐만 아니라 같이 안 산다.

어쩌면 **못난 사람들이 나라를 지킨다는 어떤 패망한 나라**가 있었다는 말이 진짜 맞는지 모르겠다.

모친의 사인(死因)은 자연사(Natural death) 판정으로 읍사무소에서 발행한 외국인 사망 확인서(Dead certificate)를 마닐라 대사관에 Fax 했다.

▶ 모친 박도경(1914-2008)

필리핀은 빈부 차이가 심한 것에 비하면 장지(葬地) 문화가 아주 선진화된 지가 오래되었다. 누구든 사유지에는 묘(墓)를 쓸 수 없어 선산이라는 낱말이 없다.

시, 읍에서 지정한 공동 묘지(Public cemetery)에 거의 매장하고, 마닐라 근교에 사설 화장터와 공원 묘지가 있다.

평소 모친 말대로 영혼가루를 나중에라도 부친처럼 이북고향에 뿌려드릴 계획을 하고 현지에서 화장하여, 토기(土器)에 담아 현지 집 이층 성모상 아래 별도로 늘 색전등을 밝힌 작은 빈방에 따로 모셔 놓고 가끔 대화도 했다.

때론 오는 손님들이 향을 피울 때는 옆에 서서 말했다.

어디서 누구가 왔어요, 어머니처럼 오래 건강하게 살게 그곳에서 지켜주세요.

필리핀에서는 그렇게 죽음을 앞둔 아주 노인이나, 중병 환자들이 평소 좋아했던 음식(쪼코파이)을 꼭 찾고 먹는다고 믿는다.

그것은 예수가 먹은 **최후의 만찬(Last Supper)이 아니라,**

죄인이 먹는 Last lunch(마지막 요기)라고 현지인들은 말을 한다.

옛날 우리네 어른들도 젖이 떨어진 갓난아이나, 집안 연로한 노친네가 안 하던 짓꺼리를 하면 눈여겨보라는 말을 했다.

필리핀은 사시사철 더워 사람이 죽으면 장의사가 와서 장례 날짜에 맞추어 시체에 방부제를 넣고(Embalming) 입관을 한다. 우리처럼 늙어 제명을 다하고 간 상(喪) 집에 와서는 호상(好喪, Happy funeralia) 이라고 인사하며 마지막 길(Last trip)에 슬픈 음악은 없고 경쾌한 음악과 노래 부르며(Sing along) 멀리 헤어진 가족들이 다 모일 때까지 며칠을 동네 파티를 하는 현실적이며 허례허식이 없다.

그러나, 꼬박 밤을 새우며 영혼을 지키는 몫은 지난 간병인이나 식모들이다.

또 한 가지 한국사람에게 인상적인 일은, 화장하는 경우 장의사는 관(棺)을 임대하고 회수하여 재사용한다. 죽음을 더럽고 천하게 생각하지도 않고, 우리처럼 문상 갔다 집에 돌아오면 부정을 타 더러워진 몸에 소금을 뿌리거나 빗자루로 몸을 쓸어내리지도 않는다.

그래서 누구는 현지에서 그들의 좋은 점만을 보며 즐기다가 오래 살게 되었다.

02
손님

　30년 넘게 현지에서 생활하면서 고국에서 형제들은 물론 친구들은 말할 필요도 없고 다른 많은 지인들이 오고 가면서 공항에 나가 마중하고 작별은 아마 100번이 훨씬 넘을까 싶다.
　공적으로 출장 손님에서부터 현지 시찰 온 지체 높은 사람까지, 그 중에는 제일 많은 손님은 포항손님과 한국 정부기관 전문기술자들이다.

<u>이정수 사장님 귀하</u>

　이번 방문 기간에 바쁘신 중에서도 귀중한 시간을 내어 주신 호의를 진심으로 감사드립니다.

　방문기간 중 보여주신 깊은 협조에 힘입어 이번 출장을 무사히 마칠 수 있었습니다.

　다시 한번 서면을 빌어 귀하가 베푸신 환대에 감사드리며 댁내에 건강과 행복이 가득하시길 기원합니다.

2000 년 10 월 6 일

주식회사 한화/무역

대표이사 최욱탁

거래처 포항손님은 장기 구매에 있어서 현장 실사(實査) 목적으로 출장이 대부분이지만, 옛정을 잊지 못해 그들이 퇴직 후에 내가 초청하여 이국의 풍광을 가족과 함께 구경한 사람들도 있다.

또한 광진공(鑛振公) 전문직 기술자들은 해외지하자원개발 지원사업에서 현지 업체에 기술을 제공하고 감독하여 자비(自費)로 여러 날을 같이 지냈다.

그중에 광진공사 책임자인 조종익사장이 부서처장과 담당부장을 대동하고, 지원 업체 현황을 파악고자 필리핀에 와서는 첫마디가 나를 애국자라고 부르며 부담 없이 지냈다.

현지를 직접 챙기는 국가기관의 사장에 감사하여 마닐라 남쪽 인근 Hidden Valley 자연 온천 Pool장에 방문객 여러 명과 함께 하루를 즐기러 갔다.

조사장과 많은 대화를 하며 따로 할 이야기가 있는 듯, 일행 중에 본인을 제외하고는 나머지는 수영을 못한다고 말하여, 깊은 호수 건너편으로 가자고 하기에 따라 나섰다.

수영을 못해 따라오지 못한 그의 부하직원을 뒤로하고 둘이서 물에서 간단한 대화를 하며 자연 온천호수를 가로질러 반대편 둔덕에 앉아 한숨을 돌리는 이야기 중에 수행원 쪽을 쳐다보며, 아무게 처장은 곧 임원이 될 사람인데 영어도 잘하고, 인품도 좋은데 한 가지 문제에 봉착했다고 말했다.

무슨 문제입니까 반문했다.

그 사람 아랫 직원들이 모두 싫다고 부정하니, 나로서는 할 수가 없다며, 이 사장은 현지 종업원과 관계가 어떤가 물었다.

어느 조직이나 상부의 농간(弄奸)은 볼 수 있지만, 아래 농간은 볼 수 없다고 대답했다.

　또한, 많은 손님 가운데 잊혀지지 않고, 가장 중요한 손님이 있었다.
많은 문제에 봉착하여 해외광산 사업을 하까 말까 갈림길에서,
1988년 1월 5일, 광화문 이마빌딩 대성산업㈜ 본사에서 광업 기업주
김문근사장의 천금 같은 조언으로 포항에 납품의 승기(乘機)를 잡아
활발한 활동으로 현지 광산과 합작 생산하여 크롬광을 포항에 납품을
정기적으로 기반을 쌓은, 1991년 가을에 은덕(恩德)을 입은 김문근 사
장 대신 중형(仲兄)인 대성그룹 김의근 (金義根)부회장이 안종태 전무
와 박명근 부장을 데리고 중요한 다른 출장길에 일부러 마닐라에 들르
셨다.
　해외담당부장 박명근이를 고국에서 만날 때마다 인연이 제일 많
은 문경사람들을 꼭 모시고 필리핀에 오던가, 내 진심을 전하라고
했었다.

　1975년 서울 본사에 있을 때, 서류 결제 때문에 가끔 뵈었지만 대성
김부회장님은 나를 아는지 모르는지 이항장(坑長)이라고 부르며, 관광
과 필드 라운딩을 같이 하고는 문경탄광에서처럼 잘 하라고 덕담을 하
며, 짧게 이틀을 묶고 다음 행선지 호주에서 회의에 참석하러 마닐라
를 떠났다.

　손님들하고 희희낙락(喜喜樂樂) 하는 것도 크롬광 때문이다,
　누구는 말했다. 장사는 잘만 되면 좋지요.
　이곳 필리핀에는 지하 땅속에 한국이 꼭 필요한 크롬, 니켈, 구리,
금 등이 엄청 많다.

대한민국 정부가 크롬광이 어디에 있는지 찾아주고, 포항에서 군말 없이 좋다고 때마다 단골로 구매하여 사용한 지 20년이 훨씬 지나 오늘까지 왔다.

필리핀에 살다가 우연히 크롬광석를 보고 소문대로 정부 나리들을 찾아가 붙임성 있게 굴었더니 나를 믿고 뒤를 밀어주어, 한국인으로 처음 희유광물 크롬을 처음 찾았고, 내 삶이 윤택해졌지만 주위로부터 너무 많은 사랑으로 자식이 버릇없게 되듯이, 어느 손님 대접이 지나쳐 큰 실수로 죄를 지었다.

그래서,

나를 고발한다

이곳 필리핀 사람들은 가축 중에 닭을 무척 좋아한다.
닭 중에서도 싸움 닭(鬪鷄)을 유난히 좋아하는 이유는 투전(鬪錢)하는 오랜 풍습 때문이다. 그러나 여기에 왕래하는 일본놈들은 여러 닭 중에서 유독 영계 백숙(白熟)을 무척 좋아해, 한때 X 에니멀(Animal)이라는 별명이 유행했던 때가 엊그제 같았다,
그런데 근간에는 엉뚱한 외지 사내들도 마닐라에 와서 닭이라면 콧구멍이 벌렁벌렁 해진다.

지난 늦가을 포항에서 이곳 현지로 향후 생산 현황을 실사(實査)하러 방문 한 거래처 손님을 접대하면서, 여담(餘談)으로 먼 포항에서도 소문이 난 맛이 좋은 닭들은 어려운 경제 사정으로 해외로 수출되고, 양계장에는 먹기가 질긴 폐계(廢鷄)뿐이라고 이해를 구했다.
손님들은 내가 70살이 넘었으니 더 건강하라고 아주 비싼 약주를 선물했다. 그것에 대한 답례로 시골에서 변변한 물건이 마땅하지 않아, 봉투에 얼마의 현찰을 넣어 그들의 직상사와 동료 누구 누구를 거론하며, 공항 매점에서 기념으로 넥타이를 사라고 그들의 봉창에 찔러 넣어 주었다.

1986년 이래 근 30년 동안, 현지에서 물불을 가리지 않고, 서너 번 죽을 고비와 하늘에 순응하며, 山과 맞서 싸우면서, 오로지 포항을 위하여 크롬정광을 생산하였다. 다행히 큰 불평 없이 장기간 사용하는 포항은 내 은인(恩人) 중에 하나다. 따라서, 국가 전략 자산인 국민의 용광로는 영원하다.

연말에 필리핀으로부터 입고(入庫)된 내 물건을 확인 겸 얼굴 도장을 찍으러 포항에 갔다.
옛날 인천학교 후배인 아무게 상무가 정중히 맞아주며, 겸연쩍게 흰봉투를 받으라고 내밀었다.
그리고 하는 말은 창조경제와 선진 한국을 위하여 어쩌구 저쩌구….
간단히 흰봉투 설명을 했다.
그리고 나서, 이 사장님 오늘은 저희가 대접을 하겠습니다.

마음만 받고 선물은 되돌려 드립니다.

항상 저희 회사를 아껴 주심에 감사 드립니다.
귀하께서 보내주신 선물은 마음만 고맙게 받고 선물은 정중히 되돌려드리오니
헤량하여 주시기 바랍니다. 앞으로도 저희 회사는 기업윤리의 진실한 실천을
통하여 존경과 신뢰를 받는 회사가 되도록 최선을 다하겠습니다.
감사합니다.

posco
포스코켐텍

세월이 많이 변하여 진심으로 현찰보다 마음으로 통하는 고국을 아직 모르는 구태의연한 늙은 영감쟁이 버르장머리,
나를 고발한다.

이 정수,

03
무던한 사람

사람은 좋아서 부르고
　　필요해서 찾아
　　　홀륭한 내조는
　　　　한 우물 파고

긴 세월 그대는
　　서예가로
　　　가을걷이는
　　　　곡간에 두어
　　　　　파종한다

▶ 2015, 3 竹圃 신동임(1945년 2월2 0일) 연회에서 나란히

大道不朽 黃史

가난을 스승으로 청빈을 배우고 질병을 친구로
탐욕을 버렸네 고독을 빌려 나를 찾았거니천
지가 더불어 나를 짝하누나 죽포신동인

竹石
蒼華
小汀

| 부록 |

북한 크롬광

개 요

북한(North Korea)에서 금속광물을 흑색금속(Fe, Mn, Cr, Ti) 유색
금속(Au, Cu, Al, Pn,Zn) 희유금속(W, Ni, Mo 등) 3종류로 분류하는
데, 흑색금속인 크롬광(Cr_2O_3)을 크롬철광으로 묘사한다.

시생대로부터 신생대 제4기에 이르기까지 여러 차례 암장작용결과
에 생긴 화성암들이 많다. 또한 각이한 시대의 관입암류들이 넓게 분
포되어 있다.

그중에 염기성, 초염기성 관입암의 대표적인 안돌암군은 오랜 습곡
기반이 잘 드러난 구역이다.

암석으로는 감람암, 휘암, 휘장암으로 되어 있는데 관련된 유용광물
은 인회석, 티탄철광, 크롬철광이 두만성광구에 나타난다.

북한의 광상은 광상성인론적으로 여러 차례에 걸쳐 성광작용이 진
행되었다. 지질구조 발전과정과 암장활동의 특정 유용광물의 분포 상
태에 기초하여 광상 성인론적으로 두개형의 성광구는 가동대형성광구
와 륙대형성광구로 분류한다.

1) 륙대형성광구 – 배사형, 향사형

2) 기동대형성광구 – 습곡대형

기동대형성광구인 습곡대형성광구는 두만강 성광구에서 탐사적 의의를 가지는 광물은 크롬, 철, 망간, 니켈 등이다.

분포되어 있는 사문암체의 구성암석은 대부분 갈색을 띤 섬유사문석 사문암인데 화학분석결과는 SiO_2 41.10%, Cr_2O_3 0.27%, TiO_2 0.10%, Al_2O_3 1.05%, Fe_2O_3 2.82%, MnO 0.18%, MgO 41.66%, H_2O 0.40% P_2O_3 흔적, NiO_2 0.23%, CaO 0.41%, S 0.01%이다.

흑색금속 크롬철광은 함광관입체가 사문석화 작용을 받을 때 자철광으로 교대되었는데 틈새와 변두리로부터 교대작용이 시작되어 어떤 경우에는 완전히 자철광화 되었다.

지역적으로 강서(江西)와 용강(龍岡)에 안돌암군은 시생대 관입암류 사문암은 황회색을 띠는 괴상암석이다. 이곳 사문암은 사문석과 자철광으로 구성되어 있다. 함수규산염광물인 사문석은 초염기성 및 염기성 암석의 자체변질작용 또는 결정질고회질석회암이 열수변질작용을 받아 생긴다.

자철광은 사문석의 결정주위에 산점상으로 들어 있는데 사문석 안에는 크롬철광, 운모, 활석들이 불규칙하게 들어 있다.

크롬철광 광체들은 주로 두만강 지향사구역 수성천 단렬대에 분포되어 있다.

광체의 배태암은 상부 고생대 두만계의 암기통과 계룡산통의 암석들이며 함광암은 청진암군의 초염기성 암인 사문암체들이다.

광체들은 함경북도 청진시 신암구역, 청암구역과 함경북도 부령군에 분포되어 있다.

1) 은혜동 크롬광체는 신암구역 은혜동에서 1941년에 처음 발견되었다.

광체구역에는 두만계 계룡산통의 록색암, 점판암, 낌층과 이 안에 층모양으로 관입한 청진암군 사문암체가 있다.

광체는 사문암체의 파쇄대에 들어 있는데 주향은 북서 320°, 비탈각은 남서 65°이며 렌즈모양을 이룬다.

광체가 들어 있는 사문암체의 주향연장은 300m이고, 너비는 30~50m이다.

광물조성은 크롬철광, 자철광, 침니켈광, 황철광, 사문석, 방해석 등이다.

크롬광의 품위는 Cr_2O_3 31.76%

FeO 7.26%

2) 교동 크롬광체는 청암구역 교원리에서 1942년 발견되었다.

광체구역은 두만계 지층 안에 층모양으로 관입한 청진암군 련천 사문암체의 중부-남부에 해당한다.

사문암체는 주로 엽사문석사문암, 활석질사문암으로 되어 있으며 사문암 안에는 휘록암과 점판암이 끼여 있다.

광체구역에는 북쪽에서 남쪽으로 야비골지구, 교동지구, 남북지구로 갈라진다.

광체의 모양은 렌즈, 맥모양, 주머니모양이며 크기는 길이가 수

cm부터 1.5m 두께는 수cm부터 0.4m이다.

광물조성은 주로 크롬철광, 자철광, 침니겔광, 감람석, 사문석, 휘석 등이다.

품위는 Cr_2O_3 10~40%

3) 련천 크롬광상

련천크롬광상은 함경북도 청진시 청안구역 교원리에 있다.

광상은 여섯 개의 드러난 광체와 수십 개의 숨은 광체로 되어 있다.

광체는 두만계암기통과 계룡산통 지층 사이에 층모양으로 정합 관입한 청진암군 련천사문암체 안에 있다.

련천사문암계는 처음에 감람암, 순감람암이었으나 자변성작용과 타변성작용에 의하여 사문암체로 된 것이며 사문암체는 엽사문암석 사문암, 섬유사문석사문암이 많고 기타 판온석사문암, 활석사문암, 마그네사이트사문암, 양기석질사문암 등 사문암류와 휘록암, 휘암들이 작은 크기의 렌즈체로 들어 있으며, 점판암과 록색암이 끼여있다.

련천사문암체는 등줄주향이 북북서인 야비동향사습곡의 핵부에 놓이며 북서와 북동방향으로 압쇄 및 파쇄되어 있다.

크롬광체는 일반적으로 사문암 안에 있는 순감람암과 감람암의 접촉부에 들어 있다. 광체의 놓임새는 그것이 들어 있는 사문암체 및 두만계지층의 놓임새와 같은데 주로 주향은 북서 320°~350°, 비탈각은 남서 60~80°이다.

광체는 주로 렌즈, 맥모양을 이루는 것이 많고 드물게 둥지모양,

편두모양을 이루고 있다.

개별광체의 길이는 수~수십cm인데 하나의 주향상에 줄지어 놓여 있다.

광물조성은 주로 크롬철광, 자철광, 침니켈광, 티탄철광, 공작석, 백티탄석, 휘동광, 감람석, 사문석, 휘석, 석면, 운모류, 방해석, 마그네사이트 등이 있다.

주요광체들의 품위는

상동-배나무골지구에서는 Cr_2O_3 11.5~39.07%

야비포지구에서는 Cr_2O_3 9.15~40.05%

1973년 1월 1일 기준 현재 매장량은 5만 톤이다.

4) 절골크롬광체

함경북도 부령군 사하리에 절골크롬광체가 있다.

광체는 황만통 사문암체의 중심부 엽사문석사문암 안의 파쇄대에 치우쳐 7개의 맥으로 이루어져 있다.

제일 큰 맥의 길이는 5m이고, 두께는 0.7~1m

광물조성은 크롬철광, 변크롬철광, 자철광이며, 품위는 Cr_2O_3 10~20%

5) 금체동크롬광체

함경북도 부령군 금강리에 있다.

광체는 청진암군의 황만동 사문암체 안에 들어 있다. 광체의 주향길이는 0.3m이고 두께는 0.1m으로 광물조성은 주로 크롬철광, 변크롬철광, 기타 류화물이 약간 있다. Cr_2O_3 35~40%

북한의 유일하게 가행하는 크롬광산이 이곳에 있다.

북한의 크롬광체는 일반적으로 순감람암이 사문석화된 련천사
문암 및 엽사문석사문암 안에 있는 순감람암과 감람암의 접촉부
에 있다.
일반적으로 각 광체의 길이는 수cm로부터 수십m인데 이것들이
하나의 연장 위에 줄지어 놓여 있다.

출처: 통일부 북한자료실(통일부 요구 사항)

이정수(李政秀)

1943. 02, 평안남도 용강(龍岡)출생
1962. 03, 서울 大光 고등학교 졸업
1970. 02, 仁荷工大 광산공학과 졸업

1970. 03, 大成 문경탄광 입사, 굴진감독, 채탄감독
1972. 03, 채탄계장
1974. 02, 대성본사 기획계장
1976. 01, 문경탄광 佛井坑 항장
1979. 06, 대성 사직
1979. 06, 남광토건㈜, 충북선철도 박달재 인등터널, 공사과장
1980. 03, 남광토건㈜, 지하철4호선 수유리공구, 공사과장
1980. 10, 남광토건㈜ 필리핀지사, 마닐라 상수도터널, 구조물과장
1981. 03, 남광토건(주)필리핀 잠바레스 교량 구조물과장
1983. 07, 남광토건㈜ 잠바레스 교량공사2년 준공, 남광토건사직
1983. 07, 필리핀 펨코서일건설㈜ 사마섬 교량공사 현장소장
1986. 10, 필리핀 사마섬 교량공사 3년 준공, 펨코건설사직

1986. 10, 필리핀 잠바레스 크롬광, C-square광산회사 합작개발
1989-1992, 한국정부, 해외자원개발 필리핀 크롬광 3년 지원
1993. 09, 현지 Mijung Philippines, Inc. 광산회사 설립
2017. 05, 포스코켐택㈜, 조선내화㈜ 국내외 크롬광 30년 장기공급

주요 著述

「크롬 (Chromium)」(2018, 한국학술정보출판사)
광산실무 논문 및 수필집

해외자원개발
30년 – **필리핀** 篇

초판인쇄 2019년 2월 22일
초판발행 2019년 2월 22일

지은이 이정수
펴낸이 채종준
펴낸곳 한국학술정보㈜
주소 경기도 파주시 회동길 230(문발동)
전화 031) 908-3181(대표)
팩스 031) 908-3189
홈페이지 http://ebook.kstudy.com
전자우편 출판사업부 publish@kstudy.com
등록 제일산-115호(2000. 6. 19)

ISBN 978-89-268-8730-1 13460